U0835703

《煤矿安全现状评价实施细则》解读

编审委员会主任　李传贵

副主任　杨恩道　贺定超　杨国栋

主　编　赵　浩　许鹏飞

应急管理出版社

·北　京·

图书在版编目（CIP）数据

《煤矿安全现状评价实施细则》解读／赵浩，许鹏飞主编．--北京：应急管理出版社，2023（2023.10 重印）

ISBN 978-7-5020-9838-4

Ⅰ．①煤…　Ⅱ．①赵…　②许…　Ⅲ．①煤矿—矿山安全—安全评价—中国　Ⅳ．①TD7

中国国家版本馆 CIP 数据核字（2023）第 162308 号

《煤矿安全现状评价实施细则》解读

主　　编	赵　浩　许鹏飞
责任编辑	赵金园
责任校对	孔青青
封面设计	解雅欣
出版发行	应急管理出版社（北京市朝阳区芍药居 35 号　100029）
电　　话	010-84657898（总编室）　010-84657880（读者服务部）
网　　址	www. cciph. com. cn
印　　刷	天津嘉恒印务有限公司
经　　销	全国新华书店
开　　本	710mm×1000mm 1/16　**印张**　22　**字数**　363 千字
版　　次	2023 年 10 月第 1 版　2023 年 10 月第 2 次印刷
社内编号	20230771　**定价**　79.00 元

编审委员会

主　任　李传贵

副主任　杨恩道　贺定超　杨国栋

委　员　赵　浩　许鹏飞　郑厚发　杨　波
张　一　王劲鹏　金　磊

主　编　赵　浩　许鹏飞

副主编　张　明　陈　武　刘宝静　任志成
张兆庚　李　萍

编　写　(按姓氏笔画排序)
丁　杨　王　君　王开德　王占宝
王晨光　韦海良　邓　磊　付秀娥
付恩三　毕永强　曲益宏　刘　鹏
刘宇博　许振水　孙　巍　李　伟
李　超　李功强　杨利刚　杨桂成
何云文　张运增　张智慧　陈　闯
邵文琦　邵梓洋　尚彦军　周少统
赵　众　南麓崚　洪海峰　贾宏君
郭　强　唐文超　崔宏伟　阎雪峰
梁海峰

审　稿　(按姓氏笔画排序)
王爱文　王祥海　毛吉星　白润才
李希耀　李明泽　杨　峰　汪腾蛟
张吉苗　陈绍杰　赵　鸣　祝治安
贾　超　徐瑞林　曹兰柱　鲁开荣

前　　言

开展安全评价是贯彻落实“安全第一，预防为主，综合治理”安全生产方针的重要手段，也是加强安全生产监督管理工作的重要依据。实践证明，推行煤矿安全评价对有效防范遏制重特大事故，促进我国煤矿进一步提升安全管理水平，扎实推进煤矿安全生产治理体系和治理能力现代化具有重要意义。

我国开展煤矿安全评价工作已有20余年。2003年，国家安全生产监督管理总局印发了《安全评价通则》（安监管技装字〔2003〕37号），国家煤矿安全监察局出台了《煤矿安全评价导则》（煤安监技装字〔2003〕114号），规定了煤矿建设项目安全预评价、安全验收评价和煤矿安全现状综合评价的内容、程序和方法。2007年安全生产行业标准《安全评价通则》（AQ/T 8001）颁布，2014年《煤矿建设项目安全预评价实施细则》（AQ 1095）和《煤矿建设项目安全验收评价实施细则》（AQ 1096）颁布实施，但是煤矿安全现状评价的相关标准一直没有出台。

为了进一步完善煤矿安全现状评价标准体系，2016年，国家安全生产监督管理总局将《煤矿安全现状评价实施细则》列入安全生产行业标准计划项目之一，由应急管理部研究中心、中国煤炭工业协会生产力促进中心等单位组织编制，其间经现场调研、多轮讨论、征求意见、修改完善，《煤矿安全现状评价实施细则》（AQ/T 1121，以下简称《细则》）由应急管理部于2023年2月21日发布，2023年8月20日正式实施。《细则》规定了煤矿安全现状评价工作的程序、方法、内容和评价报告编制等基本要求，制定了详细的安全检查表，煤矿企业可将《细则》作为开展日常安全检查、安全会诊的重要抓手；《细则》明确了煤矿安全评价现场检查什么、如何检查、报告怎么编制的问题，是指导煤矿安全现状评价工作的行动纲领，将对煤矿企业安全生产管理水平提升产生积极的促进作用。

为了全面解读《细则》，指导和帮助煤矿企业、安全评价机构及相关人员准确把握煤矿安全现状评价工作的工作程序、主要内容和核心要求，进一步提高煤矿安全管理水平，我们组织编写了《〈煤矿安全现状评价实施细则〉解读》（以下简称《解读》）。《解读》介绍了煤矿安全评价的发展历程，以及《细则》的制定背景、主要特点、主要内容、目的意义，详细阐述了《细则》的具体要求，具有较强的指导性和实用性，是开展煤矿安全现状评价工作的重要参考资料。希望广大煤矿企业、安全评价机构通过对照《解读》内容，更好地规范煤矿安全现状评价工作，保证评价报告编制的科学性、针对性、完整性，提升报告编制水平和煤矿安全生产管理水平。

《解读》由应急管理部研究中心组织编审，编审过程中得到了国家矿山安全监察局政策法规和科技装备司、煤矿安全监察司、综合司的大力支持，为本书提出了宝贵的修改意见，在此一并表示衷心的感谢。

由于编者水平有限，加之时间仓促，书中难免有疏漏和不妥之处，欢迎广大读者批评指正。

编审委员会

2023 年 5 月

目　　录

1 概　　述

《煤矿安全现状评价实施细则》（AQ/T 1121）自 2023 年 8 月 20 日起正式实施。该标准由中华人民共和国应急管理部提出，全国安全生产标准化技术委员会煤矿安全分技术委员会归口，应急管理部研究中心、中国煤炭工业协会生产力促进中心负责起草。

1.1　煤矿安全评价的发展历程

1.1.1　国外安全评价发展概况

安全评价是系统安全工程理论中的一个重要内容，它的形成和发展不是孤立的，它与系统安全工程的理论和应用技术的发展是相辅相成的，它为预测、预防事故的发生，预先采取防范措施，降低工程、系统的安全风险程度创造了条件。

安全评价技术起源于 20 世纪 30 年代，是随着西方国家保险业的发展需要而发展起来的。保险公司为客户承担各种风险，必然要收取一定的费用，而收取费用的多少是由所承担的风险大小决定的。因此，就产生了一个衡量风险程度的问题，这个衡量、确定风险程度的过程实际上就是一个安全评价的过程，因此，安全评价也称作风险评价（Risk Assessment）。

安全评价技术在 20 世纪 60 年代取得了很大的发展，这得益于系统安全工程理论的完善和发展。系统安全工程理论首先被应用于美国军事工业。1962 年 4 月，美国公布了第一个有关系统安全的说明书——《空军弹道导弹系统安全工程》，以此作为对与民兵式导弹计划有关的承包商提出的系统安全要求，这是系统安全理论的首次实际应用。1969 年，美国国防部批准颁布了最具有代表性的系统安全军事标准——《系统安全大纲要点》（MIL-STD-822），对完成系统在安全方面的目标、计划和手段，包括设计、措施和评价，提出了具体的要求和程序。此项标准于 1977 年修订为 MIL-STD-822A，1984 年又修订为 MIL-STD-822B，对世界工程安全和防火领域产生了巨大影响，并被陆续推广到世界各国的航空、航天、核工业、石油、化工等领域，经过不断发展、完善，形成了现代系统安全工程的理论、方法体系，在当今安全科学中占有非常重要的地位。

系统安全工程理论和技术的发展与应用，为进行事故预测、预防系统安全评价奠定了科学基础。安全评价的现实作用促使许多国家政府、工商业集团逐渐重视对安全评价的研究，并开发自己的评价方法，对系统进行事先、事后的评价，分析、预测系统的安全可靠性，最大限度地避免不必要的损失。

1964 年，美国陶氏（DOW）化学公司根据化工生产的特点，首先开发出“火灾、爆炸危险指数评价法”，用于对化工装置进行安全评价。该评价方法已经进行过多次修订、补充和完善。它以单元重要危险物质在标准状态下的火灾、爆炸或释放出危险性潜在能量大小为基础，同时考虑工艺过程的危险性，计算单元火灾爆炸指数（F&EI），确定危险等级，并提出安全对策措施，使危险降低到人们可以接受的程度。1974 年，英国帝国化学工业公司（ICI）蒙德部（Mond）在美国陶氏化学公司评价方法的基础上引入了毒性概念，并发展了某些补偿系数，提出了“蒙德火灾、爆炸、毒性指标评价法”。1974 年，美国原子能委员会在没有核电站事故先例的情况下，应用系统安全工程分析方法，提出了著名的《核电站风险报告》（WASH-1400），该报告被后来发生的核电站事故所证实。1976 年，日本劳动省颁布了“化工厂安全评价六阶段法”，确定了一种安全评价的模式，并陆续开发了“匹田法”等评价方法。

由于安全评价在预防事故，特别是在预防重大恶性事故方面取得的巨大效益，许多国家政府和生产经营单位投入巨额资金进行安全评价。如：美国原子能委员会 1974 年发表的《核电站风险报告》，耗资 300 万美元。当前，大多数工业发达国家已将安全评价作为工厂设计和选址、系统设计、工艺过程、事故预防措施及制订应急计划的重要依据。近年来，随着信息处理技术、数字化技术和事故预防技术的进步，还开发出了包括危险辨识、事故后果模型、事故频率分析、综合危险定量分析等内容的商用化安全评价计算机软件，计算机技术的广泛应用又促进了安全评价向更深层次发展。

20世纪70年代以后，发生了许多震惊世界的火灾、爆炸、有毒物质泄漏事故。例如，1974年，英国夫利克斯保罗化工厂发生的环己烷蒸气爆炸事故，死亡29人、受伤109人，直接经济损失达700万美元；1975年，荷兰国营矿业公司 1.0×10^5t 乙烯装置中的烃类气体逸出，发生蒸气爆炸，死亡14人、受伤106人，毁坏大部分设备；1978年，西班牙巴塞罗那市和巴伦西亚市之间的通道上，一辆满载丙烷的槽车因充装过量发生爆炸，烈火浓烟造成150人被烧死、120多人被烧伤、100多辆汽车和14幢建筑物被烧毁的惨剧；1984年，墨西哥液化石油气供应中心站发生爆炸，约有490人死亡、4000多人受伤，另有900多人失踪，供应站内所有设施毁损殆尽；1988年，英国北海石油平台因天然气压缩间发生大量泄漏而产生大爆炸，在平台上工作的230余名工作人员只有67人幸免于难，使英国北海油田减产12%；1984年12月3日凌晨，印度博帕尔农药厂发生一起甲基异氰酸酯泄漏的恶性中毒事故，事故造成2500人死亡，20余万人中毒。这些重大事故的发生，都在倒逼着安全评价体系的发展。

20世纪80年代以后，恶性事故造成的人员严重伤亡和财产巨大损失，促使各国政府、议会立法或颁布法令，规定工程项目、技术开发项目必须强化安全管理，降低安全风险程度。例如，日本《劳动安全卫生法》规定，由劳动基准监督署对建设项目实行事先审查和许可证制度；美国政府要求，重要工程项目的竣工、投产必须进行安全评价；英国政府规定，凡未进行安全评价的新建项目不准开工；1982年，欧共体颁布《关于工业活动中重大危险源的指令》，其成员国也陆续制定了相应的法律；国际劳工组织（ILO）也先后公布了《重大事故控制指南》（1988年）、《重大工业事故预防实用规程》（1990年）和《工作中安全使用化学品实用规程》（1992年），均对安全评价提出了要求。2002年欧盟发布的《未来化学品政策战略》白皮书中明确了危险化学品的登记及风险评价，并作为政府的强制性指令。

1.1.2　我国安全评价发展历程

20世纪80年代初期，引入我国安全系统工程，受到许多大中型生产经营单位和行业管理部门的高度重视。通过吸收、消化国外安全检查表和安全分析方法，机械、冶金、化工、航空、航天等行业的有关生产经营单位开始应用安全检查表（SCL）、事故树分析（FTA）、故障类型及影响分析（FMEA）、预先危险分析（PHA）、危险与可操作性研究（HAZOP）、作业条件危险性评价（LEC）等安全分析评价方法。此外，一些石油、化工等易燃、易爆危险性较大的生产经营单位，也开始应用美国陶氏化学公司火灾、爆炸危险指数评价方法进行安全评价。

1986年，为推动和促进安全评价方法在我国生产经营单位安全生产管理中的实践和应用，劳动人事部分别向有关科研单位下达了制定机械工厂危险程度分级、化工厂危险程度分级、冶金工厂危险程度分级方法等科研项目，力求采用系统安全工程的方法，通过安全评价在我国建立起工业企业安全风险程度的分级管理制度。1987年，机械电子工业部首先提出了在机械行业开展机械工厂安全评价，并于1988年1月1日颁布了分级方法标准《机械工厂安全性评价标准》。此外，我国有关部门还颁布了《石化生产经营单位安全性综合评价办法》《电子生产经营单位安全性评价标准》《航空航天工业工厂安全评价规程》《兵器工业机械工厂安全性评价方法和标准》《医药工业生产经营单位安全性评价通则》等规章标准。

1991年，国家“八五”科技攻关课题中，安全评价方法研究被列为重点攻关项目。由劳动部劳动保护科学研究所等单位承担完成的“易燃、易爆、有毒重大危险源识别、评价技术研究”，构建了具有我国特色的易燃、易爆、有毒重大危险源识别评价方法，填补了我国跨行业重大危险源评价技术的空白。该研究采用定量的计算方法，建立了事故严重度伤害模型库，使我国工业安全评价方法的研究从定性评价进入了定量评价阶段。相关部门在此基础上，制订了国家标准《重大危险源辨识》（GB 18218）。

20世纪90年代以来，安全预评价工作在建设项目“三同时”工作向纵深发展的过程中开展起来。国内一些较早实施建设项目“三同时”的省区市，根据劳动部《关于生产性建设工程项目职业安全卫生监察的暂行规定》（劳字〔1988〕48号），在借鉴国外安全性分析、评价方法的基础上，开始了建设项目安全预评价实践。经过几年的实践，在初步取得经验的基础上，1996年10月劳动部颁发了《建设项目（工程）劳动安全卫生监察规定》（劳动部第3号令），规定六类建设项目必须进行劳动安全卫生预评价。预评价是根据建设项目的可行性研究报告内容，运用科学的评价方法，分析和预测该建设项目存在的职业危险、有害因素的种类和危险、危害程度，提出合理可行的安全技术和管理对策措施，作为该建设项目初步设计中安全技术设计和安全管理、监察的主要依据。与之配套的规章、标准还有原劳动部第 10 号令、第 11 号令和部颁标准《建设项目（工程）劳动安全卫生预评价导则》（LD/T 106）相继推出。这些法规和标准对进行预评价的阶段、预评价承担单位的资质、预评价程序、预评价大纲和报告主要内容等方面作了详细的规定，规范和促进了建设项目安全预评价工作的开展。

2001 年，国家安全生产监督管理局（国家煤矿安全监察局）成立，为继续加大安全评价工作的力度，颁发了《关于进一步加强建设项目（工程）劳动安全卫生预评价工作的通知》（安监管办字〔2001〕39 号）。2002 年，为适应安全生产形势的发展，特别是配合当年安全生产专项整治工作的开展，国家安全生产监督管理局颁发了《〈关于加强安全评价机构管理的意见〉的通知》（安监管技装字〔2002〕45 号）。该文件在我国安全评价发展历程中具有重要意义，它起到了承接并延续、发展原国家经贸委开展的建设项目劳动安全卫生预评价工作的作用，确定了安全评价的概念，并使原来单一的预评价扩展为安全预评价、安全验收评价、安全状况综合评价和专项安全评价等 4 种类型，覆盖了工程、系统的全部生命周期，适应了安全生产工作的需要。

2002 年 6 月 29 日，《中华人民共和国安全生产法》颁布，安全评价被写进了国家的法律中。《中华人民共和国安全生产法》的颁布为安全评价的发展提供了强劲的动力。

2003 年，根据《中华人民共和国安全生产法》有关规定，为规范安全评价行为，确保安全评价的科学性、公正性和严肃性，国家安全生产监督管理局（国家煤矿安全监察局）发布了《安全评价通则》（安监管技装字〔2003〕37 号）、《安全预评价导则》（安监管技装字〔2003〕77 号）、《安全验收评价导则》（安监管技装字〔2003〕79 号）、《安全现状评价导则》（安监管规划字〔2004〕36 号）。安全评价标准体系初步形成。

2007 年，国家安全生产监督管理总局对 2003 年发布的《安全评价通则》《安全预评价导则》《安全验收评价导则》进行了修订，发布了《安全评价通则》（AQ/T 8001）、《安全预评价导则》（AQ/T 8002）和《安全验收评价导则》（AQ/T 8003）。这些通则与导则是企业安全评价工作程序化、标准化的依据。

2019年3月，应急管理部发布《安全评价检测检验机构管理办法》（应急管理部令第1号），加强对安全评价机构的管理，规范安全评价行为。

2020年12月，《中华人民共和国刑法修正案（十一）》由第十三届全国人大常委会第二十四次会议通过，以中华人民共和国主席令第六十六号公布，自2021年3月1日起施行。修改了提供虚假证明文件罪，增加了“保荐、安全评价、环境影响评价、环境监测等职责的中介组织的人员”为犯罪主体。修正案第二十五条，将刑法第二百二十九条修改为“承担资产评估、验资、验证、会计、审计、法律服务、保荐、安全评价、环境影响评价、环境监测等职责的中介组织的人员故意提供虚假证明文件，情节严重的，处五年以下有期徒刑或者拘役，并处罚金；在涉及公共安全的重大工程、项目中提供虚假的安全评价、环境影响评价等证明文件，致使公共财产、国家和人民利益遭受特别重大损失的，处五年以上十年以下有期徒刑，并处罚金”。

2021年5月，应急管理部办公厅发布《关于印发〈安全评价机构执业行为专项整治方案〉的通知》（应急厅〔2021〕38号），贯彻落实习近平总书记关于安全生产重要指示精神，坚决整治安全评价机构弄虚作假问题，全面净化安全评价市场，进一步规范安全评价工作。

1.1.3 我国煤矿安全评价发展历程

2003年，国家安全生产监督管理局印发了《安全评价通则》（安监管技装字〔2003〕37号），国家煤矿安全监察局也出台了《煤矿安全评价导则》（煤安监技装字〔2003〕114号）。《煤矿安全评价导则》发布以来规定了煤矿建设项目安全预评价、煤矿建设项目安全验收评价和煤矿安全现状综合评价的目的、基本原则、内容、程序和方法，提出了煤矿安全评价的定义、评价内容、评价程序、评价报告格式、参考资料目录、评价单元划分等内容，对规范煤矿安全评价工作起到了重要作用。

2004年，为了严格规范安全生产条件、进一步加强安全生产监督管理，防止和减少生产安全事故，国务院颁布了《安全生产许可证条例》（国务院令第397号），其第二条明确规定，国家对矿山企业、建筑施工企业和危险化学品、烟花爆竹、民用爆破器材生产企业实行安全生产许可制度。企业未取得安全生产许可证的，不得从事生产活动。第六条规定，企业取得安全生产许可证，应具备的安全生产条件之一为依法进行安全评价。

为了严格规范煤矿企业安全生产条件，做好煤矿企业安全生产许可证的颁发管理工作，根据《安全生产许可证条例》和有关法律行政法规，国家安全生产监督管理局（国家煤矿安全监察局）于2004年制定了《煤矿企业安全生产许可证实施办法》。之后，国家安全生产监督管理总局又对《煤矿企业安全生产许可证实施办法》进行了修订，于2016年2月16日以总局令第86号公布，修订后的实施办法分总则、安全生产条件、安全生产许可证的申请和颁发、安全生产许可证的监督管理、罚则、附则共六章、四十四条，自2016年4月1日起施行。《安全生产许可证条例》和《煤矿企业安全生产许可证实施办法》的颁布，更进一步确立了煤矿企业进行安全评价的法律地位，同时也明确了煤矿企业进行安全评价的必要性。自2004年起，全国煤矿普遍开展安全评价工作，其中以煤矿安全现状评价为主，煤矿安全现状评价报告作为颁发煤矿安全生产许可证的必备条件，为我国煤矿安全生产条件的大幅改善做出了积极的贡献。

为进一步规范煤矿建设项目安全设施“三同时”等工作，原国家安全生产监督管理总局组织编写了《煤矿建设项目安全预评价实施细则》（AQ 1095）和《煤矿建设项目安全验收评价实施细则》（AQ 1096）。这些文件的发布，进一步明确和规范了安全评价报告编制工作。

2022年5月，国家矿山安全监察局发布了《关于印发〈矿山安全评价检测检验监督管理办法（试行）〉的通知》（矿安〔2022〕81号），加强和规范对矿山安全领域安全评价服务活动的监督管理工作，进一步推动矿山安全高质量发展。

1.2 《细则》制定的背景

2007年1月4日，国家安全生产监督管理总局发布了《安全评价通则》（AQ/T 8001），对安全评价、安全验收评价、安全现状评价等基本术语进行重新定义，对各类安全评价的基本内容进行了大量的充实和完善，增加了规范性附录。随后，国家安全生产监督管理总局启动了煤矿安全预评价、煤矿安全验收评价相关细则的编制工作。2014年2月20日，国家安全生产监督管理总局发布了《煤矿建设项目安全预评价实施细则》（AQ 1095）和《煤矿建设项目安全验收评价实施细则》（AQ 1096），2014 年 6 月 1 日起实施。2023 年 2 月应急管理部发布了《煤矿安全现状评价实施细则》（AQ/T 1121—2023），本《细则》的出台，对进一步完善我国煤矿安全评价标准体系具有重要意义。

根据《中华人民共和国安全生产法》第三十二条“矿山、金属冶炼建设项目和用于生产、储存、装卸危险物品的建设项目，应当按照国家有关规定进行安全评价”，以及《煤矿企业安全生产许可证实施办法》第七条第四款“依法进行安全评价”的规定，配合做好煤矿企业安全生产许可证的颁发工作，制定《细则》十分必要。

我国开展煤矿安全现状评价工作至今已有 20 余年历史，安全现状评价在发挥重要作用的同时，也存在诸多需要解决和亟待规范的问题，主要表现在：对安全现状评价的出发点和着眼点认识不统一；评价工作不具体、不深入、不具针对性；评价报告照搬照抄、生搬硬套、表里不一或千篇一律，部分安全现状评价报告流于形式等。本《细则》的出台，从煤矿安全现状评价的客观需求出发，结合煤矿安全生产客观实际，制定更具有针对性、更具有指导作用的标准，以具体指导、规范煤矿安全现状评价工作，促进煤矿安全管理水平提升。

1.3 《细则》的主要特点

《细则》执行《安全评价通则》（AQ/T 8001—2007）的通用性要求，紧密结合煤矿生产特点，适应煤矿安全现状评价的客观需求，其主要特点体现在以下三个方面。

1. 更加明确开展安全现状评价的目的

开展煤矿安全现状评价最主要的目的就是为了提升安全管理水平，促进安全生产。《细则》紧紧抓住安全现状评价的实质和核心问题，规定煤矿安全现状评价工作每年宜进行一次，企业可根据安全生产条件变化情况适时增加安全现状评价。考虑各煤矿技术水平和管理配备的不同，为保证安全现状评价工作质量，《细则》规定了实施评价主体，可以由企业自身或委托有资质的安全评价机构承担。按照《细则》开展煤矿安全现状评价、安全体检、安全诊断，可以作为企业提升安全管理水平的抓手和强化现场安全管理的方式。明确规定

《细则》适用于正常生产煤矿，建设煤矿可参照本《细则》开展安全体检和安全会诊，促进安全生产水平提升。

2. 更加突出针对性、指导性和规范性

《细则》详细规定煤矿安全现状评价的工作程序、内容、方法和评价报告编制大纲。制定过程中主要依据《安全评价通则》和《煤矿安全评价导则》，制定了煤矿安全评价的具体措施和办法，主要有：细化了评价工作程序和内容、规定了现场勘查应明确的基本问题、增加了重大隐患判定、完善了评价单元划分、提出了宜采用的评价方法、明确了煤矿事故统计分析的要求及重点等。

3. 更加强调安全现状评价工作的系统性、全面性

《细则》详细规定了各单元评价内容，不仅分别列出了井工煤矿（16个）和露天煤矿（15个）评价单元的名称，同时还详细规定了各单元评价的主要内容和重点，便于煤矿企业、安全评价机构开展安全现状评价工作。

《细则》提出了宜采用的煤矿安全现状评价方法，增加了详细的煤矿安全现状评价检查表。《细则》提出煤矿安全现状评价宜采用安全检查表法进行定性评价为主，生产系统复杂、自然灾害严重的煤矿，可辅以调查分析法、类比分析法、事故树分析法等定性、定量评价方法。附录部分增加了煤矿安全现状评价检查表，该表依据《中华人民共和国安全生产法》《煤矿安全规程》《煤矿重大事故隐患判定标准》《煤矿企业安全生产许可证实施办法》等法律法规相关要求，分单元分类逐条列出了检查内容和检查依据，并要求评价时对现状进行描述，对照查找问题并提出整改措施。

1.4 《细则》的主要内容

《细则》主要由前言、范围、规范性引用文件、术语和定义、安全现状评价工作程序与工作内容、安全现状评价报告、安全现状评价报告格式和载体以及附录组成。

前言：阐述了实施细则的起草规则、提出单位、归口部门、起草单位、主要起草人员等。

范围：规定了煤矿安全现状评价工作的基本要求，以及标准的适用范围。

规范性引用文件：列出了《爆破安全规程》（GB 6722）、《工业企业总平面设计规范》（GB 50187）、《煤炭工业露天矿设计规范》（GB 50197）、《煤炭工业矿井设计规范》（GB 50215）等对本文件应用必不可少的规范性引用文件。

术语和定义：给出了煤矿安全现状评价的定义。

安全现状评价工作程序与工作内容：从前期准备，收集资料与现场勘查，危险、有害因素辨识与分析，划分评价单元，选择评价方法，定性、定量评价，井工煤矿各单元评价的基本内容，露天煤矿各单元评价的基本内容，煤矿事故统计分析，安全对策措施建议和评价结论等 11 个方面规定了煤矿安全现状评价工作的程序和内容。

安全现状评价报告：规定煤矿安全现状评价报告编制的基本要求及报告的主要内容。

安全现状评价报告格式和载体：规定煤矿安全现状评价报告格式封面、前言、目录、正文、附件、附录等内容和评价报告载体。

附录：包括煤矿安全现状评价程序框图、井工煤矿安全现状评价参考资料目录、露天煤矿安全现状评价参考资料目录、井工煤矿安全现状评价单元划分、露天煤矿安全现状评价单元划分、井工煤矿安全现状评价检查表、露天煤矿安全现状评价检查表、煤矿安全现状评价报告的编制提纲、煤矿安全现状评价报告书封面格式及著录项格式等 10 方面内容。

1.5 《细则》出台的目的、意义

煤矿安全现状评价是利用系统工程方法对煤矿可能存在的危险、有害因素及其可能产生的后果进行综合评价和预测，并根据可能导致的事故风险的大小，提出相应的安全对策措施，达到安全生产的过程。定期进行煤矿安全现状评价，是煤矿企业搞好安全生产的重要保证。

1.5.1 目的

安全现状评价的目的是通过评价查找企业生产经营过程中存在的危险、有害因素，并确定其危险程度，提出合理可行的安全对策措施及建议。《细则》

出台的目的主要有以下三个方面。

（1）《细则》是构建完善煤矿安全评价体系的需要。根据《煤矿安全评价导则》，煤矿安全评价包括煤矿安全预评价、煤矿安全验收评价和煤矿安全现状评价。《细则》的出台与已发布的《煤矿建设项目安全预评价实施细则》《煤矿建设项目安全验收评价实施细则》共同构成了煤矿可行性研究阶段、项目验收阶段和正常生产阶段的全过程安全评价，相辅相成、相互验证，形成安全评价合力。煤矿安全现状评价主要针对正常生产煤矿，建设煤矿可参照执行。当前我国煤矿总数4300余处，总产能约5.8×10^9t/a，其中，正常生产煤矿约2300处，产能约4.3×10^9t/a，数量和产能占比分别为53%、74%，正常生产煤矿安全现状评价在煤矿安全评价中处于突出地位，对推动煤矿安全基本盘稳定具有重要作用。

（2）《细则》是规范安全现状评价报告编制、引导安全评价机构依规履责的需要。当前煤矿安全现状评价报告编写主要依据《煤矿安全评价导则》和《安全评价通则》，仅对煤矿安全现状评价步骤和报告进行了初步规范，缺乏细则约束，煤矿安全现状评价报告编制五花八门，一些报告安全管理和系统评价范围不全、深度不足。虽然原国家安全生产监督管理总局相继印发了《安全评价机构管理规定》《安全评价过程控制编写纲要》《安全评价过程控制编写指南》等文件，但从2021年应急管理部开展的安全评价机构执业行为专项整治成效上来看，一些省份煤矿安全现状评价依然存在引用的法律、法规、标准、规范更新不及时，安全隐患排查不全面，评价方法生搬硬套，评价单元划分不科学、评价结果可信度不高，整改措施建议针对性不强等问题。《细则》详细给出了前期准备、资料搜集、评价方法选择、单元划分等工作程序和工作内容，给出了编制提纲，对规范煤矿安全现状评价具有重要作用。

（3）《细则》是深化煤矿安全“体检”，防范遏制煤矿重特大事故的需要。2017年2月，国家煤矿安全监察局印发了《关于开展煤矿安全自检自改工作的通知》（煤安监监察〔2017〕6号），组织开展煤矿安全“体检”，其中井工煤矿15个单元221项检查内容，露天煤矿16个单元165项检查内容，统计显示，截至2017年5月底，全国已排查煤矿一般隐患68739条，重大隐患390条，初步遏制了2016年四季度以来的煤矿重特大事故多发势头。《细则》涉及的评价单元和内容，全部囊括了“体检”检查内容，并在此基础上根据近几年国家有关法律法规、标准规范、规范性文件等进行了针对性的补充完善，《细则》规定煤矿每年至少开展一次现状评价，引导煤矿建立安全“体检”长效机制，是对煤矿安全“体检”常态化、制度化的体现，对当前阶段持续提升煤矿安全管理水平、防范遏制煤矿重特大事故具有重要作用。

《细则》的出台将进一步规范煤矿安全现状评价工作，通过利用《细则》开展煤矿安全现状评价可以作为煤矿开展安全“体检”的重要抓手，对照安全检查表，对各个安全评价单元进行全面排查、诊断，围绕查大系统、治大灾害、除大隐患、防大事故，全面排查煤矿各系统存在的事故隐患，查找薄弱环节和突出问题，提出应采取的安全技术和安全管理措施，为煤矿加强安全管理、增加安全投入、改善安全状况、完善安全管理机制等提供科学依据。

1.5.2 意义

安全现状评价的意义在于可有效地预防事故发生，减少财产损失和人员伤亡及伤害，有利于提高煤矿企业安全管理水平。利用《细则》开展煤矿安全现状评价工作的意义主要体现在以下三个方面。

（1）开展煤矿安全现状评价可以使煤矿安全管理由事后处理变为事先预防。传统的安全管理方法的特点是凭经验进行管理，多为事故发生后再进行处理的“事后过程”。通过《细则》开展安全现状评价，可以预先识别煤矿各系统的危险性，分析煤矿安全状况，全面地评价煤矿各系统的危险程度和安全管理状况，促使煤矿达到规定的安全要求，实现安全监管模式由传统的被动、辅助、滞后型变为现代的主动、本质、超前型的模式。

（2）开展煤矿安全现状评价可以使煤矿安全管理由纵向单一管理变为全面系统管理。《细则》包括井工煤矿 16 个评价单元、露天煤矿 15 个评价单元，评价的内容涉及到煤矿生产技术、安全管理、机电运输、调度等各部门，各部门都要按照要求认真评价分管范围内的安全状况。因此，煤矿安全现状评价将安全管理范围扩大到煤矿各个部门、各个环节，使煤矿安全管理实现全员、全面、全过程、全时空的系统化管理。

（3）开展煤矿安全现状评价可以使煤矿安全管理变经验管理为目标管理。大部分煤矿仅凭经验、主观意志和思想意识进行管理，没有统一的标准、目标。而《细则》明确了井工煤矿、露天煤矿具体的安全检查内容，井工煤矿包括 248 项，露天煤矿包括 175 项，通过开展煤矿现状安全评价可以使各个部门、全体职工明确各自的指标、标准要求，在明确的目标下，统一步调，分头进行，从而使安全管理工作做到科学化、统一化、标准化。

2000 年以来，我国煤矿安全生产工作取得历史性成就，煤矿安全生产状况明显改善，2022 年矿山事故起数、死亡人数、煤矿百万吨死亡率比 2012 年分别下降 75. 8%、77. 6%和 86%。在新的形势下出台《细则》，使煤矿安全评价工作更适用、更具有可操作性，使我国煤矿安全评价标准体系更完善、更规范，有利于进一步巩固我国煤矿安全工作成果，夯实安全工作基础，提高我国煤矿安全生产整体水平。

2 条 款 解 读

2.1 范围

【原文】 本文件规定了煤矿安全现状评价工作的程序、方法、内容以及评价报告编制等基本要求。

本文件适用于正常生产煤矿安全现状评价的相关工作，建设煤矿可参照执行。

【解读】“正常生产煤矿”是指煤矿证照齐全，各生产系统独立完整，安全设施、安全条件已经验收合格并投入使用的煤矿。“建设煤矿”主要是指在煤矿建设期间，各生产系统、安全设施、安全条件正在建设完善之中，尚未取得安全生产许可证的煤矿。“建设煤矿可参照执行”主要是指建设煤矿可按照《细则》要求，开展日常安全检查、安全会诊、安全“体检”工作。

2.2 规范性引用文件

【原文】 下列文件中的内容通过文中的规范性引用而构成本文件必不可少的条款。其中：注日期的引用文件，仅该日期对应的版本适用于本文件；不注日期的引用文件，其最新版本（包括所有的修改单）适用于本文件。

GB 6722 爆破安全规程

GB 50187 工业企业总平面设计规范

GB 50197 煤炭工业露天矿设计规范

GB 50215 煤炭工业矿井设计规范

AQ 1028　煤矿井工开采通风技术条件
AQ 1029　煤矿安全监控系统及检测仪器使用管理规范
AQ 1048　煤矿井下作业人员管理系统使用与管理规范
AQ 1050　保护层开采技术规范
AQ 1055　煤矿建设项目安全设施设计审查和竣工验收规范
AQ 6201　煤矿安全监控系统通用技术要求
AQ 6210　煤矿井下作业人员管理系统通用技术条件
AQ/T 8001　安全评价通则

【解读】术语和定义在标准文件中具有基础性地位，所列标准中的术语和定义同样适用于《细则》，在本《细则》执行中可以直接采用，具有和《细则》中术语和定义同样的地位和效力。

2.3　术语和定义

【原文】 GB 6722、GB 50187、GB 50197、GB 50215、AQ 1028、AQ 1029、AQ 1048、AQ 1050、AQ 1055、AQ 6201、AQ 6210、AQ/T 8001 等界定的以及下列术语和定义适用于本文件。

煤矿安全现状评价　safety assessment in operation of coal mine

通过对煤矿安全设施、设备、装置实际情况和安全管理状况的调查，辨识与分析其生产活动中存在的危险、有害因素和事故隐患，确定其危险度，对其安全管理状况给予客观的评价，对存在的问题和事故隐患提出科学、合理、可行的安全对策措施及建议，做出安全现状评价结论的活动。

【解读】此条款解释了煤矿安全现状评价的定义。《煤矿安全评价导则》中 3.3 定义“煤矿安全现状综合评价是通过对煤矿设施、设备、装置实际情况和管理状况的调查分析，定性、定量分析其生产过程中存在的危险、有害因素，确定其危险度，对其安全管理状况给予客观的评价，对存在的问题提出合理可行的安全对策措施及建议”。《细则》中不仅强调了要辨识、分析危险有害因素，还需要对生产过程中存在的事故隐患进行辨识与分析，更加突出了编制安全现状评价的目的和意义。

2.4 安全现状评价工作程序与工作内容

2.4.1 前期准备

【原文】 4.1.1 明确煤矿安全现状评价对象、范围和内容，组建评价组，承担安全现状评价工作的技术人员应覆盖煤矿生产所涉及的地质、采矿、通风、机电、安全等专业，并具有中级以上专业技术职称或资格。煤矿安全现状评价工作由企业自身或委托有安全评价资质的安全评价机构承担，每年宜进行一次，企业可根据安全生产条件变化情况适时增加安全现状评价。

【解读】 此条款明确了前期准备阶段的具体工作和对评价组的要求，明确了煤矿安全现状评价编制人员、编制单位、编制周期。

安全现状评价可由企业自身开展，主要是为了突出安全现状评价的目的，将安全现状评价作为煤矿企业开展安全检查、安全会诊、安全“体检”的重要抓手，更好地发挥提升安全生产管理水平的目的。煤矿企业不具备自主开展安全现状评价条件的，可以委托有安全评价资质的安全评价机构承担。煤矿申请安全生产许可证延期，仍需按照《煤矿企业安全生产许可证实施办法》第十一条要求，依法进行安全评价，由具备安全评价资质的安全评价机构提交安全现状评价报告。

为了更好地规范煤矿企业自身开展安全现状评价，《细则》要求安全现状评价人员应包括地质、采矿、通风、机电、安全等专业，并具有中级以上专业技术职称或资格。当煤矿企业委托有资质的安全评价机构开展安全现状评价时，评价人员仍需满足《安全评价检测检验机构管理办法》（应急管理部令第1号）的要求。即安全评价项目组组长应当具有与业务相关的二级以上安全评价师资格，并在本行业领域工作三年以上。

《细则》建议和推荐安全现状评价的周期每年宜进行一次，煤矿企业可根据煤矿安全生产条件变化适时增加评价，这一条的主要目的也是为了更好体现安全现状评价的目的，以安全现状评价为抓手，开展安全诊断、安全体检、安全会诊，更好地服务于煤矿安全生产。为申请安全生产行政许可的安全现状评价报告的评价周期一般与安全生产许可证的有效期保持一致。根据《煤矿企业安全生产许可证实施办法》（总局令第86号）第二十条规定，安全生产许可证的有效期为3年，煤矿企业应当于安全生产许可证期满前3个月向原安全生产许可证颁发管理机关提出延期申请，并提交安全现状评价报告等资料。

【原文】 4.1.2 收集国内相关法律法规、标准、规章、规范及有关规定。

【解读】 此条款明确了前期准备阶段需要收集与煤矿安全现状评价工作相关的法律法规、标准、规章、规范及有关规定。

法律法规、标准、规章、规范及有关规定是评价煤矿是否具备安全生产条件的主要依据。安全现状评价报告编制单位不仅要搜集国家相关法律法规、标准、规章、规范及有关规定，还要充分结合被评价煤矿的地域特点，收集属地政府部门颁发的相关规定。

根据《矿山安全评价检测检验监督管理办法（试行）》，存在主要法规、标准引用错误，且影响评价结论的，属于失实报告。因此，评价人员在收集各类法律法规、标准、规章、规范及有关规定时，要充分考虑引用法律法规、标准、规章、规范及有关规定的时效性，引用标准不得有误。

依据的各类法律法规、标准、规章、规范及有关规定应为最新的，不得使用废止标准。开展安全现状评价工作过程中，对现已建成投产验收的煤矿，凡涉及引用设计规范标准的，按照建成投产时符合当时标准规范和批复文件即可，不必强制符合现行设计规范要求。

【原文】 4.1.3 制订安全现状评价工作方案，进行项目风险分析，按照附录A确定工作程序、工作进度计划、评价报告编制提纲及收集资料清单等。

【解读】 此条款明确了安全现状评价工作开展前应制订评价工作方案，以减少在评价工作中的失误，更明确评价的目标。

工作方案主要内容可包括：项目风险分析、工作程序确定、工作进度安排、评价报告编制提纲、收集资料清单。

项目风险分析，主要是对安全评价机构提出的。安全评价机构在开展安全现状评价之前，应重点对被评价单位的基本情况、证照、人员配备、开采方式、灾害类型，涉及的主要危险、有害因素等方面进行风险分析，说明承揽此项目是否存在风险，风险是否可接受。由煤矿企业自身开展的安全现状评价不需要进行项目风险分析工作。

安全现状评价工作程序参考《细则》附录A。

安全现状评价工作进度计划主要内容可包括：现场勘查的时间、现场复查的时间、各专业人员完成报告时间、统稿人校对时间、项目组长审核报告时间、技术负责人审核、过程控制负责人审核及报告印刷等。

评价报告编制提纲：报告编制提纲参考《细则》附录H。

收集资料清单：井工煤矿参考《细则》附录B，露天煤矿参考《细则》附录C。

2.4.2 收集资料与现场勘查

【原文】 4.2.1 收集并检查煤矿基础资料，包括：营业执照、采矿许可证、安全生产许可证；勘探地质报告；水文地质补充勘探报告；水文地质类型划分报告；矿井建井地质报告、生产地质报告；初步设计和安全设施设计资料；最近一次的安全评价报告；各项安全设施、设备、装置检测检验报告；安全生产规章制度、责任制和各岗位工种操作规程；安全管理机构设置及任命批准文件；各级各类从业人员安全培训和考核情况；应急救援预案及演练记录；安全风险辨识评估资料；事故隐患排查治理记录。井工煤矿安全现状评价参考资料目录见附录B，露天煤矿安全现状评价参考资料目录见附录C。

【解读】 此条款明确了安全现状评价应收集并检查的基础资料，《细则》附录B和附录C中明确了各部分所需检查和收集的资料，更有利于煤矿企业自身全面的、系统的安全检查。

现场检查和收集资料应由相关专业的评价人员进行，按法律法规、规程规范要求核实资料的完整性、真实性和有效性。不符合要求的，煤矿应及时补充、完善。根据《矿山安全评价检测检验监督管理办法（试行）》，评价单位不得对企业提供的资料及第三方出具的技术服务报告或者结论进行伪造、篡改，否则评价报告将被认定为虚假报告。

委托安全评价机构开展煤矿安全现状评价应符合《国家矿山安全监察局关

于印发〈矿山安全评价检测检验监督管理办法（试行）〉的通知》第十五条要求，矿山安全评价机构开展服务时，应当如实记录过程控制、现场勘验情况，并与现场图像影像等证明资料一并及时归档，形成完整可追溯的评价过程档案；查看委托方提供的相关资料原件，并将原件形成图像影像资料及时归档。安全评价项目组组长应当到现场勘验，全过程组织并参与安全评价报告编制。专职技术负责人和过程控制负责人应当按照法规、标准的规定，加强对安全评价服务活动的技术管理和过程管理。

【原文】4.2.2　根据煤矿特点，对煤矿各生产系统和辅助系统及其工艺、场所和安全设施、设备、装置等进行实地安全检查，对煤矿安全管理机制和安全生产各项规章制度、安全措施的落实情况进行调查。

【解读】此条款明确了评价人员进行安全现状评价工作现场应检查和调查的内容。

对煤矿现场主要生产系统和辅助系统及其工艺、场所和安全设施、设备、装置等应对照安全检查表进行检查，对不符合规程、规范要求的，应对问题进行完整准确的现状描述，并提出整改建议。

对煤矿安全管理机制和安全生产各项规章制度、安全措施的落实情况进行调查，对安全管理机制和规章制度不健全的、安全措施落实不到位的应提出整改措施和建议。

【原文】4.2.3　现场勘查应明确以下基本问题：

a）对地质构造、水文地质、工程地质、瓦斯地质、井田内及其周边采空区和废弃矿井资料及其他安全参数是否准确掌握，能否满足安全生产需要；

b）生产系统和辅助生产系统、开采程序、方法及其工艺等是否满足安全生产相关法律法规、规范标准的要求，运转是否满足安全生产要求，主要安全设施设备是否按期检测，检测结果是否合格；

c）通风、瓦斯抽采、综合防突、防治水、防灭火、防尘、防冲击地压、供电、运输提升、压风、安全监控、生产指挥调度、安全避险与应急救援、职业危害防护和总平面布置等系统环节是否合理、完善，运转是否可靠；

d）可能造成重大灾害事故的危险、有害因素是否得到了有效控制，对井田内及其周边采空区、废弃巷道（或边坡）是否都进行了有效管理，是否存在事故隐患；

e）安全管理制度、安全管理机构及其人员配置是否符合有关规定要求和实际需要，安全投入、安全培训、安全风险分级管控、事故隐患排查治理、应急救援预案等是否符合要求。

【解读】 此条款解释了现场勘查应明确的基本问题。

上述问题是开展安全现状评价的基础和重点，各专业要针对所提基本问题结合安全检查表，逐条明确回答是否符合《细则》要求；对不符合要求的应提出整改措施和建议。

根据《矿山安全评价检测检验监督管理办法（试行)》，井工煤矿采掘工艺、露天煤矿采剥工艺未了解清楚，评价报告未做评价的，属于失实报告；矿山主要生产系统与评价期间实际情况严重不符，且实际情况不符合安全生产有关标准、规范规定或者安全设施设计，或者未按照安全设施设计完成工程建设，故意隐瞒且影响评价结论的，属于虚假报告。因此，评价人员现场勘查时，一定要了解清楚煤矿的主要生产系统、采掘（剥）工艺，是否与批复的初步设计、安全设施设计相符，这是开展安全现状评价的基础。

2.4.3 危险、有害因素辨识与分析

【原文】 4.3.1 根据煤矿的地质条件、周边环境特点、开拓与开采方式、生产系统和辅助系统，煤矿建设及生产期间积累的安全资料、数据及其他专项研究成果，结合现场勘查情况，辨识煤矿生产中实际存在和潜在的危险、有害因素，分析其危险程度。

【解读】 此条款提出了危险、有害因素辨识的范围和要求。

与《煤矿安全评价导则》相比，《细则》在危险、有害因素辨识方面的新特点主要体现在以下两个方面：增加了煤矿建设及生产期间积累的安全资料、数据及其他专项研究成果（如：煤矿开展的年度、专项安全风险辨识评估资料，瓦斯防治、防治水、露天煤矿边坡等专项研究报告，都可以作为危险有害因素分析的资料依据）。增加了辨识潜在的危险、有害因素，除了辨识煤矿已

经实际存在的危险有害因素之外，还要根据生产布局和计划，辨识尚未暴露的、在今后可能出现的潜在的危险有害因素；要求对辨识的危险、有害因素分析其危险程度，充分体现了现状评价工作的全面性、系统性。

评价人员应按照《企业职工伤亡事故分类》（GB 6441）、《生产过程危险和有害因素分类与代码》（GB/T 13861）等规定，对煤矿进行危险、有害因素辨识，分析煤矿存在的危险有害因素。

通过结合现场调查、查找资料、取证和座谈分析，对煤矿各生产系统和作业场所可能存在的主要危险、有害因素进行辨识，分析其危险程度。

（1）地质条件：结合煤矿地质构造、水文地质、工程地质、瓦斯地质、井田内及其周边采空区和废弃矿井资料等，辨识危险有害因素。例如：井工煤矿的顶板伤害、瓦斯爆炸、煤尘爆炸、火灾、水害等，均与地质条件有一定关系；露天煤矿的滑坡危害、煤尘爆炸、火灾、水害、采空区危害等，也与地质条件有一定关系。

（2）周边环境：结合相邻煤矿开采情况和灾害情况、煤矿所在区域河流、重要运输线路、周边建构筑物等，分析煤矿的危险有害因素。例如：井工煤矿水害，可能与相邻煤矿老空积水、越界开采等有一定关系。

（3）开拓与开采方式：结合煤矿开拓、开采方式、开采工艺辨识存在的危险有害因素。例如：井工煤矿工作面布置方式、采煤工艺不同，存在的危险有害因素也不同；露天煤矿开采工艺不同，存在的危险有害因素不同，间断开采工艺，必然涉及车辆伤害；连续开采工艺、吊斗铲倒堆工艺，则不涉及车辆伤害。

（4）生产系统和辅助生产系统：结合煤矿生产系统和辅助系统辨识存在的危险有害因素。例如：开拓开采、一通三防、防治水、供电、运输提升等系统存在的危险有害因素均不同，因此进行危险有害因素辨识与分析应考虑到所有的生产系统和辅助生产系统。

【原文】 4.3.2 分析危险、有害因素可能导致灾害事故的类型、可能的激发条件和主要存在场所。

【解读】 根据《企业职工伤亡事故分类》，事故类型主要有 20 类：物体打击、车辆伤害、机械伤害、起重伤害、触电、淹溺、灼烫、火灾、高处坠落、坍塌、冒顶片帮、透水、放炮、火药爆炸、瓦斯爆炸、锅炉爆炸、容器爆炸、其他爆炸、中毒和窒息、其他伤害。评价人员应结合煤矿的实际情况，对照20类事故类型，分析煤矿存在的危险有害因素（包括潜在的危险有害因素）可能导致的事故类型及其存在的场所。评价报告应列表分析危险有害因素存在场所。

激发条件按事故发生的条件要素，结合生产现场情况分析确定，如：发生瓦斯爆炸的激发条件、发生边坡滑坡的激发条件等。

【原文】 4.3.3 结合相关实际资料和典型事故案例作进一步分析。

【解读】 在辨识危险有害因素的基础上，应结合相关实际资料和典型事故案例作进一步分析，分析煤矿潜在的危险有害因素，其危害类型、激发条件和存在场所尚处在不明了或存疑状况，需要结合相关实际资料和典型事故案例作进一步分析，制定潜在危险有害因素的防范措施。

【原文】 4.3.4 根据《煤矿重大事故隐患判定标准》（应急管理部令第4号），对被评价煤矿涉及的重大生产安全事故隐患进行辨识分析，明确是否存在重大生产安全事故隐患。

【解读】 评价人员应对照《煤矿重大事故隐患判定标准》，根据煤矿的实际情况逐条对被评价煤矿进行检查、辨识分析，应分专业逐条对照检查，明确是否存在重大生产安全事故隐患。

根据《矿山安全评价检测检验监督管理办法（试行）》，评价期间，矿山存在法规、规章中列举的重大事故隐患，评价报告未做评价的，属于失实报告；存在法规、规章中列举的重大事故隐患，未消除或者未采取有效的管控措施，故意隐瞒且影响评价结论的，属于虚假报告。因此，安全评价单位在编制评价报告时，一定要高度重视重大事故隐患排查、判定，明确给出是否存在重大事故隐患的结论，不得隐瞒。

【原文】 4.3.5 根据危险、有害因素辨识分析结果，在综合分析的基础上，确定危险有害因素的危险度排序。

【解读】评价人员应结合煤矿实际情况，通过对危险有害因素和潜在因素的分析，根据事故的危险程度，对各类危害进行排序，按危险度从大到小的顺序排序，对于危险程度高的，煤矿应重点防范。

根据《矿山安全评价检测检验监督管理办法（试行）》，主要危险有害因素辨识与分析漏项的，属于失实报告。故意隐瞒煤矿瓦斯、冲击地压、水害、火灾等主要灾害等级、超层越界等重大事故隐患或者情况，影响评价结论的，也属于虚假报告。因此，评价人员一定要注意危险有害因素辨识与分析的全面性，应结合煤矿实际列出全部危险有害因素，不得隐瞒。

【评价报告编制要求】

（1）评价报告应简要描述危险、有害因素识别的方法和过程。

（2）评价报告应概况说明煤矿存在的危险、有害因素，结合煤矿实际情况，逐项说明辨识的危险、有害因素的影响因素和危害程度。

（3）评价报告应列表说明危险有害因素可能导致的事故类型、激发条件和主要存在场所分析。

（4）评价报告应分析危险有害因素的危险度，对危险有害因素的危险度进行排序，按危险度从大到小的顺序排序，对于危险程度高的，提出重点防范措施。

（5）报告应对照《煤矿重大事故隐患判定标准》逐条列表检查煤矿是否存在重大事故隐患，明确给出煤矿是否存在重大生产安全事故隐患的结论。

2.4.4 划分评价单元

【原文】4.4.1 根据煤矿生产工艺特点及煤矿安全现状评价的需要，以科学、合理、相对独立、具有明显的特征界限、覆盖所有评价范围为原则，合理划分安全评价单元。

【解读】此条款规定了评价单元划分的原则。

煤矿生产过程中多种危险有害因素并存，因而科学、合理划分单元，是深入开展评价的必要前提和基础。煤矿安全评价单元一般按照生产系统和工艺过程进行划分，各评价单元的生产过程应相对独立，范围相对固定，各单元之间有明显的界限。

覆盖所有评价范围，是指覆盖煤矿生产涉及的全部范围，包括井（坑）下和地面，为煤矿服务的爆炸材料库、加油站、油库、选煤厂等需单独开展安全现状评价。

【原文】 4.4.2 井工煤矿按照附录D进行安全现状评价单元划分，露天煤矿按照附录E进行安全现状评价单元划分。

【解读】 此条款根据划分评价单元的原则，对井工煤矿和露天煤矿的评价单元进行了明确的划分。

井工煤矿评价单元。《煤矿安全现状评价导则》（煤安监技监字〔2003〕114号）将井工煤矿划分为14个评价单元：开采系统，通风系统，瓦斯、煤尘爆炸防治系统，煤与瓦斯突出防治系统，防灭火系统，防治水系统，监测系统，爆破器材储存、运输系统，运输、提升系统，压气及其输送系统，电气系统，救护系统，安全管理系统，卫生、保健与健康监护系统。《细则》按照近年来法律、法规、规程修订情况，进一步规范了各单元名称，对瓦斯、煤尘、煤与瓦斯突出等专业类似单元进行了合并，增加了地质勘探与地质灾害防治单元和总平面布置单元，单元划分更加全面、清晰。

露天煤矿评价单元。《煤矿安全现状评价导则》将露天煤矿划分为12个评价单元：采剥系统，运输系统，排土系统，边坡与滑坡防治系统，防灭火系统，防治水系统，爆破器材储存、运输系统，压气及其输送系统，电气系统，救护系统，安全管理系统，卫生、保健与健康监护系统。《细则》按照近年来法律、法规、规程修订情况，进一步规范了各单元名称，取消了压气及其输送系统，相关内容放入设备检修单元特种设备部分；增加了地质勘探与地质灾害防治单元、设备检修单元、粉尘防治单元和总平面布置单元，单元划分更加全面、清晰。

【原文】 4.4.3 评价工作中，可根据煤矿实际情况调整评价单元，但调整后的评价单元应覆盖附录D或附录E规定的范围。

【解读】 安全现状评价单位可根据煤矿实际情况，对评价单元划分进行适当调整，但调整后的单元应覆盖附录 D 或附录 E 规定的范围，涉及缺项的，应在评价报告中说明，不能无故缺项漏项。

2.4.5 选择评价方法

【原文】 4.5.1 根据评价的目的、要求和评价对象的特点，选择科学、合理、适用的定性、定量评价方法，以便开展针对性的安全现状评价为基本原则。

【解读】 本条款规定了安全评价方法选择的基本原则。

在进行煤矿安全现状评价时，应该在全面熟悉掌握被评价煤矿的灾害类型、生产工艺、生产系统、生产能力等实际情况和特点前提下，选择合适的评价方法。选择安全评价方法应遵循科学性、合理性、适用性、针对性原则。

(1) 科学性原则。安全评价方法与被评价系统所能提供的安全评价初值和边值条件应形成一个和谐的整体。也就是说，安全评价方法获得可信的安全评价结果，是必须建立在科学、合理的基础数据之上的。被评价系统应该能够提供所需的科学、合理的数据。

(2) 合理性原则。应该选择计算过程最简单、所需基础数据最少和最容易获取的安全评价方法（如：安全检查表法），使安全评价工作量和要获得的评价结果均是合理的。

(3) 适应性原则。选择的安全评价方法应该适应被评价的系统。煤矿生产系统是由多个子系统构成的复杂系统，评价的重点可能有所不同，各种安全评价方法都有其适应的条件和范围，应该根据系统和子系统、工艺的性质和状态，选择合适的安全评价方法。

(4) 针对性原则。所选择的安全评价方法应该能够得出所需的结果。根据评价目的的不同，需要安全评价提供的结果也有所不同，如可能是危险、有害因素识别，事故发生的原因，事故发生的概率等，也可能是事故造成的后果、系统的危险性等，安全评价方法能够给出所要求的结果时才能被选用。

【原文】 4.5.2 煤矿安全现状评价宜采用安全检查表法按照附录 G 或者附录 H 进行，以定性评价为主，生产系统复杂、自然灾害严重的煤矿，可增加调查分析法、类比分析法、事故树分析法等评价方法。

【解读】《细则》根据评价方法选择的原则，推荐采用安全检查表法，以定性为主的评价方法作为煤矿安全现状评价的基本方法。对生产系统复杂、自然灾害严重的煤矿，可增加调查分析法、类比分析法、事故树分析法等评价方法进一步地评价，可使用多种评价方法进行综合评价，互相补充、分析、验证，以提高评价结果的准确性。《细则》未做强制要求，由评价单位和煤矿根据需要自行选择评价方法，解决了评价中对定性评价的模糊要求和定量评价针对性不强的问题。

安全检查表法是依据相关的标准、规范，对工程、系统中已知的危险类别、设计缺陷以及与一般工艺设备、操作、管理有关的潜在危险性和有害性进行判别检查。适用于工程、系统的各个阶段，是系统安全工程的一种最基础、最简便、广泛应用的系统危险性评价方法。

调查分析法是指研究者通过实地面谈、提问调查等方式收集、了解事物详细资料数据，并加以分析的方法。调查分析法可使用抽样的基本步骤，多以个体为分析单位，通过问卷、访谈等方法了解调查对象的有关咨询，加以分析来开展研究。根据调查对象的不同，可以分为个案调查法、重点调查、抽样调查、专家咨询法（德尔菲法、头脑风暴法）等。

类比分析法是利用与拟建项目类型相同的现有项目的设计资料或实测数据进行工程分析的方法，是工程分析常用的方法，也是定量结果较为准确的方法。但该方法要求时间长、工作量大。在评价时间允许、评价工作等级较高、又有可以参考的相同的或相似的现有工程时，应采用此法。采用此法时，应充分注意分析对象与类比对象之间的相似性。

事故树分析法是从要分析的特定事故或故障（顶上事件）开始，层层分析其发生原因，直到找出事故的基本原因（底事件）为止。这些底事件又称为基本事件，它们的数据已知或者已经有统计或实验的结果。

2.4.6 定性、定量评价

【原文】4.6.1 根据煤矿生产现状，分单元进行定性、定量安全评价。

【解读】《煤矿安全评价导则》第5.5条仅泛泛地规定了对危险、有害因素进行定性、定量评价，未明确如何开展定性、定量评价。《细则》明确提出定性、定量评价应分单元进行，即：对每个评价单元都要开展定性、定量评价。

【原文】4.6.2 评价各生产和辅助系统及其工艺、场所、设施、设备是否满足安全生产法律法规和技术标准的要求，各系统、设备能力是否满足要求，运转是否安全可靠。

【解读】此条款是对煤矿各生产和辅助系统及其工艺、场所、设施、设备的定性、定量评价要求。安全现状评价人员通过对照安全检查表等方法，回答所评价单元的系统及其工艺、场所、设施、设备是否满足安全生产法律法规和技术标准的要求，各系统、设备能力是否满足要求，运转是否安全可靠。

例如：露天煤矿电气单元，应评价供电系统、变电所、采场主排水泵设置等是否满足安全生产法律法规和技术标准的要求；供电系统能力是否满足要求，采场主排水泵能力是否满足要求；供电系统、变电所、水泵等运转是否安全可靠等。

此条款应特别注意主要生产系统不能缺项、漏项。根据《矿山安全评价检测检验监督管理办法（试行)》，评价期间，矿山主要生产系统缺项、漏项，且影响评价结论的，属于失实报告。

【原文】4.6.3 评价安全设施、设备、装置与有关规程、标准规范的符合性和完善性，分析存在的不足或缺陷。

【解读】此条款主要是对煤矿安全设施、设备、装置与有关规程、标准规范的定性、定量评价要求。

安全现状评价人员可通过对照安全检查表等方法，回答所评价单元涉及的安全设施、设备、装置与有关规程、标准规范的符合性和完善性。

例如：同样是露天煤矿电气单元，除了评价供电系统、变电所等场所、设施外，还需要评价防雷电装置、变电所警示标志、保护接地等安全设施、装置等是否符合煤矿安全规程和国家有关标准规范要求，通过与规程、标准规范的对比，评价防雷电装置、变电所警示标志、保护接地等是否完善，提出存在的不足或缺陷。

【原文】4.6.4 根据煤矿生产过程中对危险有害因素的控制情况，评价安全技术措施的合理性、有效性、充分性，分析采取进一步安全技术措施的必要性和可能性。

【解读】此条款是对安全技术措施评价的要求，以现场检查情况作为煤矿生产过程中对危险有害因素的控制情况判断的根据，定性评价该单元中安全技术措施的合理性、有效性、充分性。

合理性是指必要的、适宜的和经济合理的；有效性是指有针对性的、可操作性并有明显效果的；充分性是指完全满足的和完全保证的。当评价发现安全技术措施存在不足时，应分析采取进一步安全技术措施的必要性和可能性。

例如：同样仍是露天煤矿电气单元，通过对电气单元供电系统、变电所等场所以及防雷电装置、保护接地等安全设施、设备等进行的符合性评价，以现场检查情况为依据，评价电气单元各项安全技术措施是否合理、有效、充分；当评价发现措施不符合要求时，应分析采取其他安全技术措施的必要性和可能性。

2.4.7 井工煤矿各单元评价的基本内容

【原文】4.7.1 安全管理单元

应包括以下基本内容：

a）证照情况，安全生产许可证、采矿许可证、营业执照等证照及有效期情况；

b）机构和人员设置情况，评价安全生产管理机构和专职安全生产管理人员设置，以总工程师为首的技术管理体系，技术管理职责落实情况；采掘技术管理、“一通三防”、地质防治水等安全技术管理机构设置，专业技术管理人员配置情况；安全生产管理人员培训考核和履职情况；

c）管理制度和责任制落实情况，评价主要负责人、分管负责人、安全生产管理人员、职能部门、各岗位安全生产责任制，安全生产目标管理、安全投入、奖惩、技术措施审批、培训、办公会议制度，安全检查制度，安全风险分级管控制度，事故隐患排查、治理、报告制度，事故报告与责任追究制度，矿级领导带班下井制度等管理制度的有效性、合法性和落实情况；

d）灾害预防及生产组织，评价煤矿年度灾害预防和处理计划的编制及落实，年度、月度生产计划和劳动定员编制及落实，作业规程和操作规程制定及落实等情况；

e）特种作业人员及其他从业人员培训考核情况，特种作业人员培训和持证上岗情况，其他从业人员安全培训考核情况，安全培训档案；

f）安全生产投入，安全生产费用按规定足额提取和使用证明材料等；

g）工伤保险缴纳，全员缴纳工伤保险记录资料；

h）事故防范和整改措施落实情况，评价煤矿上一年度至今发生生产安全事故后，事故防范和整改措施落实情况；事故警示教育开展情况。

【解读】本评价单元主要是对煤矿安全管理涉及的证照、机构和人员设置、安全生产责任制和安全管理制度、灾害预防、安全生产投入支出、事故防范、特种作业等开展现状评价。

1. 证照情况

《煤矿安全规程》第三条规定，煤炭生产实行安全生产许可证制度。未取得安全生产许可证的，不得从事煤炭生产活动。《煤矿企业安全生产许可证实施办法》第二十条规定，煤矿在安全生产许可证有效期内变更主要负责人的、变更隶属关系的、变更经济类型的、变更煤矿名称的，应自工商营业执照变更之日起 10 个工作日内提出申请变更安全生产许可证；煤矿改建、扩建工程经验收合格的，应当在改扩建工程验收合格后 10 个工作日内提出申请变更安全生产许可证。

《国务院关于预防煤矿生产安全事故的特别规定》（国务院令第 446 号）第五条规定，煤矿未依法取得采矿许可证、安全生产许可证、营业执照的，煤矿不得从事生产。擅自从事生产的，属非法煤矿。《煤矿企业安全生产许可证实施办法》第七条规定，煤矿必须依法取得采矿许可证，并在有效期内。

《煤矿重大事故隐患判定标准》第十七条规定，煤矿在完成改制后，未重新取得或者变更采矿许可证、安全生产许可证和营业执照而进行生产建设的，判定为重大事故隐患。

【现场勘查主要要求】

（1）查资料，查阅“两证一照”，是否齐全，核实是否在有效期内。

（2）查资料，查阅矿长任命文件、营业执照等资料，核实安全生产许可证有效期内是否存在变更主要负责人、变更隶属关系、变更经济类型、变更煤矿名称的现象，安全生产许可证变更是否及时。

（3）查资料，核实煤矿企业是否进行改制，改制完成后，是否重新取得或变更采矿许可证、安全生产许可证和营业执照；未重新取得或变更采矿许可证、安全生产许可证和营业执照是否组织生产建设。

2. 机构和人员设置情况

1）安全生产管理机构和专职安全生产管理人员设置

《煤矿安全规程》第五条规定，煤矿企业必须设置专门机构负责煤矿安全生产与职业病危害防治管理工作，配备满足工作需要的人员及装备。

《中华人民共和国安全生产法》第二十四条规定，矿山应当设置安全生产管理机构或者配备专职安全生产管理人员。这里讲的“安全生产管理机构”，是指生产经营单位内部设立的专门负责安全生产管理事务的独立的部门，“专职安全生产管理人员”，是指在生产经营单位中专门负责安全生产管理、不再兼任其他工作的人员。

《煤矿重大事故隐患判定标准》第十七条规定，煤矿在改制期间，未明确安全生产责任人进行生产建设的，未健全安全生产管理机构和配备安全管理人员进行生产建设的，认定为重大事故隐患。

2）以总工程师为首的技术管理体系，技术管理职责落实情况

《进一步加强煤矿企业安全技术管理工作的指导意见》（安监总煤装〔2011〕51号）第一条规定，煤矿企业要建立健全以总工程师为首的安全技术管理体系，总工程师应为同级领导班子成员。第二条规定，总工程师全面负责煤矿技术管理工作，行使技术决策权和指挥权，加强安全生产技术管理，及时排查治理煤矿重大事故隐患；副总工程师在总工程师领导下对分管业务范围的安全技术工作负责。落实各部门的安全技术职责，建立健全部门安全技术业务保安责任制和技术人员岗位责任制，业务部门和生产区（队）技术负责人在总

工程师领导下对分管范围内的技术管理工作负责，组织落实有关技术措施和规范，并根据现场安全生产条件的变化，及时制定针对性的技术措施，保证作业规程和技术措施落实到位。第三条规定，总工程师要定期召开专题会议，总结和布置企业技术管理工作，研究确定矿井开拓布置，抽掘采部署，生产系统调整，技术措施制定，新技术、新装备、新工艺推广应用，安全技术措施费用提取使用方案等技术问题。

3）安全技术管理机构设置，专业技术管理人员配置情况

《进一步加强煤矿企业安全技术管理工作的指导意见》第一条规定，煤矿企业要设立采掘生产技术、矿井“一通三防”、地质测量、水害防治、职业危害防治、工程设计和科研等安全技术管理机构，配齐技术管理和工作人员。矿井的采煤、开拓（掘进）、通风、机电、运输等生产区（队）必须配备技术负责人，专职技术管理工作。

《煤矿重大事故隐患判定标准》第十八条规定，未分别配备专职的矿长、总工程师和分管安全、生产、机电的副矿长，以及负责采煤、掘进、机电运输、通风、地测、防治水工作的专业技术人员的，认定为重大事故隐患。

《煤矿地质工作规定》第七条规定，煤矿企业及所属矿井应设立地测部门，配备所需的地质及相关专业技术人员，煤矿地质类型为复杂或极复杂的煤矿企业及所属矿井，还应配备地质副总工程师，地质副总工程师、地测部门负责人应由地质相关专业技术人员担任。

《煤矿防治水细则》第五条规定，煤矿应当根据本单位的水害情况，配备满足工作需要的防治水专业技术人员。国家矿山安全监察局《关于印发防范遏制煤矿水害事故若干措施的通知》（矿安〔2023〕22号）规定，煤矿必须配备受过正规院校地质、水文地质专业教育或长期从事煤矿防治水工作的防治水专业技术人员。水文地质类型复杂、极复杂的煤矿必须配备具有防治水工作经验的副总工程师。

《防治煤与瓦斯突出细则》第四条规定，有突出矿井的煤矿企业、突出矿井应当设置防突机构，建立健全防突管理制度和各级岗位责任制。

《防治煤矿冲击地压细则》第十八条规定，有冲击地压矿井的煤矿企业必须明确分管冲击地压防治工作的负责人及业务主管部门，配备相关的业务管理人员。冲击地压矿井必须明确分管冲击地压防治的负责人，设立专门的防冲机

构，并配备专业防冲技术人员与施工队伍，防冲队伍人数必须满足矿井防冲工作的需要。

4）安全生产管理人员培训考核和履职情况

《煤矿安全规程》第九条规定，主要负责人和安全生产管理人员必须具备煤矿安全生产知识和管理能力，并经考核合格。

《工作场所职业卫生管理规定》（国家卫生健康委员会令第5号）第九条规定，用人单位的主要负责人和职业卫生管理人员应当具备与本单位所从事的生产经营活动相适应的职业卫生知识和管理能力，并接受职业卫生培训。

《国家卫生健康委办公厅关于进一步加强用人单位职业健康培训工作的通知》（国卫办职健函〔2022〕441号）第二条（二）规定，主要负责人和职业健康管理人员应当在任职后3个月内接受职业健康培训，初次培训不得少于16学时，之后每年接受一次继续教育，继续教育不得少于8学时。

【现场勘查主要要求】

（1）查资料和现场，查阅煤矿机构设置及人员配备文件，煤矿安全生产管理机构及人员设置是否以正式文件形式下发，是否设置了专门安全管理机构，是否配备专职安全生产管理人员，是否兼职。是否配备了专职“五职”矿长。

（2）查资料，查阅技术管理体系文件、安全生产责任制等资料，是否建立了以总工程师为首的技术管理体系，明确总工程师的安全生产技术决策和指挥权职责；总工程师是否对采矿技术、地质、测量、防治水、技术措施制定、新技术推广、安全技术措施费用提取和使用等工作负责。

（3）查资料和现场，查阅煤矿机构设置文件、安全生产责任制等资料，是否明确负责生产技术、地质测量、水害防治、职业危害防治、工程设计和科研等安全技术管理的机构，职责分工是否明确，部门职责是否有交叉；地质复杂极复杂煤矿是否配备地质副总工程师，水文地质类型复杂极复杂煤矿是否设立专门机构、配备防治水副总工程师。

（4）查资料，查阅技术人员配置文件，是否分别配备了负责采煤、掘进、机电运输、地测、防治水工作的专业技术人员，是否每个专业至少有1名专业技术人员；某一专业只有1名专业技术人员的，是否兼职其他专业。煤矿地质类型复杂、极复杂矿井是否配置了地质副总工程师，地质副总工程师、地测部门负责人是否具备地质相关专业；水文地质类型复杂、极复杂矿井是否设立了专门的防治水机构，是否配备防治水副总工程师、防治水专业技术人员，防治水副总工程师、防治水专业技术人员是否受过正规院校地质、水文地质专业教育或长期从事煤矿防治水工作。

（5）查资料，对照任命文件核查五职矿长和安全生产管理人员的安全生产知识和管理能力考核合格证明。

3. 管理制度和责任制落实情况

1）安全生产责任制

《中华人民共和国安全生产法》第四条规定，生产经营单位必须建立健全全员安全生产责任制和安全生产规章制度；第二十二条规定，生产经营单位的全员安全生产责任制应当明确各岗位的责任人员、责任范围和考核标准等内容。

《国务院安委会办公室关于全面加强企业全员安全生产责任制工作的通知》（安委办〔2017〕29号）第二条（三）规定，企业要结合企业自身实际，明确从主要负责人到一线从业人员（含劳务派遣人员、实习学生等）的安全生产责任、责任范围和考核标准。安全生产责任制应覆盖本企业所有组织和岗位，其责任内容、范围、考核标准要简明扼要、清晰明确、便于操作、适时更新。（四）规定，企业要在适当位置对全员安全生产责任制进行长期公示。（五）规定，企业主要负责人要指定专人组织制定并实施本企业全员安全生产教育和培训计划。（六）规定，企业要建立健全安全生产责任制管理考核制度，对全员安全生产责任制落实情况进行考核管理。

2）安全生产管理制度

《煤矿安全规程》第四条规定，煤矿企业必须加强安全生产管理，建立健全各级负责人、各部门、各岗位安全生产与职业病危害防治责任制；建立健全安全生产与职业病危害防治目标管理、投入、奖惩、技术措施审批、培训、办公会议制度，安全检查制度，安全风险分级管控工作制度，事故隐患排查、治理、报告制度，事故报告与责任追究制度等；制定重要设备材料的查验制度，做好检查验收和记录；建立各种设备、设施检查维修制度，定期进行检查维修，并做好记录。

根据原国家煤矿安全监察局《煤矿企业安全生产管理制度规定》（煤安监办字〔2004〕42号）第四条规定，煤矿企业安全生产管理制度应满足下列规定：

（1）符合相关法律、法规、规章、规程和标准。

（2）内容具体，责任明确，能够对照执行和检查，严格管理措施，有针对性、可操作性。

（3）对违反制度的各行为有明确、具体的处罚措施和责任追究办法。

（4）所引用的依据及适用范围和时间明确，表述规范，条款清晰，能确保相关人员了解和掌握。

（5）以正式文件发布，并确保其能够约束涉及到的部门和人员。

第五条规定，煤矿企业安全生产管理制度内容的具体要求：

（1）安全目标管理制度。应依据上级下达的安全指标，结合实际制定年度或阶段性安全生产目标，并将指标逐级分解，明确责任、保证措施、考核和奖惩办法。

（2）安全投入保障制度。应按国家有关规定建立稳定的安全投入资金渠道，保证新增、改善和更新安全系统、设备、设施，消除事故隐患，改善安全生产条件，安全生产宣传、教育、培训，安全奖励，推广应用先进安全技术措施和管理方法，抢险救灾等均有可靠的资金来源；安全投入应能充分保证安全生产需要，安全投入资金要专款专用；煤矿企业应当编制年度安全技术措施计划，确定项目，落实资金、完成时间和责任人。

（3）安全奖罚制度。必须兼顾责任、权利、义务，规定明确，奖罚对应；明确奖罚的项目、标准和考核办法。

（4）安全技术审批制度。要确定各类工程设计、作业规程、安全措施和方案等安全技术审批的内容、程序、标准、时限、审批级别；审批人员职别和资格，编制、审核、审批人员的职责、权限和义务。安全技术审批应保证依据充分、正确、内容全面、具体、安全措施可靠，能够有效指导生产施工、作业和操作。

（5）安全教育与培训制度。应保证煤矿企业职工掌握本职工作应具备的法律法规知识、安全知识、专业技术知识和操作技能；明确企业职工教育与培训的周期、内容、方式、标准和考核办法；明确相关部门安全教育与培训的职责和考核办法；明确年度安全生产教育与培训计划，确定任务，落实费用。

（6）安全办公会议制度。要明确安全办公会议的召开周期、内容、主持人和参加人员。安全办公会议必须由安全生产第一责任人主持。会议应当有完整的记录，载明议定的事项、决定以及落实的人员、措施和期限。会议记录、纪要应纳入档案管理。

（7）安全监督检查制度。应保证有专门的安全管理机构，配备足额的专职安全管理人员，有效地监督安全生产规章制度、规程、标准、规范等执行情况；重点检查矿井“一通三防”的装备、管理情况；明确安全检查的周期、内容、检查标准、检查方式、负责组织检查的部门和人员、对检查结果的处理办法。对查出的问题和隐患落实处理，并将结果进行通报及存档备案。

【现场勘查主要要求】

（1）查资料，查阅安全生产责任制，是否经过主要负责人审批，是否以正式文件下发；是否对全员安全生产责任制进行了公示、教育培训和考核管理；每项责任制是否包含责任人员、责任范围和考核标准等内容；是否覆盖所有部门、所有岗位，是否建立了责任制考核标准。

（2）查资料和现场，查阅安全生产管理制度，是否以正式文件下发，是否经会审；制度种类是否齐全，内容是否符合相关法律、法规、规章、规程和标准；是否具体、符合煤矿实际情况，是否有可操作性，对违反制度的各种行为是否有明确、具体的处罚措施和责任追究办法。

（3）查现场，核实各种制度现场执行情况，制度与执行是否存在“两张皮”现象，现场检查制度是否执行到位，是否存在不按制度执行情况。

4. 灾害预防及生产组织

（1）年度灾害预防和处理计划的编制、落实。《煤矿安全规程》第十二条规定，煤矿必须编制年度灾害预防和处理计划，并根据具体情况及时修改。灾害预防和处理计划由矿长负责组织实施。

矿井灾害预防与处理计划是根据矿井灾害情况编制的安全管理计划，是煤矿生产建设活动必不可少的安全管理措施，所以，煤矿必须编制年度灾害预防与处理计划，并根据情况及时修改，煤矿灾害预防与处理计划主要内容包括以下 4 个方面：

①根据本矿的采掘等生产计划、区域地质条件和开采技术条件，开展安全风险辨识评估工作。

②制定发生事故后的所有现场人员的自救、撤离、抢救等措施、方案、职责，明确避灾路线，规定所需的工程、设备、仪表、器材、工具、标识的数量、使用地点、使用方法等。

③制定处理事故的组织领导和有关单位、部门及其负责人的任务、职责、通知方法和顺序。

④列出有关处理各种事故必备的技术资料。

年度灾害预防和处理计划应与企业应急救援预案相衔接，内容、技术措施相统一；要符合实际，具有可操作性。灾害预防与处理计划要做到组织落实、责任落实、资金落实。

（2）年度月度生产计划编制及落实。按年、季、月定期编制采掘进度计划，并认真执行批准后的采掘进度计划。根据《煤矿重大事故隐患判定标准》第四条规定，超能力、超强度或者超定员组织生产重大事故隐患，是指煤矿全年原煤产量超过核定（设计）生产能力幅度在10%以上，或者月原煤产量大于核定（设计）生产能力的10%的；煤矿或其上级公司超过煤矿核定（设计）生产能力下达生产计划或者经营指标的。

（3）作业规程和操作规程制定及落实情况。《煤矿安全规程》第四条规定，煤矿必须制定本单位的作业规程和操作规程。煤矿操作规程要涵盖从进入操作现场、操作准备到操作结束和离开操作现场全过程的各个操作环节。要分别制定各工种的岗位操作规程，明确各工种、岗位对操作人员的基本要求、操作程序和标准，明确违反操作规程和标准可能导致的危险和危害。作业规程是煤矿企业在生产过程中根据每一单位工程的具体情况制定的作业程序和作业方法，体现作业的程序、方法及特殊情况处理用来指导作业人员按程序作业，确保安全生产。操作规程、作业规程必须符合有关法律、法规、标准、技术规范，符合企业自身的实际情况，必须具备可操作性。为不断提高企业自身的管理水平，保持先进性，企业制定的操作规程、作业规程的规定要求可高于《煤矿安全规程》。

【现场勘查主要要求】

（1）查资料，查阅煤矿编制的年度灾害预防和处理计划，是否以正式文件下发，内容是否符合煤矿实际，是否根据实际生产情况及时修改，是否由矿长负责组织实施。

（2）查资料和现象，查阅作业规程和操作规程，是否以文件正式下发，内容是否全面，是否符合生产实际。

（3）查资料和现场，查煤矿年度及月度生产计划统计报表、财务报表（含资源税）、产运销台账等资料；查产量在线监控系统、主井口核子称等计量器具显示的实际原煤产量；查采掘工程平面图、年度及月度实际推进度和调度进尺，倒推原煤实际产量；查采煤队工资结算单，倒推所在采煤队及矿井实际原煤产量；查职工代表大会汇报材料、煤矿生产经营单位经营目标责任书；查地测部门采掘原煤产量核算表、储量年报及储量核实报告，倒推原煤实际产量。煤矿或其上级公司下达生产计划或者经营指标是否超过煤矿核定（设计）生产能力。

5. 特种作业人员及其他从业人员培训考核

1）特种作业人员培训考核

《中华人民共和国安全生产法》第三十条规定，生产经营单位的特种作业人员必须按照国家有关规定经专门的安全作业培训，取得相应的资格，方可上岗作业。特种作业人员的范围由国务院应急管理部门会同国务院有关部门确定。

2）其他从业人员培训考核

煤矿其他从业人员培训应符合《煤矿安全培训规定》（国家安全生产监督管理总局令第92号）第三十三条规定，煤矿企业应当对其他从业人员进行安全培训，保证其具备必要的安全生产知识、技能和事故应急处理能力，知悉自身在安全生产方面的权利和义务。第三十五条规定，煤矿企业其他从业人员的初次安全培训时间不得少于72学时，每年再培训的时间不得少于20学时。第三十六条规定，煤矿企业新上岗的井下作业人员安全培训合格后，应当在有经验的工人师傅带领下，实习满4个月，并取得工人师傅签名的实习合格证明后，方可独立工作。第三十七条规定，企业井下作业人员调整工作岗位或者离开本岗位1年以上重新上岗前，以及煤矿企业采用新工艺、新技术、新材料或者使用新设备的，应当对其进行相应的安全培训，经培训合格后，方可上岗作业。

《中华人民共和国安全生产法》第二十八条规定，生产经营单位使用被派遣劳动者的，应当将被派遣劳动者纳入本单位从业人员统一管理，对被派遣劳动者进行岗位安全操作规程和安全操作技能的教育和培训。

《煤矿安全培训规定》第四条规定，煤矿企业是安全培训的责任主体，应当依法对从业人员进行安全生产教育和培训，提高从业人员的安全生产意识和能力。第七条规定，对从业人员的安全技术培训，具备《安全培训机构基本条件》（AQ/T 8011）规定的安全培训条件的煤矿企业应当以自主培训为主，也可以委托具备安全培训条件的机构进行安全培训。不具备安全培训条件的煤矿企业应当委托具备安全培训条件的机构进行安全培训。第八条规定，煤矿企业应当建立健全从业人员安全培训档案，实行一人一档。煤矿企业从业人员安全培训档案的内容包括：①学员登记表，包括学员的文化程度、职务、职称、工作经历、技能等级晋升等情况；②身份证复印件、学历证书复印件；③历次接受安全培训、考核的情况；④安全生产违规违章行为记录，以及被追究责任，受到处分、处理的情况；⑤其他有关情况。第九条规定，煤矿企业除建立从业人员安全培训档案外，还应当建立企业安全培训档案，实行一期一档。煤矿企业安全培训档案的内容包括：①培训计划；②培训时间、地点；③培训课时及授课教师；④课程讲义；⑤学员名册、考勤、考核情况；⑥综合考评报告等；⑦其他有关情况。

【现场勘查主要要求】

（1）查现场，核对特种作业人员台账，特种作业人员是否经培训合格后持证上岗，特种作业操作资格证是否在有效期内；2018 年 6 月之后考取资格证的特种作业人员是否为高中及以上文化程度。

（2）查资料，查阅煤矿培训档案，是否建立了一期一档和一人一档，是否全员培训（包括劳务派遣人员、外包单位人员），培训学时是否符合要求。煤矿企业采用新工艺、新技术、新材料或者使用新设备的，是否进行了专门培训。

（3）查现场，检查培训机构和自主进行培训的煤矿企业培训条件，是否不具备培训条件仍自主培训。

6. 安全生产投入

《企业安全生产费用提取和使用管理办法》（财资〔2022〕136 号）第七条

规定，煤炭生产企业依据当月开采的原煤产量，于月末提取企业安全生产费用。第四十七条规定，企业提取的安全生产费用从成本（费用）中列支并专项核算。企业安全生产费用支出应当取得发票、收据、转账凭证等真实凭证。本企业职工薪酬、福利不得从企业安全生产费用中支出。企业安全生产费用年度结余资金结转下年度使用。

《煤矿重大事故隐患判定标准》第十八条规定，未按照国家规定足额提取或者未按照国家规定范围使用安全生产费用的属重大事故隐患。“未按照国家规定范围使用”是指将煤矿安全费用挪作他用或在安全费用中列支不该使用安全费用的项目。

【现场勘查主要要求】

（1）查资料，查阅安全费用财务支出账目，使用后的安全费用是否留存真实凭证。

（2）查资料，查阅煤矿月度开采原煤产量和安全费用财务支出账目，是否每月按产量足额进行提取，是否做到专款专用、专项核算，上年结余部分是否转下年使用。

（3）查资料，查阅安全费用计划，是否年初根据年度产量计划作出年度安全费用提取和使用计划，是否以正式文件形式下发，对每项安全费用落实责任部门、进度节点、完成时间，提出保障措施。

（4）查资料，查阅安全费用财务支出账目，安全费用使用是否合理，是否将安全费用挪作他用，是否将职工薪酬、福利支出等不该列入安全费用项目支出列入了安全费用账目，例如：工伤保险等。

（5）查资料，有建设工程承包商的煤矿，承包商单位安全费用提取计划及财务提取账目，是否每月按工程进度款的3.5%提取，是否留存发票、收据、转账凭证，是否按规定的范围使用，是否专项核算，上一年结余部分是否转下一年使用。

7. 工伤保险缴纳

《工伤保险条例》（国务院令第586号）第二条规定，企业应当参加工伤保险，为本单位全部职工或者雇工（以下称职工）缴纳工伤保险费。第十条规定，用人单位应当按时缴纳工伤保险费。职工个人不缴纳工伤保险费。

【现场勘查主要要求】

（1）查资料，查阅煤矿全体员工花名册和工伤保险缴费人员名单，参保人员是否包含全体员工，是否包含雇佣的劳务派遣人员和临时用工，是否每月留存为全体员工缴纳工伤保险费的缴费凭证。

（2）查资料，有建设工程承包商的煤矿，查阅承包商单位职工花名册和工伤保险缴费人员名单，参保人员是否包含全部外包人员，是否留存为外包人员缴纳工伤保险费的缴费凭证，是否以意外险代替工伤保险。

8. 事故防范和整改措施落实情况

《生产安全事故报告和调查处理条例》（国务院令第493号）第三十三条规定，事故发生单位应认真吸取事故教训，落实防范和整改措施，防止事故再次发生。防范和整改措施的落实情况应接受工会和职工监督。

《安全生产宣传教育“七进”活动基本规范》（安委办〔2017〕35号）规定，安全生产宣传教育“进企业”，各类企业要将安全生产宣传教育纳入企业日常管理工作，高危行业企业及规模以上企业每季度至少要组织全体职工观看一次安全生产警示教育片，定期组织安全反思活动。

【现场勘查主要要求】

（1）查资料，查阅煤矿上一年度以来的事故统计报表及事故调查报告，煤矿发生事故后是否按照“四不放过”的原则调查处理事故，是否形成事故报告，是否将事故通报转发至基层班组学习，是否落实防范措施并认真整改落实到位，防范类似事故、事件的发生。

（2）查资料，查阅开展事故警示教育的资料，是否有针对性开展警示教育工作，是否定期开展反思活动。

【评价报告编制要求】

（1）报告应明确煤矿安全管理单元的评价范围，应至少包括证照、安全管理机构和人员设置、管理制度和责任制落实、灾害预防和生产组织、特种作业人员和其他从业人员培训考核、安全生产投入、工伤保险缴纳及事故防范和整改措施落实。

（2）报告应准确描述煤矿“三证一照”情况，安全生产管理机构设置情况及安全生产管理人员配备情况，各项安全生产管理制度、全员安全生产责任制以及操作规程、作业规程制定情况，灾害预防和处理计划制定情况，生产组织情况，特种作业人员和其他从业人员培训考核情况，本年度安全生产投入计划和使用情况，工伤保险缴纳情况，事故防范和整改措施落实情况。

（3）报告应将《细则》附录 F 中，表 F.1 涉及的安全管理单元安全检查表列入，编制人员可根据煤矿实际情况适当增加检查内容，但检查内容不应少于检查表要求内容，不涉及项填写“不涉及”，涉及项逐项填写现状描述，对照检查内容提出存在的问题，明确整改措施建议。

（4）报告应明确给出煤矿证照是否齐全、有效；安全生产管理机构和专职安全生产管理人员设置是否符合要求；安全生产责任制和管理制度是否完善、落实到位，操作规程、作业规程是否符合要求；年度灾害预防和处理计划是否落实到位，特种作业人员是否经过培训、持证上岗，其他从业人员是否全员进行安全培训，培训档案是否完善；安全生产费用是否足额提取规范使用，是否为全员缴纳工伤保险，事故防范和整改措施是否落实到位的结论。

【原文】4.7.2 地质勘探与地质灾害防治单元

应包括以下基本内容：

煤矿补充地质调查与勘探工作开展情况；揭露煤层、断层、褶皱、岩浆岩体、陷落柱、含水岩层等观测及描述情况，地质预测、预报；隐蔽致灾地质因素普查或探测；揭煤地质说明书、掘进和回采前的地质说明书编制情况；矿井地质报告修编情况。

【解读】本评价单元主要是对煤矿补充地质调查与勘探，煤层、含水岩层及构造揭露，地质预测预报，隐蔽致灾地质因素普查，以及揭煤、掘进、回采前地质说明书和矿井地质报告修编情况等开展现状评价。

1. 煤矿补充地质调查与勘探工作开展情况

（1）煤矿地质补充调查与勘探是煤矿地质工作主要任务之一，煤矿地质补充调查与勘探应符合《煤矿地质工作规定》第二十一条至第二十八条相关规定。

（2）煤矿地质补充调查与勘探应符合《矿产地质勘查规范 煤》（DZ/T 0215）的要求。

(3) 煤矿地质补充勘探应由煤矿企业组织实施，由具有相应资质的单位承担，现场工程结束后6个月内提交补充地质勘探报告。补充地质勘探设计和报告由煤矿企业总工程师组织审定。

【现场勘查主要要求】

(1) 查资料和现场，矿井是否按规定进行了煤矿补充地质调查与勘探工作。补充勘探是否按采用井上下相结合，物探和钻探相结合的原则进行；补充勘探设计是否合理，勘探工程是否按设计进行；勘探钻孔是否穿过最下部可采煤层底板至少30 m，勘探是否达到预期效果。

(2) 查资料和现场，是否对具有工业价值的有益矿产进行了采样化验，并圈定符合工业品位和可采厚度要求的范围，编写相关报告；编制报告单位是否有相应设计、勘探资质，并按规定时间提交勘探报告；补充地质勘探设计和报告是否由煤矿企业总工程师组织审定。

2. 揭露煤层、断层、褶皱、岩浆岩体、陷落柱、含水岩层等观测及描述情况

本条款是对煤层、断层、褶皱、岩浆岩体、陷落柱、含水岩层观测、描述的相关规定；煤层观测描述应符合《煤矿地质工作规定》第四十二条规定；断层观测描述应符合《煤矿地质工作规定》第四十三条规定；褶皱观测描述应符合《煤矿地质工作规定》第四十四条规定；岩浆岩体观测描述应符合《煤矿地质工作规定》第四十五条规定；陷落柱观测描述应符合《煤矿地质工作规定》第四十六条规定；含水层观测描述应符合《煤矿防治水细则》第二十七条规定。

【现场勘查主要要求】

(1) 查资料和现场，观测、描述、记录是否在现场进行；是否有专门的地质记录簿，记录簿是否统一编号，妥善保存；描述的内容是否完整，数据是否准确，表达是否确切，重点是否突出，图文是否结合，字迹是否清晰，内容是否客观。

(2) 查资料和现场，是否有记录时间、地点、位置和观测、记录者姓名；观测资料是否升井后两天内整理完毕，并转绘在素描卡片、成果台账及相关图件上，由观测人员进行校对。

3. 地质预测、预报

(1) 本条款是对地质预测、预报的相关规定。

(2) 地质预测、预报应符合《煤矿地质工作规定》第五十八条、第五十九条相关要求。

(3) 地质预报要具有超前性，超前采掘（剥）施工，施工进度不得超过预报范围。

(4) 采掘部门发现地质异常时或与之前揭露地质现象有较大变化时，必须立即通知地测部门，地测部门必须立即安排地质工作人员进行观测，分析地质规律，编制临时性预测预报，并及时发出。

(5) 地质预测、预报应做到及时、准确，期前预报、期末总结，经矿总工程师审查签字后发放给采掘生产部门。

【现场勘查主要要求】

(1) 查资料和现场，地质预报是否覆盖井下全部采掘工作面；地质预报的内容是否齐全，重点是否突出，前后描述是否有矛盾；地质预报的文字内容是否齐全，重点是否突出，前后描述是否有矛盾。

(2) 查资料和现场，地质预报是否有年报、月报，下发是否及时，是否有超前性；地质预报是否经矿总工程师审批，并下发至采掘单位；地质预报是否进行了总结和验证。

4. 隐蔽致灾地质因素普查或探测

(1) 本条款是对隐蔽致灾地质因素普查或探测的相关规定。

(2) 隐蔽致灾地质因素普查或探测应符合《煤矿地质工作规定》第二十九条至第三十八条相关要求及《国家矿山安全监察局关于〈加强煤矿隐蔽致灾因素普查治理工作〉的通知》(矿安〔2022〕132 号) 有关规定。

(3) 隐蔽致灾因素普查遵循 5 项基本原则：普查人员专业性原则，普查措施有效性原则，普查范围全面性原则，普查对象重点性原则，普查结果成效性原则等。

(4) 隐蔽致灾因素普查应当遵循物探、钻探等相结合的原则，明确探测目的，合理布置钻孔。鼓励“一孔多用”，钻孔在满足需要的情况下兼顾探查地质构造、岩层结构、瓦斯、水文地质和工程地质、采空区及探放水等多项任务。应当采用多种手段查清采掘工作面隐蔽致灾因素并做到相互验证，实现精细、准确探查。

（5）新建矿井或生产矿井进入新煤层、新采区开采时，必须全面查清隐蔽致灾因素，否则不得继续建设和生产。各类煤矿要将未来5年内采掘接续规划区域作为普查的重中之重。

（6）普查治理报告由煤矿上级公司总工程师组织审批，无上级公司的煤矿应当聘请专家进行会审，出具客观公正的评审意见，确保普查治理质量。

【现场勘查主要要求】

（1）查资料和现场，矿井是否开展了隐蔽致灾因素普查工作，普查人员是否为专业人员，是否有普查报告；新建矿井或生产矿井进入新煤层、新采区开采时，是否对隐蔽致灾因素进行全面查清。

（2）查资料和现场，隐蔽普查内容是否齐全，普查手段和方法是否适当、合理；对普查出的隐蔽致灾因素是否制定了防范事故的措施。

（3）查资料和现场，隐蔽致灾因素普查是否建立了相关台账，是否将排查成果及时填绘在相关图件上；普查治理报告是否由煤矿企业总工程师组织审批，无上级公司的煤矿是否聘请专家进行会审。

5. 揭煤地质说明书、掘进和回采前的地质说明书编制情况

（1）本条款是对揭煤地质说明书、掘进地质说明书和回采地质说明书编制的相关规定。

（2）揭煤地质说明书编制应符合《煤矿安全规程》第二十九条相关规定，具有突出危险性的煤层揭煤工作严格按照《防治煤与瓦斯突出规定》执行。

（3）石门、立井和斜井揭煤作业地点是事故高发地段，石门、立井和斜井揭煤前必须采用物探、钻探等手段进行综合探测，揭煤前优先采用物探探测地质构造和水文等地质条件，采用钻探探测煤层厚度、瓦斯、顶底板岩性等地质条件，并对物探探测结果进行验证。

（4）掘进、回采地质说明书编制应符合《煤矿安全规程》第三十一条、《煤矿地质工作规定》第八十二条、第八十四条的相关规定。

【现场勘查主要要求】

（1）查资料和现场，查阅石门见煤点台账，所有见煤点是否编制了揭煤地质说明书；揭煤地质说明书，内容是否齐全，措施是否适当，是否经矿总工程师审批。

（2）查资料和现场，掘进说明书是否有委托单，内容是否符合《煤矿地质工作规定》第八十二条有关规定，提交时间是否满足设计前 1 个月，说明书是否经矿井总工程师审批。

（3）查资料和现场，回采说明书是否有委托单，内容是否符合《煤矿地质工作规定》第八十四条有关规定，提交时间是否满足回采工作面形成后 10 日内提供的要求，说明书是否经矿井总工程师审批。

6. 矿井地质报告修编情况

（1）本条款是对矿井地质报告修编情况的相关规定。

（2）矿井地质报告修编应符合《煤矿安全规程》第三十三条、《煤矿地质工作规定》第七十八条的相关规定。

（3）煤矿应借助社会科研力量，联合或委托有相关资质的科研单位、高等院校等共同编制煤矿生产地质报告。

（4）煤矿生产地质报告由煤矿企业总工程师组织审定后，方可用于煤矿生产。

【现场勘查主要要求】

（1）查资料和现场，现场查阅矿井地质报告是否满足“基建煤矿移交生产后，应在 3 年内编写生产地质报告，之后每 5 年修编 1 次”的要求。

（2）查资料和现场，现场查阅当存在下列情况时，是否对地质报告进行了修编：①地质构造、煤层、瓦斯、水文地质、工程地质、煤质等发生了较大变化；②煤炭资源/储量变化超过前期保有资源/储量的 25%；③煤矿改扩建之前。

（3）查资料和现场，生产地质报告是否由煤矿企业总工程师组织审定；现场查阅生产地质报告内容和附图是否齐全。

【评价报告编制要求】

（1）报告应明确地质勘探与地质灾害防治单元的评价范围，应至少包括：矿井地质类型、地质勘查程度、隐蔽致灾因素普查、地质预测预报、地质报告、地质说明书编制、矿井储量及三个煤量等内容。

（2）报告应准确描述地质勘查程度、地质补充勘探情况，隐蔽致灾因素普查情况、地质观测、地质预测预报开展情况、地质报告、地质说明书编制、矿井储量及三个煤量等内容情况。

（3）报告应将《细则》附录F中，F.1涉及的地质勘探与地质灾害防治单元安全检查表列入，编制人员可根据煤矿实际情况适当增加检查内容，但检查内容不应少于检查表要求内容，不涉及项填写“不涉及”，涉及项逐项填写现状描述，对照检查内容提出存在的问题，明确整改措施建议。

（4）报告应明确给出地质勘探程度、隐蔽致灾因素普查、地质预测预报、地质类型划分、三个煤量是否符合国家有关规定，各项记录、台账、图件是否齐全、是否满足安全生产工作要求的明确结论。报告应明确给出地质勘探与地质灾害防治单元是否满足安全生产要求的总体结论。

【原文】4.7.3　开拓开采单元

应包括以下基本内容：

a）开拓开采。矿井设计、采（盘）区设计及主要巷道布置、工作面回采与《煤矿安全规程》、《防治煤与瓦斯突出细则》、《煤矿防治水细则》、《煤矿防灭火细则》、《防治煤矿冲击地压细则》和《煤炭工业矿井设计规范》GB 50215等相关规定符合性。矿井、水平、采（盘）区、工作面等安全生产设备设施完备情况。矿井采掘接续关系，开拓、准备、回采煤量情况；下山采（盘）区生产系统完善性；巷道施工顺序；采掘工作面数量、核定生产能力、井下劳动定员等情况。采掘工程平面图填绘，采掘巷道与相邻矿井边界、安全煤柱关系。采用的采煤方法、回采工艺、作业规程及安全技术措施、工作面回采过程中的灾害防治等。

b）顶板管理。采掘工作面支护体系可靠。矿压观测仪器设置情况。采掘工作面过地质构造带、应力集中区加强支护措施情况。井下巷道检查维护情况。采煤工作面顶板管理情况。开采有冲击倾向性的煤层，冲击危险性评价开展和综合性防冲措施制定落实情况。

【解读】本评价单元主要是对开拓开采模块中开拓开采巷道设计、工作面及回采巷道布置、采掘方法和工艺涉及的防瓦斯、防火、防水、防冲及《煤炭工业矿井设计规范》（GB 50215）的符合性和顶板管理模块中制度管理、技术管理、现场管理、安全设施设备管理、资料管理等开展现状评价。

1. 矿井设计、采（盘）区设计及主要巷道布置、工作面回采与《煤矿安全规程》《防治煤与瓦斯突出细则》《煤矿防治水细则》《煤矿防灭火细则》《防治煤矿冲击地压细则》和《煤炭工业矿井设计规范》GB 50215 等相关规定符合性

本条规定的“符合性”是指对现已建成投产验收的煤矿、采（盘）区和采掘工作面建成投产时符合当时标准规范和批复文件。现有采（盘）区及主要巷道设计、采掘工作面设计及现场施工应符合现行的《煤矿安全规程》《防治煤与瓦斯突出细则》《煤矿防治水细则》《煤矿防灭火细则》《防治煤矿冲击地压细则》及《煤炭工业矿井设计规范》（GB 50215）标准要求。2018 年 12 月 1 日后建成投产验收的煤矿应同时符合《煤矿建设项目安全设施设计审查和竣工验收规范》（AQ 1055）相关要求。

【现场勘查主要要求】

（1）查资料，查看煤矿是否有完整的初步设计及批复文件、初步设计变更及批复文件，现场开拓开采巷道是否按设计及施工图施工。

（2）查资料和现场，查看煤矿现生产水平、采区、采掘工作面巷道布置是否符合现行的《煤矿安全规程》《防治煤与瓦斯突出细则》《煤矿防治水细则》《煤矿防灭火细则》《防治煤矿冲击地压细则》。新设计的采（盘）区、采掘工作面是否符合现行规范要求。2018 年 12 月 1 日后竣工验收的煤矿是否为 1 个以上水平同时组织生产。

2. 矿井、水平、采（盘）区、工作面等安全生产设备设施完备情况

（1）本条规定的“安全生产设备”按照《中华人民共和国安全生产法释义》解释，指的是为了保护从业人员安全、防止生产安全事故发生以及在发生生产安全事故时勇于救援而安装使用的机械设备和器械。本条规定的“安全生产设施”按照《建设项目安全设施“三同时”监督管理暂行办法》（总局令第 36 号）第三条定义，指生产经营单位在生产经营活动中用于预防生产安全事故的设备、设施、装置、构（建）筑物和其他技术措施的总称。

（2）矿井安全生产设备设施完备是指煤矿要根据灾害类型、瓦斯等级、井型规模和生产接续情况等配置数量、种类齐全的安全生产设备设施，并按相关规定考虑一定的备用系数，重点评价配备标准及库存是否齐全。

（3）水平、采（盘）区、工作面等安全生产设备设施完备是指煤矿要根据水平、采（盘）区、工作面采掘现状、井下生产活动区域范围确保安全生产，重点评价井下在用安全设备设施齐全有效。

【现场勘查主要要求】

（1）查资料和现场，煤矿配有安全设备是否齐全、完好，是否考虑一定备用系数。

（2）查现场，井下在用的安全设备设施是否齐全、完好。

3. 矿井采掘接续关系，开拓、准备、回采煤量情况

（1）矿井采掘接续按照《安全设施设计》及批复文件中煤层、水平、采（盘）区、采掘工作面接续顺序组织生产，与批准的《安全设施设计》不符的，煤矿须提供相关变更设计及批复文件。水平接续应满足《生产矿井水平接续管理办法》相关要求。

（2）开拓、准备、回采煤量及计算方法应满足《防范煤矿采掘接续紧张暂行办法》（煤安监技装〔2018〕23号）相关要求。

【现场勘查主要要求】

（1）查资料和现场，煤矿《安全设施设计》及批复文件、采掘工程年度接续计划及年度、季度、月度生产计划等资料是否齐全，煤层、水平、采（盘）区、采掘工作面接续顺序是否按照批准的《安全设施设计》或相关变更设计及批复文件组织生产。

（2）查资料和现场，查阅采掘工程平面图及年度储量核实报告，计算“煤矿开拓、准备、回采煤量”（具体计算方法详见《煤矿重大事故隐患判定标准》，根据现有开拓、准备、回采煤量计算各自开采期是否满足《防范煤矿采掘接续紧张暂行办法》规定的最短时间。若不满足，企业是否主动采取限产或者停产措施并取得批复。

4. 下山采（盘）区生产系统完善性；巷道施工顺序

（1）“下山采（盘）区生产系统完善性”是指满足《煤矿安全规程》第九十五条“下山采区未形成完整的通风、排水等生产系统前，严禁掘进回采巷道”的要求。

（2）“巷道施工顺序”是指满足《煤矿安全规程》第一百四十九条“准备采区，必须在采区构成通风系统后，方可开掘其他巷道；采用倾斜长壁布置的，大巷必须至少超前2个区段，并构成通风系统后，方可开掘其他巷道。采煤工作面必须在采（盘）区构成完整的通风、排水系统后，方可回采”的要求。

【现场勘查主要要求】

（1）查资料和现场，查阅采掘工程平面图、通风系统图、排水系统图等图纸了解通风、排水等生产系统情况，对照图纸到井下进一步核实各系统现状情况是否满足《煤矿安全规程》第九十五条规定。

（2）查资料，查阅采掘工程年度、月度采掘接续计划巷道施工顺序是否符合《煤矿安全规程》第一百四十九条规定。

（3）查资料和现场，查阅采掘工程平面图、通风系统图及现场检查，高瓦斯、突出矿井的每个采（盘）区和开采容易自燃煤层的采（盘）区以及低瓦斯矿井开采煤层群和分层开采采用联合布置的采（盘）区是否设置专用回风巷。

5. 采掘工作面数量、核定生产能力、井下劳动定员等情况

（1）“采掘工作面数量”是指煤矿不得“以掘代采”，同时满足《煤矿安全规程》第九十五条中对矿井、采（盘）区及采动影响范围内的最多采掘工作面数量要求。

（2）“核定生产能力”是指煤矿每年安排采掘作业计划时开展生产能力核定，生产能力按照《应急管理部、国家矿山安监局、国家发展改革委、国家能源局关于印发〈煤矿生产能力管理办法和核定标准〉的通知》（应急〔2021〕30号）中煤矿生产能力核定标准给出章节和公式进行计算。

（3）“井下劳动定员”是指煤矿制定包含井下的《劳动定员制度》并严格落实，制度符合《煤矿井下单班作业人数限员规定（试行）》（煤安监督管〔2018〕38号）及所在省（区）、市（县）入井人数规定。

【现场勘查主要要求】

（1）查资料和现场，查阅采掘工程平面图，采掘部署情况是否满足《煤矿安全规程》第九十五条中对矿井、采（盘）区及采动影响范围内的最多采掘工作面数量要求。

（2）查资料，查阅煤矿生产能力核定报告及采掘作业计划是否满足要求；冲击地压矿井是否按照防冲要求进行矿井生产能力核定。

（3）查资料，煤矿是否制定《劳动定员制度》，是否符合《煤矿井下单班作业人数限员规定（试行）》及所在省（区）、市（县）入井人数规定。

（4）查资料和现场，现场检查井下实际下井作业人数是否严格落实矿井《劳动定员制度》。

6. 采掘工程平面图填绘，采掘巷道与相邻矿井边界、安全煤柱关系

本条是指采掘工程平面图、采掘巷道与相邻矿井边界、安全煤柱关系按要求定期更新，图纸绘制审批发布流程符合要求，图纸与现场实际相符，不得图纸造假，虚假绘制工作面进度、隐瞒工作面等。

【现场勘查主要要求】

（1）查资料，查阅采掘工程平面图，图件内容是否符合《煤矿测量规程》第231条相关规定，是否有总工程师和主要负责人签字。采掘巷道是否破坏与相邻矿井边界煤柱及其他安全煤柱。

（2）查资料和现场，现场检查各采掘作业地点实际位置和数量是否与采掘工程平面图一致。

7. 采用的采煤方法、回采工艺、作业规程及安全技术措施、工作面回采过程中的灾害防治等

（1）采煤方法、回采工艺未列入《关于发布〈禁止井工煤矿使用的设备及工艺目录（第一批）〉的通知》（安监总规划〔2006〕146号）、《关于发布〈禁止井工煤矿使用的设备及工艺目录（第二批）〉的通知》（安监总煤装〔2008〕49号）、《关于发布〈禁止井工煤矿使用的设备及工艺目录（第三批）〉的通知》（安监总煤装〔2011〕17号）、《关于印发〈淘汰落后安全技术装备目录（2015年第一批）〉的通知》（安监总科技〔2015〕75号）、《关于发布〈禁止井工煤矿使用的设备及工艺目录（第四批）〉的通知》（煤安监技装〔2018〕39号）内。

（2）采煤方法、回采工艺与矿井灾害类型、煤层赋存条件相适应。突出煤层严禁采用水力采煤法、倒台阶采煤法或者其他非正规采煤法。高瓦斯、突出、有容易自燃或者自燃煤层的矿井，不得采用前进式采煤方法。冲击地压煤层应采用长壁综合机械化开采方法。

（3）“作业规程及安全技术措施”是指作业规程、安全技术措施编制范围、深度、修订及审批流程、宣贯学习等符合《煤矿作业规程编制指南》相关要求，煤矿现场严格按作业规程及安全技术措施执行落实。

（4）“工作面回采过程中的灾害防治”是指对水害、火灾、瓦斯、顶板、冲击地压、粉尘、热害等灾害的治理，煤矿应根据灾害情况按规定编制防突、防冲、防治水等专项设计、安全技术措施，加强管理，严格落实灾害防治技术、装备、人员，验证灾害治理效果，确保安全生产。

【现场勘查主要要求】

（1）查资料和现场，查阅采煤作业规程，采煤方法、回采工艺是否列为井工煤矿禁止使用或淘汰落后的设备及工艺目录，是否符合《煤矿安全规程》第一百一十三条至第一百一十六条相关规定。

（2）查资料和现场，冲击地压煤层的采煤方法与工艺是否符合《煤矿安全规程》第二百三十九条规定。高瓦斯、突出、有容易自燃或者自燃煤层的矿井是否符合《煤矿安全规程》第九十七条规定。

（3）查资料和现场，查阅防突、防冲、防治水等专项设计、安全技术措施是否符合《煤矿安全规程》第一百九十三条、第一百九十四条、第二百二十八条、第二百三十一条、第二百三十二条、第三百零四条、第三百零五条规定。

8. 采掘工作面支护体系可靠

煤矿应根据工程地质、煤层赋存、开采技术条件，结合采掘方法、采掘工艺，经科学研究、技术论证，选择采掘工作面支护方式、选取支护工艺、选型支护材料、确定支护参数，并制定与之配套的技术措施。

【现场勘查主要要求】

（1）查资料和现场，对照工作面支护设计和采掘作业规程，现场检查工作面支护方式、支护工艺、支护材料、支护参数及采取的技术措施是否符合设计要求。

（2）查资料和现场，查阅矿压观测分析报告、顶底板离层仪观测记录、巷道表面位移观测记录，分析、判断支护设计的可行性和可靠性。

9. 矿压观测仪器设置情况

煤矿矿压观测应至少按要求规范设置包括采煤工作面和巷道支柱（架）工作阻力观测仪器、顶底板相对移近量和巷道围岩表面位移观测仪器、岩体内部原岩应力和附加应力观测仪器、围岩深部位移观测仪器、矿山动力现象观测仪器等仪器和设备。

【现场勘查主要要求】

（1）查资料和现场，查阅矿压观测仪器设备台账，是否按矿压观测要求规范设置包括采煤工作面和巷道支柱（架）工作阻力观测仪器、顶底板相对移近量和巷道围岩表面位移观测仪器、岩体内部原岩应力和附加应力观测仪器、围岩深部位移观测仪器、矿山动力现象观测仪器等仪器和设备。

（2）查现场，现场检查各种仪器设备的配备和使用情况是否满足矿压观测需要。

10. 采掘工作面过地质构造带、应力集中区加强支护措施情况

地质构造带是断层和褶皱以及它们衍生出来的其他形态有规律排列组合。在煤矿开采过程中与顶管管理有关的主要表现为顶底板松软或者破碎、高应力等。因此，煤矿应在采煤工作面遇顶底板松软或者破碎、过断层开采时，制定安全措施。采用锚杆、锚索、锚喷、锚网喷等支护形式的掘进工作面，过断层、高应力区等情况时，应加强支护。

【现场勘查主要要求】

（1）查资料，查阅工作面地质说明书，采煤工作面遇顶底板松软或者破碎、过断层、过老空区、过煤柱或者冒顶区，以及托伪顶开采时是否制定安全措施。

（2）查资料和现场，现场检查采煤工作面遇顶底板松软或者破碎、过断层、过老空区、过煤柱或者冒顶区，以及托伪顶开采时是否落实制定的相关措施。

（3）查资料和现场，查阅施工组织设计或者作业规程，采用锚杆、锚索、锚喷、锚网喷等支护形式时，是否明确锚杆（索）的形式、规格、安设角度，混凝土强度等级、喷体厚度，挂网规格、搭接方式，以及围岩涌水的处理等内容。

11. 井下巷道检查维护情况

（1）煤矿应制定巷道定期巡查制度，定期对服务年限超过 2 年的锚杆支护巷道开展巡查。建立巡查档案，对检查的地段、查出的事故隐患、整改措施及措施落实情况作好记录并归档。

（2）煤矿应制定井巷维修制度，井筒大修和巷道维修符合《煤矿安全规程》第一百二十六条相关规定、修复旧井巷符合《煤矿安全规程》第一百二十七条相关规定。

【现场勘查主要要求】

（1）查资料，查阅巷道定期巡查制度是否明确定期对服务年限超过 2 年的锚杆支护巷道开展巡查的规定。

（2）查资料，查阅巡查档案，是否对检查的地段、查出的事故隐患、整改措施及措施落实情况进行记录。

（3）查资料，查阅是否制定井巷维修制度。

（4）查资料，井筒大修时编制的施工组织设计是否符合《煤矿安全规程》第一百二十六条规定。

（5）查资料和现场，现场检查修复旧井巷作业地点是否按照《煤矿安全规程》第一百二十七条首先检查瓦斯。

12. 采煤工作面顶板管理情况

（1）采煤工作面必须及时支护，严禁空顶作业。所有支架必须架设牢固，并有防倒措施。严禁在浮煤或者浮矸上架设支架。单体液压支柱的初撑力，柱径为 100 mm 的不得小于 90 kN，柱径为 80 mm 的不得小于 60 kN。对于软岩条件下初撑力确实达不到要求的，在制定措施、满足安全的条件下，必须经矿总工程师审批。严禁在控顶区域内提前摘柱。碰倒或者损坏、失效的支柱，必须立即恢复或者更换。移动输送机机头、机尾需要拆除附近的支架时，必须先架好临时支架。

（2）采煤工作面用垮落法管理顶板时，必须及时放顶。顶板不垮落、悬顶距离超过作业规程规定的，必须停止采煤，采取人工强制放顶或者其他措施进行处理。

（3）采煤工作面采用密集支柱切顶时，两段密集支柱之间必须留有宽 0.5 m

以上的出口，出口间的距离和新密集支柱超前的距离必须在作业规程中明确规定。采煤工作面无密集支柱切顶时，必须有防止工作面冒顶和矸石窜入工作面的措施

【现场勘查主要要求】

（1）查资料和现场，现场检查采煤工作面是否按照采煤作业规程要求存有一定数量的备用支护材料。

（2）查资料和现场，现场检查采煤工作面支护情况，是否符合《煤矿安全规程》第一百条、第一百零一条、第一百零五条至第一百零九条等相关规定。

（3）查资料，近距离煤层群开采下一煤层时，是否制定控制顶板的安全措施。

13. 开采有冲击倾向性的煤层，冲击危险性评价开展和综合性防冲措施制定落实情况

（1）按要求进行冲击倾向性鉴定、冲击危险性评价、制定防冲规划和计划，严格防冲设计、防冲安全论证，落实防冲专项措施，合理巷道布置与采掘作业。

（2）明确分管冲击地压防治工作的负责人及业务主管部门，配备相关的业务管理人员。明确分管冲击地压防治工作的负责人；设立专门的防冲机构，并配备专业防冲技术人员与施工队伍，防冲队伍人数满足矿井防冲工作需要，建立防冲监测系统，配备防冲装备。建立冲击地压防治岗位安全责任制度，安全技术管理制度，培训制度，事故（事件）报告制度，危险区域“人员准入”制度，区域与局部相结合的冲击危险性监测制度，实时预警、处置调度和处理结果反馈制度。

【现场勘查主要要求】

（1）查资料和现场，煤矿是否有防冲机构设置文件及防冲人员管理台账；抽查防冲设备管理台账是否齐全。煤矿是否制定相关制度，制度内容是否完善，是否按制度落实到位。

（2）查资料和现场，是否有井下发生明确的冲击地压以及有明显动力显现情况的详细记录；是否有冲击倾向性鉴定报告。

（3）查资料，开采具有冲击倾向性的煤层，是否进行冲击危险性评价；评价结果是否明确冲击危险等级（无、弱、中、强），是否进行冲击危险区域划

分；进行煤层、采区冲击危险性评价的单位是否具有冲击地压研究基础与评价能力的科研机构或是否具有5年以上冲击地压防治经验的煤矿企业；采掘工作面冲击危险性评价由煤矿组织开展时，是否报煤矿企业技术负责人审批。

（4）查资料和现场，是否编制防冲规划和年度防冲计划，防冲规划和年度防冲计划内容是否完善；防冲规划是否每3至5年编制一次，执行期内有较大变化时，是否在年度计划中补充说明；对照规划和计划，是否落实到位。

（5）查资料和现场，冲击地压矿井的新水平、新采区、新煤层有冲击地压危险的，是否编制防冲设计；防冲设计内容是否包括开拓方式、保护层的选择、采区巷道布置、工作面开采顺序、采煤方法、生产能力、支护形式、冲击危险性预测方法、监测预警方法、防冲措施及效果检验方法、安全防护措施。

（6）查资料和现场，冲击地压煤层采空区内留煤柱时，是否有采空区内留煤柱论证报告及批复文件；冲击地压煤层开采孤岛煤柱时，是否有开采孤岛煤柱论证报告；采掘工程平面图上是否标明煤柱的位置、尺寸及影响范围；严重冲击地压矿井是否开采孤岛，煤柱开采三面或者四面被采空区所包围的区域时，是否制定防冲专项措施并通过专家论证。

（7）查资料和现场，作业规程内容是否包含防冲专项措施；防冲专项措施是否依据防冲设计编制，措施内容是否包括采掘作业区域冲击危险性评价结论、冲击地压监测方法、防治方法、效果检验方法、安全防护方法以及避灾路线等主要内容；现场是否按防冲专项措施落实到位。

（8）查资料和现场，冲击地压煤层掘进工作面临近大型地质构造、采空区、其他应力集中区是否制定专项措施；现场是否按专项措施落实到位，采煤工作面作业规程中是否制定防冲专项措施；防冲专项措施内容是否明确回采工作面初次来压、周期来压、采空区“见方”等可能的影响范围。有冲击地压危险的急倾斜煤层、特厚煤层开采前，是否编制防冲专项措施；现场是否按专项措施落实到位。

（9）查资料和现场，作业规程、防冲措施内容是否符合要求；采掘工作面之间距离是否符合规定。

【评价报告编制要求】

（1）报告应明确开拓开采单元的评价范围，应至少包括：图档管理、开采范围、开拓布置、矿井接续、安全出口、采区布置、采煤方法、专项设计、作业规程、制度措施、顶板管理、巷道支护、矿压监测、冲击地压防治等内容。

(2) 报告应准确描述井工煤矿开采范围、开拓布置、矿井接续、安全出口、采区布置、采煤方法、制度措施、顶板管理、巷道支护、矿压监测、冲击地压防治等内容情况。

(3) 报告应将《细则》附录F中，F.1涉及的开拓开采单元安全检查表列入，编制人员可根据煤矿实际情况适当增加检查内容，但检查内容不应少于检查表要求内容，不涉及项填写“不涉及”，涉及项逐项填写现状描述，对照检查内容提出存在的问题，明确整改措施建议。

(4) 报告应明确给出井工煤矿开采范围、开拓布置、矿井接续、采区布置、采煤方法、专项设计、作业规程、制度措施、顶板管理、巷道支护、矿压监测、冲击地压防治是否符合国家有关规定，是否存在国家明令限制类、淘汰类工艺，井工煤矿各项记录、台账、图件是否齐全，综合分析成果是否满足安全生产工作要求的明确结论。报告应明确给出开拓开采单元是否满足安全生产要求的总体结论。

【原文】4.7.4　通风单元

应包括以下基本内容：

矿井通风系统完整性、独立性、合理性和可靠性，主要通风机工作能力。生产水平和采（盘）区分区通风情况。采（盘）区、采煤工作面开始生产时通风系统情况。井下风门、风窗、密闭等通风设施的数量、位置、构筑质量和使用管理，能否满足防灾抗灾要求，通风设施的编号建档情况。矿井和采掘工作面等各用风地点风量需求和供风情况。高瓦斯、煤与瓦斯突出矿井的任一采（盘）区，开采容易自燃煤层、低瓦斯矿井开采煤层群和分层开采采用联合布置的采（盘）区专用回风巷设置情况。采掘工作面独立通风情况；在用局部通风机采用“三专两闭锁”，备用风机自动切换情况，局部通风管理情况。主通风机检修和性能测试，通风阻力测定情况，矿井通风能力核定情况。

【解读】本评价单元主要是对矿井通风系统、通风设施、局部通风、主要通风机管理、专用回风巷设置、通风阻力测定、通风能力核定及内业资料开展现状评价。

1. 矿井通风系统完整性、独立性、合理性和可靠性，主要通风机工作能力

（1）矿井通风系统完整性，应至少满足以下要求：

①矿井必须具有完整独立的通风系统，两个及以上独立生产的矿井不允许有共用的主要通风机、进风井、回风井和通风巷道。矿井通风网络畅通，采煤工作面进、回风巷及其他巷道通风断面满足要求；矿井通风系统的阻力分布合理，符合《煤矿井工开采通风技术条件》（AQ 1028）规定。

②每个生产矿井必须至少有 2 个能行人的通达地面的安全出口，各出口间距不得小于 30 m。井下每一个水平到上一个水平和各个采（盘）区都必须至少有 2 个便于行人的安全出口，并与通达地面的安全出口相连。未建成 2 个安全出口的水平或者采（盘）区严禁回采。

（2）矿井通风系统独立性，应至少满足以下要求：

①矿井和采区必须要有独立的通风系统，生产水平和采（盘）区必须实行分区通风，不存在《煤矿重大事故隐患判定标准》第八条中不符合要求的分区通风。

②开拓新水平和准备新采区的开掘巷道的回风引入生产水平的进风中的安全措施，经企业技术负责人审批，其他串联通风的安全措施，经矿总工程师审批。改变全矿井通风系统时，必须编制通风设计及安全措施，由企业技术负责人审批。

③井下爆炸物品库、充电硐室、采区变电所及实现采区变电所功能的中央变电所有独立的通风系统，其中爆炸材料库的回风风流直接引入矿井的总回风巷或者主要回风巷中，其他硐室的回风风流引入回风巷。

（3）矿井通风系统合理性，应至少满足以下要求：

①矿井各地点的需要风量、井巷风速符合《煤矿安全规程》第一百三十六条、第一百三十八条、第一百四十五条的规定。井下没有违反《煤矿安全规程》规定的扩散通风、采空区通风和利用局部通风机通风的采煤工作面；矿井外部漏风率符合《煤矿安全规程》第一百五十八条规定。

②准备采区，必须在采区构成通风系统后，方可开掘其他巷道；采用倾斜

长壁布置的，大巷必须至少超前2个区段，并构成通风系统后，方可开掘其他巷道。采煤工作面必须在采（盘）区构成完整的通风、排水系统后，方可回采。

③采区进、回风巷必须贯穿整个采区，严禁一段为进风巷、一段为回风巷。

④巷道贯通前应当制定贯通专项措施。贯通时，必须由专人在现场统一指挥。贯通后，必须停止采区内的一切工作，立即调整通风系统，风流稳定后，方可恢复工作。

⑤井下机电设备硐室必须设在进风风流中；采用扩散通风的硐室，其深度不得超过6 m、入口宽度不得小于1.5 m，并且无瓦斯涌出；井下个别机电设备设在回风流中的，安装甲烷传感器并实现甲烷电闭锁。

⑥煤层倾角大于12°的采煤工作面采用下行通风时，应当报矿总工程师批准，并遵守《煤矿安全规程》第一百五十二条规定。

⑦井下所有煤仓和溜煤眼都应当保持一定的存煤，不得放空；有涌水的煤仓和溜煤眼，可以放空，但放空后放煤口闸板必须关闭，并设置引水管。溜煤眼不得兼作风眼使用。

（4）矿井通风系统可靠性，应至少满足以下要求：

①必须安装2套同等能力的主要通风机装置，其中1套作备用，备用通风机必须能在10 min内开动。矿井通风、反风设施齐全，并能在10 min内改变巷道中的风流方向。

②矿井必须采用机械通风，矿井主要通风机的能力满足要求，主要通风机工况点在合理区运行，主要通风机的安装使用必须符合《煤矿安全规程》第一百五十八条的规定。

【现场勘查主要要求】

（1）查资料和现场，现场是否与初步设计、安全设施设计及其批复一致。改变全矿井通风系统时，是否编制通风设计及安全措施，是否由企业技术负责人审批。

（2）查资料和现场，对照矿井通风系统图，采区设计、采掘工程平面图，分析开拓开采布局是否合理，通风系统是否完善，是否符合《煤矿安全规程》第八十六条至第八十八条、第一百四十七条至第一百五十条、第一百五十三条、第一百五十八条至第一百六十条规定。

（3）查资料和现场，查阅主通风性能测试报告，矿井主要通风机房设备、设施是否符合要求，主要通风机的安装使用是否符合《煤矿安全规程》第一百五十八条的规定。

（4）查资料和现场，矿井通风报表及相关资料是否齐全，各用风地点风速、风量是否符合《煤矿安全规程》第一百三十六条、第一百三十八条、第一百四十五条的规定。

（5）查资料，是否编制矿井通风阻力测定报告，矿井通风系统阻力分布是否符合《煤矿井工开采通风技术条件》规定。

（6）查资料和现场，贯通措施编制内容是否齐全完善，是否经总工程师审批。调度记录和生产报表中现场贯通管理是否严格按措施要求落实执行。

（7）查资料和现场，通风系统图上和井下现场，是否存在要求实现独立通风的硐室未实现独立通风情况；是否存在溜煤眼兼作风眼使用情况。

（8）查资料和现场，井下深度超 6 m、入口宽度小于 1.5 m 的硐室是否采取通风措施，回风流中的机电设备，是否安装甲烷传感器并实现甲烷电闭锁。

（9）查资料和现场，突出危险的采煤工作面是否采用下行通风；煤层倾角大于 12°的采煤工作面采用下行通风时，现场风速是否满足大于 1 m/s，进、回风巷中是否设置了消防供水管路；是否有经总工程师批准的安全防范措施。

2. 生产水平和采（盘）区分区通风情况。采（盘）区、采煤工作面开始生产时通风系统情况

（1）生产水平和采（盘）区通风应符合《煤矿安全规程》第一百四十九条的规定，生产水平和采（盘）区必须实行分区通风。

（2）准备采区，必须在采区构成通风系统后，方可开掘其他巷道；采用倾斜长壁布置的，大巷必须至少超前 2 个区段，并构成通风系统后，方可开掘其他巷道。采煤工作面必须在采（盘）区构成完整的通风、排水系统后，方可回采。

（3）采区进、回风巷必须贯穿整个采区，严禁一段为进风巷、一段为回风巷。

（4）采煤工作面必须采用矿井全风压通风，禁止采用局部通风机稀释瓦斯。采掘工作面的进风和回风不得经过采空区或者冒顶区。无煤柱开采沿空送巷和沿空留巷时，应当采取防止从巷道的两帮和顶部向采空区漏风的措施。

（5）矿井在同一煤层、同一翼、同一采区相邻正在开采的采煤工作面沿空送巷时，采掘工作面严禁同时作业。水采和连续采煤机开采的采煤工作面由采空区回风时，工作面必须有足够的新鲜风流，采掘工作面进风流中氧气浓度不低于20%，二氧化碳浓度不超过0.5%；有害气体浓度不超过《煤矿安全规程》第一百三十五条规定，甲烷、二氧化碳和氢气浓度符合《煤矿安全规程》有关规定。

（6）采、掘工作面应当实行独立通风，严禁2个采煤工作面之间串联通风。井下没有违反《煤矿安全规程》规定的扩散通风、采空区通风和利用局部通风机通风的采煤工作面；对于允许布置的串联通风，制定安全措施，其中开拓新水平和准备新采区的开掘巷道的回风引入生产水平的进风中的安全措施，经企业技术负责人审批，其他串联通风的安全措施，经矿总工程师审批。

【现场勘查主要要求】

（1）查资料和现场，通风系统是否与设计及批复文件一致。

（2）查资料和现场，矿井通风系统图绘制是否符合实际，水平、采区、采掘工作面通风系统是否合理，是否符合《煤矿安全规程》第一百四十九条、第一百五十条、第一百五十三条的要求。

（3）查资料和现场，矿井通风系统调整措施是否完善，现场是否按措施落实。

（4）查资料，矿井是否建立通风报表，矿井通风系统是否稳定可靠，各地点的风速、风量是否满足要求。

（5）查资料和现场，查阅瓦斯报表和进行井下实测，是否存在甲烷、二氧化碳及有毒有害气体不符合要求现象。

3. 井下风门、风窗、密闭等通风设施的数量、位置、构筑质量和使用管理，能否满足防灾抗灾要求，通风设施的编号建档情况

（1）满足《煤矿安全规程》第一百四十四条规定，进、回风井之间和主要进、回风巷之间的每条联络巷中，必须砌筑永久性风墙；需要使用的联络巷，必须安设2道联锁的正向风门和2道反向风门。

（2）满足《煤矿安全规程》第一百五十五条规定，控制风流的风门、风桥、风墙、风窗等设施必须可靠。不应在倾斜运输巷中设置风门；如果必须设置风门，应当安设自动风门或者设专人管理，并有防止矿车或者风门碰撞人员以及矿车碰坏风门的安全措施。开采突出煤层时，工作面回风侧不得设置调节风量的设施。通风设施的设置符合《煤矿井工开采通风技术条件》中 9.4 的相关规定

（3）满足《煤矿安全规程》第二百二十一条规定，突出煤层的石门揭煤、煤巷和半煤岩巷掘进工作面进风侧必须设置至少 2 道反向风门。

（4）满足《煤矿安全规程》第七百一十五条规定，通风系统及设施被破坏时，应当设置风障、临时风门。

（5）密闭墙的质量符合《矿井密闭防灭火技术规范》（AQ 1044）要求，所有永久性密闭墙都应当编号管理。

【现场勘查主要要求】

（1）查现场和资料，现场查看施工设计及措施，通风设施设计及施工是否满足规范要求

（2）查资料和现场，现场查看密闭是否按设计施工，密闭施工位置是否符合要求，是否设置栅栏并挂牌管理，是否所有导电体在密闭处断开，密闭内有水时是否设有反水池或者反水管，采空区密闭是否设有观测孔、措施孔，密闭是否墙面平整、无裂隙、无漏风。

（3）查资料和现场，进、回风井之间和主要进、回风巷之间的风门是否按要求安设 2 道联锁的正向风门和 2 道反向风门。

（4）查资料和现场，是否存在斜巷安设风门现象，是否制定专项防撞措施。

4. 矿井和采掘工作面等各用风地点风量需求和供风情况

（1）满足《煤矿安全规程》第一百三十五条规定的井下空气成分要求。进风井口以下的空气温度必须在 2 ℃以上。

（2）矿井需风量计算应符合《煤矿安全规程》第一百三十八条规定要求。

（3）采掘工作面、硐室、其他巷道等用风地点的风量计算按照《应急管理部、国家矿山安监局、国家发展改革委、国家能源局关于印发〈煤矿生产能力

管理办法和核定标准〉的通知》第二十七条进行计算。

(4) 矿井应建立测风制度，每 10 天至少进行 1 次全面测风。对采掘工作面和其他用风地点，应当根据实际需要随时测风，每次测风结果应当记录并写在测风地点的记录牌上。应当根据测风结果采取措施，进行风量调节。

【现场勘查主要要求】

(1) 查资料和现场，查看矿井通风系统图、矿井配风计划、矿井通风报表及现场实测，是否存在需风量小于供风量和风速不符合《煤矿安全规程》规定的地点。

(2) 查资料，瓦斯日报温度数据是否齐全，有毒有害气体、温度数值是否符合《煤矿安全规程》规定。

5. 高瓦斯、煤与瓦斯突出矿井的任一采（盘）区，开采容易自燃煤层、低瓦斯矿井开采煤层群和分层开采采用联合布置的采（盘）区专用回风巷设置情况

(1) 满足《煤矿安全规程》第一百四十九条规定，高瓦斯、突出矿井的每个采（盘）区和开采容易自燃煤层的采（盘）区，必须设置至少 1 条专用回风巷；低瓦斯矿井开采煤层群和分层开采采用联合布置的采（盘）区，必须设置 1 条专用回风巷。

(2) 无轨胶轮车严禁进入专用回风巷。专用回风巷中不应敷设电力电缆。

【现场勘查主要要求】

(1) 查资料，查阅煤矿初步设计、安全设施设计、建井地质资料、隐蔽致灾因素普查报告、瓦斯等级鉴定报告、煤层自燃倾向性鉴定报告等资料，判断是否为高瓦斯、突出矿井，开采煤层是否容易自燃煤层，看现场是否与设计一致。

(2) 查资料，查阅矿井通风系统图、电气设备布置图，看专用回风巷设置是否符合《煤矿安全规程》第一百四十九条要求。

(3) 查现场，现场勘查煤矿回风巷是否与矿井通风设计、采区设计一致，专用回风巷是否按规定设置。

(4) 查资料和现场，查阅煤矿制定的专用回风巷维护措施，措施内容是否全面，是否有针对性、符合煤矿实际，现场检查措施落实是否到位。

6. 采掘工作面独立通风情况

（1）采、掘工作面应当实行独立通风，严禁2个采煤工作面之间串联通风。

（2）同一采区内1个采煤工作面与其相连接的1个掘进工作面、相邻的2个掘进工作面，布置独立通风有困难时，在制定措施后，可采用串联通风，但串联通风的次数不得超过1次。

（3）采区内为构成新区段通风系统的掘进巷道或者采煤工作面遇地质构造而重新掘进的巷道，布置独立通风有困难时，其回风可以串入采煤工作面，但必须制定安全措施，且串联通风的次数不得超过1次；构成独立通风系统后，必须立即改为独立通风。

（4）采掘工作面串联通风，必须在进入被串联工作面的巷道中装设甲烷传感器，且甲烷和二氧化碳浓度都不得超过0.5%，其他有害气体浓度都应当符合《煤矿安全规程》第一百三十五条的要求。

（5）开采有瓦斯喷出、有突出危险的煤层或者在距离突出煤层垂距小于10 m的区域掘进施工时，严禁任何2个工作面之间串联通风。

【现场勘查主要要求】

（1）查资料和现场，查看通风系统图和现场，是否存在违规串联通风的情况。

（2）查资料和现场，是否按规定制定串联通风安全技术措施，措施内容是否合理，是否经矿总工程师审批，措施要求是否执行落实。

7. 在用局部通风机采用“三专两闭锁”，备用风机自动切换情况，局部通风管理情况

（1）煤巷、半煤岩巷和有瓦斯涌出的岩巷掘进采用局部通风机通风时，应当采用压入式，不得采用抽出式（压气、水力引射器不受此限）；如果采用混合式，必须制定安全措施。

（2）局部通风机由指定人员负责管理。

（3）压入式局部通风机和启动装置安装在进风巷道中，距掘进巷道回风口不得小于10 m；全风压供给该处的风量必须大于局部通风机的吸入风量，局部通风机安装地点到回风口间的巷道中的最低风速必须符合《煤矿安全规程》第一百三十六条的要求。

(4) 高瓦斯、突出矿井的煤巷、半煤岩巷和有瓦斯涌出的岩巷掘进工作面正常工作的局部通风机必须配备安装同等能力的备用局部通风机，并能自动切换。正常工作的局部通风机必须采用“三专”(专用开关、专用电缆、专用变压器)供电(图 2-1)，专用变压器最多可向 4 个不同掘进工作面的局部通风机供电；备用局部通风机电源必须取自同时带电的另一电源，当正常工作的局部通风机故障时，备用局部通风机能自动启动，保持掘进工作面正常通风。

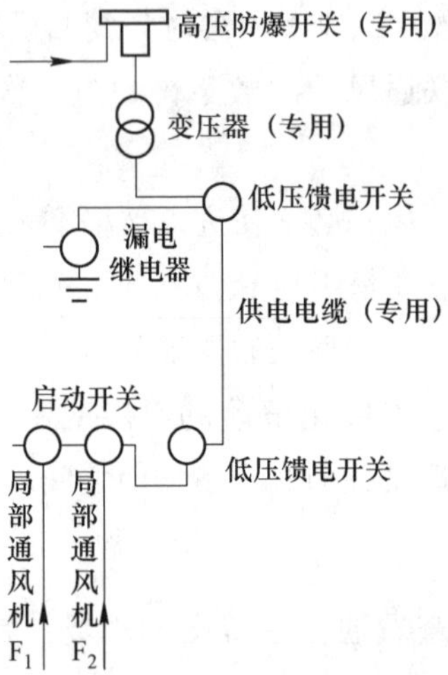

图 2-1 “三专”简单供电系统图

(5) 其他掘进工作面和通风地点正常工作的局部通风机可不配备备用局部通风机，但正常工作的局部通风机必须采用“三专”供电；或者正常工作的局部通风机配备安装一台同等能力的备用局部通风机，并能自动切换。正常工作的局部通风机和备用局部通风机的电源必须取自同时带电的不同母线段的相互独立的电源，保证正常工作的局部通风机故障时，备用局部通风机能投入正常工作。

(6) 采用抗静电、阻燃风筒。风筒口到掘进工作面的距离、正常工作的局部通风机和备用局部通风机自动切换的交叉风筒接头的规格和安设标准，应当在作业规程中明确规定。

(7) 正常工作和备用局部通风机均失电停止运转后，当电源恢复时，正常工作的局部通风机和备用局部通风机均不得自行启动，必须人工开启局部通风机。

（8）使用局部通风机供风的地点必须实行风电闭锁和甲烷电闭锁，保证当正常工作的局部通风机停止运转或者停风后能切断停风区内全部非本质安全型电气设备的电源。正常工作的局部通风机故障，切换到备用局部通风机工作时，该局部通风机通风范围内应当停止工作，排除故障；待故障被排除，恢复到正常工作的局部通风后方可恢复工作。使用2台局部通风机同时供风的，2台局部通风机都必须同时实现风电闭锁和甲烷电闭锁。

（9）每15天至少进行一次风电闭锁和甲烷电闭锁试验，每天应当进行一次正常工作的局部通风机与备用局部通风机自动切换试验，试验期间不得影响局部通风，试验记录要存档备查。

（10）严禁使用3台及以上局部通风机同时向1个掘进工作面供风。不得使用1台局部通风机同时向2个及以上作业的掘进工作面供风。

（11）使用局部通风机通风的掘进工作面，不得停风；因检修、停电、故障等原因停风时，必须将人员全部撤至全风压进风流处，切断电源，设置栅栏、警示标志，禁止人员入内。

【现场勘查主要要求】

（1）查现场，局部通风机安装位置是否符合要求，煤巷、半煤岩巷和有瓦斯涌出的岩巷掘进工作面是否存在抽出式局部通风机；采用混合式的是否制定安全措施，并在现场落实。

（2）查资料，针对安全监控系统内记录的局部通风机停风情况，是否编制停风措施，无计划停风调度台账记录的处置措施是否符合要求。

（3）查资料和现场，查看通风系统图、通风网络图，是否存在3台及以上局部通风机同时向1个掘进工作面供风，1台局部通风机同时向2个及以上作业的掘进工作面供风情况。

（4）查资料和现场，局部通风机主、备机型号、功率和供风区间等是否相同，现场切换到备机后进行测风时是否与主机风量相符，是否能力匹配。

（5）查资料和现场，风筒是否有抗静电、阻燃性检测报告，局部通风机是否按要求实施挂牌管理，是否指定人员管理。

（6）查资料和现场，是否填写局部通风机切换试验和风电闭锁试验记录，是否按周期试验。现场试验风机切换及风电闭锁，验证是否可以实现对应功能。

8. 主通风机检修和性能测试，通风阻力测定情况，矿井通风能力核定情况

(1) 新安装的主要通风机投入使用前，必须进行试运转和通风机性能测定，主要通风机系统检验应符合《煤矿在用产品安全检测检验规范 主要通风机系统》(MT/T 1205) 中 7.1 规定。

(2) 煤矿至少每月检查 1 次主要通风机。改变主要通风机转数、叶片角度或者对旋式主要通风机运转级数时，必须经矿总工程师批准。主要通风机技术改造及更换叶片后必须进行性能测试。装有主要通风机的出风井口应当安装防爆门，防爆门每 6 个月检查维修 1 次。

(3) 每 3 年矿井通风阻力测定至少测定 1 次。生产矿井转入新水平生产、改变一翼或者全矿井通风系统后，必须重新进行矿井通风阻力测定。

(4) 配备足够数量的通风安全检测仪表。仪表必须由具备相应资质的检验单位进行检验。需要由相应资质的检验单位进行检验的通风安全仪表主要包括风表、光干涉甲烷测定器、催化式甲烷检测报警仪及传感器、直读式粉尘浓度测定仪、井下粉尘采样器等。其他的仪器仪表可由煤矿企业自行检验或委托第三方检验。

(5) 煤矿每年必须核定通风能力，应采用煤矿企业最新修订的风量计算方法，风量计算方法至少每五年必须修订一次。核定计算过程按照《应急管理部、国家矿山安监局、国家发展改革委、国家能源局关于印发〈煤矿生产能力管理办法和核定标准〉的通知》通风系统生产能力核定标准进行。

【现场勘查主要要求】

(1) 查资料，主要通风机投运前是否进行性能测定，是否按要求每五年至少开展一次主要通风机性能测定。

(2) 查资料，是否建立主要通风机、反风设施、防爆门检查记录，检查内容是否符合要求。

(3) 查资料，是否编制年度全矿性反风技术方案，在改变全矿井通风方式、增减风井、改变主要通风机类型等通风系统变化情况时是否按要求重新进行反风演习。

(4) 查资料，矿井通风阻力测定报告是否在 3 年有效期内；存在转入新水平生产、改变一翼或者全矿井通风系统时，是否重新进行矿井通风阻力测定。

（5）查现场，是否配备足够数量的通风安全检测仪表，仪表是否由具备相应资质的检验单位进行检验。

（6）查资料，煤矿是否每年按要求进行通风能力核定，通风能力核定报告是否按照最新标准计算，选取采掘工作面数量和用风地点是否与实际相符，采用的风量计算方法是否按期修订。

【评价报告编制要求】

（1）报告应明确矿井通风单元的评价范围，应至少包括：矿井通风系统，采（盘）区、采煤工作面通风系统，采（盘）区专用回风巷设置，矿井及采掘工作面等各用风地点风量，采掘工作面独立通风，以及主要通风机、局部通风机安装使用情况，主要通风机检修和性能测试，通风阻力测定，矿井通风能力核定情况，通风系统管理制度、技术措施等内容。

（2）报告应对矿井通风系统、采（盘）区、采煤工作面通风系统、采（盘）区专用回风巷、通风设施设置、主要通风机和局部通风机安装使用、矿井及采掘工作面等各用风地点风量是否满足需求，以及矿井通风系统管理制度、技术措施等符合性作出准确评价。

（3）报告应将《细则》附录 F 中，F. 1 涉及的通风单元安全检查表列入，编制人员可根据煤矿实际情况适当增加检查内容，但检查内容不应少于检查表要求内容，不涉及项填写“不涉及”，涉及项逐项填写现状描述，对照检查内容提出存在的问题，明确整改措施建议。

（4）报告应明确给出矿井通风系统、采（盘）区通风系统、采掘工作面通风系统、采区专用回风巷设置、通风设施的构筑和使用、主要通风机和局部通风机安装使用是否符合国家有关规定，是否满足安全生产要求的结论，以及主要通风机性能测试、通风阻力测定、矿井通风能力核定是否符合要求，作出明确结论；报告应明确通风单元是否满足安全生产要求的总体结论。

【原文】 4. 7. 5 瓦斯防治单元

应包括以下基本内容：

生产、准备、开拓区域瓦斯地质查明情况。矿井瓦斯等级鉴定、煤层突出危险性鉴定和区域划分情况。矿井抽掘采平衡情况。突出煤层区域突出危险性预测，无突出危险区区域验证和采取的安全防护措施。瓦斯抽采系统设置是否符合规定、布局是否合理，抽采系统正常运行保障措施，瓦斯抽采达标情况。区域防突措施规划和年度实施计划编制落实情况。采掘作业地点地质构造查明情况。瓦斯检查制度和瓦斯管理规定执行情况，专职瓦检员配备及持证上岗情况。瓦斯超限和防突预警分析处置制度落实情况。

【解读】本评价单元主要是对瓦斯等级鉴定、煤层突出危险性鉴定、地质构造及瓦斯地质查明、瓦斯抽采系统建设、两个“四位一体”防突措施落实情况、瓦斯检查相关制度制定及落实、专职瓦斯检查员配备及持证上岗情况、瓦斯超限和防突预警分析处置制度落实情况等开展现状评价。

1. 生产、准备、开拓区域瓦斯地质查明情况

服务于生产、准备、开拓的煤矿地质勘探报告、采区地质说明书、回采地质说明书、隐蔽致灾因素普查报告涉及的瓦斯赋存规律、煤与瓦斯区域突出危险性预测、瓦斯涌出量预测等瓦斯地质情况的范围、编制深度满足生产建设需求。

【现场勘查主要要求】

（1）查资料，煤矿是否编制煤矿勘探报告、补充勘探地质报告、生产地质报告、地质类型划分报告，涉及煤层瓦斯参数、瓦斯赋存规律、瓦斯涌出量预测、煤与瓦斯区域突出危险性预测、瓦斯类型划分等内容是否齐全。

（2）查资料，煤矿是否编制采区地质说明书、回采地质说明书，涉及的煤层瓦斯赋存地质规律、瓦斯储量等瓦斯地质内容是否有齐全，采区瓦斯地质图是否规范。

（3）查资料，隐蔽致灾因素普查报告中，瓦斯地质因素普查治理内容是否符合《国家矿山安全监察局关于〈全面开展煤矿隐蔽致灾因素普查治理工作〉的通知》（矿安〔2021〕121号）相关要求。

2. 矿井瓦斯等级鉴定、煤层突出危险性鉴定和区域划分情况

煤矿按照《煤矿安全规程》第一百七十条进行矿井瓦斯等级鉴定、按照《煤矿安全规程》第一百八十九条进行煤层突出危险性鉴定、按照《防治煤与瓦斯突出细则》第五十二条进行突出危险性区域划分。

【现场勘查主要要求】

（1）查资料，煤矿是否可以提供瓦斯等级鉴定报告，瓦斯等级鉴定是否符合《煤矿安全规程》第一百七十条和《煤矿瓦斯等级鉴定办法》的要求。突出矿井是否按规定报备《突出危险性鉴定报告》。

（2）查资料，煤矿是否按《煤矿安全规程》第一百八十九条规定的3种情况进行煤层突出危险性鉴定，是否提供煤层突出危险性鉴定报告，符合突出情况管理的煤矿，鉴定未完成前，是否按照突出煤层管理。

（3）查资料和现场，煤矿是否开展突出危险性区域划分，区域预测结果、区域预测范围是否符合《防治煤与瓦斯突出细则》第五十二条规定。

3. 矿井抽掘采平衡情况

煤矿采掘计划和瓦斯抽采能保证抽、掘、采平衡，未出现《煤矿重大事故隐患判定标准解读》第四条第（三）项规定情况，抽采达标符合《煤矿瓦斯抽采达标暂行规定》（安监总煤装〔2011〕163号）相关要求，突出矿井符合《防治煤与瓦斯突出细则》第三十七条。

【现场勘查主要要求】

查资料和现场，查阅年度、季度、月度生产计划，年度、季度、月度防突措施计划，以及瓦斯抽采设计及施工验收资料，是否按照《煤矿瓦斯抽采达标暂行规定》进行瓦斯抽采并实现抽采达标，矿井“三量”是否符合《防范煤矿采掘接续紧张暂行办法》规定，突出矿井是否符合《防治煤与瓦斯突出细则》第三十七条，达到抽、掘、采平衡。

4. 突出煤层区域突出危险性预测，无突出危险区区域验证和采取的安全防护措施

（1）突出煤层区域突出危险性预测是否符合《防治煤与瓦斯突出细则》第五十一条规定。

（2）区域危险性预测是否符合《防治煤与瓦斯突出细则》第五十七条至第五十九条规定。

（3）区域防突措施是否符合《防治煤与瓦斯突出细则》（煤安监技装〔2019〕28号）第六十条至第七十二条规定。

（4）区域验证是否符合《防治煤与瓦斯突出细则》第七十三条、第七十四条规定。

【现场勘查主要要求】

（1）查资料，是否开展突出危险性预测，区域预测是否符合《防治煤与瓦斯突出细则》第五十七条至第五十九条规定。

（2）查资料，区域预测结果、区域防突措施、保护效果检验、保护范围考察结果是否经企业技术负责人审批；预抽煤层瓦斯区域防突措施效果检验及区域验证结果是否经矿总工程师审批。

5. 瓦斯抽采系统设置是否符合规定、布局是否合理，抽采系统正常运行保障措施，瓦斯抽采达标情况

（1）按照《煤矿安全规程》第一百八十一条建立瓦斯抽采系统。

（2）瓦斯抽采系统布局符合《煤矿安全规程》第一百八十二条、第一百八十三条和《煤矿瓦斯抽放规范》（AQ 1027）中 5.5.6 的规定。

（3）抽采系统设备符合《煤矿安全规程》第一百八十四条和《煤矿瓦斯抽放规范》中 5.5.6 的规定，瓦斯抽采达标。

【现场勘查主要要求】

（1）查资料和现场，突出煤矿是否建立地面永久抽采系统；瓦斯涌出量达到规定的煤矿，是否建立地面抽采系统或井下临时瓦斯抽采系统。

（2）查资料和现场，地面瓦斯抽放泵站设置位置是否符合《煤矿瓦斯抽放规范》中 5.5.3 的相关规定，泵站内设备设施等是否符合《煤矿安全规程》第一百八十二条和《煤矿瓦斯抽放规范》中 5.5.6 的相关规定。现场检查预抽瓦斯钻孔的孔口负压是否低于 13 kPa，卸压瓦斯抽采钻孔的孔口负压是否低于 5 kPa。

（3）查资料和现场，井下临时瓦斯抽采系统设置地点、瓦斯抽采管路的设置及安全设施是否符合《煤矿安全规程》第一百八十三条和《煤矿瓦斯抽放规范》第 5.5.6 条。瓦斯抽采管路的敷设及附属设施是否符合《煤矿瓦斯抽放规范》第 5.4 条。

（4）查资料和现场，煤矿是否编制瓦斯抽采设计、抽采达标规划和年度实施计划、瓦斯抽采达标评判报告，矿井瓦斯抽采率是否符合《煤矿瓦斯抽采达标暂行规定》的要求，瓦斯抽采是否达标。

6. 区域防突措施规划和年度实施计划编制落实情况

（1）区域防突措施规划符合《煤矿安全规程》第一百九十二条和《防治煤与瓦斯突出细则》第二十三条。

（2）区域防突措施年度实施计划符合《煤矿安全规程》第一百九十二条和《防治煤与瓦斯突出细则》第二十三条及落实情况。

【现场勘查主要要求】

（1）查资料和现场，区域防突规划，是否将保护层开采、区域预抽煤层瓦斯等工程与矿井采掘部署、工程接替等统一安排，是否符合《煤矿安全规程》第一百九十二条和《防治煤与瓦斯突出细则》第二十三条。

（2）查资料和现场，区域防突措施年度实施计划，是否能确保采掘作业在区域防突措施有效区内进行，是否符合《煤矿安全规程》第一百九十二条和《防治煤与瓦斯突出细则》第二十三条。

（3）查现场，防突措施是否落实，确保采掘作业在区域防突措施有效区域内进行。

7. 采掘作业地点地质构造查明情况

《煤矿安全规程》第三十一条规定，掘进和回采前，应当编制地质说明书，掌握地质构造、岩浆岩体、陷落柱、煤层及其顶底板岩性、煤（岩）与瓦斯（二氧化碳）突出危险区、受水威胁区、技术边界、采空区、地质钻孔等情况。

【现场勘查主要要求】

查资料，查回采工作面地质说明书，内容是否符合《煤矿安全规程》第三十一条和《煤矿地质工作规定》附录 C3；查掘进工作面地质说明书，内容是否符合《煤矿安全规程》第三十一条和《煤矿地质工作规定》附录 C2。

8. 瓦斯检查制度和瓦斯管理规定执行情况，专职瓦检员配备及持证上岗情况

（1）按照《煤矿安全规程》第一百八十条建立瓦斯检查制度和瓦斯管理规定，严格执行。

（2）专职瓦斯检查员及瓦斯检测仪器配备满足要求，瓦斯检查员持证上岗。

【现场勘查主要要求】

(1) 查资料，煤矿是否建立甲烷、二氧化碳和其他有害气体检查制度、瓦斯检查员巡回检查制度、瓦斯检查员请示汇报制度、瓦斯检查员交接班制度、安全仪器仪表管理发放制度；制度内容是否符合《煤矿安全规程》第一百八十条、第六百六十条至第六百六十二条的规定，制度是否严格落实。

(2) 查资料，是否建立瓦斯检查手册、瓦斯班报表、瓦斯日报表和通风报表及调度台账，是否按照《煤矿安全规程》第一百八十条、第六百六十条至第六百六十二条等要求严格落实。

(3) 查资料和现场，瓦斯检查工配备与持证上岗是否满足要求。

(4) 查资料和现场，瓦斯检查仪器及检验报告是否满足要求。

(5) 查资料和现场，月度瓦斯检查点设置计划和瓦斯巡回检查图表是否建立，瓦斯检查点设置是否符合《煤矿安全规程》第一百八十条规定，查瓦斯检查工是否按照检查点设置计划检查瓦斯。

(6) 查资料和现场，是否建立便携仪发放记录，入井人员是否携带甲烷检测便携仪，便携仪是否做到专人收发。

9. 瓦斯超限和防突预警分析处置制度落实情况

(1) 按照《煤矿安全规程》第一百七十五条要求建立瓦斯超限分析处置制度并严格落实。

(2) 按照《防治煤与瓦斯突出细则》第四十九条要求建立突出预警分析与处置制度并严格落实。

【现场勘查主要要求】

(1) 查资料，是否建立瓦斯日报表、监控日报表，是否有瓦斯超限情况，瓦斯超限是否按照《煤矿安全规程》要求撤人。

(2) 查资料和现场，瓦斯突出预警是否按照《防治煤与瓦斯突出细则》第四十九条的要求撤人和进行处理。

【评价报告编制要求】

(1) 报告应明确煤矿瓦斯防治单元的评价范围，应至少包括煤矿矿井瓦斯地质，矿井瓦斯等级鉴定、煤层突出危险性鉴定和区域划分情况、矿井抽、掘、采平衡情况、突出危险性预测、瓦斯抽采达标情况、采掘作业地点地质构造查明情况、瓦斯检查制度和瓦斯管理规定执行情况等内容。

（2）报告应准确描述煤矿各项瓦斯防治安全措施、制度的制定情况，瓦斯抽采系统运行情况、安全监控系统运行情况，专职瓦斯检查员的配备及持证上岗情况以及瓦斯超限和防突预警分析处置制度的执行情况。

（3）报告应将《细则》附录 F 中，F.1 涉及的瓦斯单元安全检查表列入，编制人员可根据煤矿实际情况适当增加检查内容，但检查内容不应少于检查表要求内容，不涉及项填写“不涉及”，涉及项逐项填写现状描述，对照检查内容提出存在的问题，明确整改措施建议。

（4）报告应明确给出煤矿瓦斯防治能力是否达标，瓦斯防治设施是否符合要求、各项措施是否落实到位的结论。报告应明确给出瓦斯防治单元是否满足安全生产要求的总体结论。

【原文】 4.7.6 防治水单元

应包括以下基本内容：

防排水系统设置及能力匹配情况。隐蔽致灾地质因素普查，生产、准备、开拓区域水文地质查明情况、水害类型和导水通道，查清地表水、顶（底）板含水层、老空水、采空区积水等的分布情况。采掘作业地点地质构造查明情况。受承压水、老空区积水威胁采掘工作面采取的水害防治措施。各类防隔水煤（岩）柱和保安煤柱设置情况。水文地质条件不清区域、突水威胁区域是否存在采掘作业。采掘作业按规定进行探放水情况。暴雨威胁矿井安全等事故紧急情况下及时撤人制度制定情况。主排水泵检修和检测检验情况。

【解读】 本评价单元主要是对煤矿防治水涉及的防排水系统、隐蔽致灾因素普查、水害防治措施、防隔水煤（岩）柱留设、雨季“三防”、事故紧急撤人等开展现状评价。

1. 防排水系统设置及能力匹配情况

（1）煤矿必须建立健全防排水系统，主要包括水泵、排水管路、配电设备、水仓、水沟等。

（2）防排水系统及能力应符合《煤矿安全规程》第三百二十五条至第三百一十六条、《煤矿防治水细则》第一百零八条至第一百一十三条有关规定，符合《煤炭工业矿井设计规范》（GB 50215）、《煤矿生产能力核定标准》等相关要求。

（3）新建成的生产煤矿排水系统设置应符合《初步设计》及批复要求；已编制《生产地质报告》的生产煤矿，排水系统设置应满足《矿井水文地质类型划分报告》和近5年实测正常涌水量和最大涌水量排水要求。

（4）水文地质类型复杂、极复杂的矿井，应在主泵房内预留一定数量的水泵安装位置，或者增加相应的排水能力。

【现场勘查主要要求】

（1）查资料，排水能力核定是否按照最新的《矿井水文地质类型划分报告》和近5年实测的正常涌水量和最大涌水量计算得出。水泵排水能力计算是否按照《水泵检测检验报告》数据计算得出。

（2）查资料和现场，水仓容量是否符合要求，工作水泵能力、备用水泵能力、工作和备用水泵的总能力是否满足要求。

（3）查资料和现场，主要水仓是否有主仓和副仓，当一个水仓清理时，另一个水仓是否能够正常使用，水仓入口是否设置了栅栏和篦子，各水仓空仓量是否在总容量的50%以上。

（4）查现场和资料，井下排水泵房是否按要求配备备用排水管路；主排水泵是否做到定期检验，水仓、水沟是否定期清挖。

（5）查现场，井下排水泵房通向井底车场的通道是否设置了易于关闭的既能防水又能防火的密闭门；井下排水泵房用斜巷通向井筒的通道是否高出泵房底板7 m以上。

（6）查资料，查阅设备检查和维护记录，是否经常对水泵、水管、闸阀、配电设备和线路进行检查。

（7）查资料，查阅水泵联合试转报告，是否按规定每年雨季前进行一次试验。

（8）查现场，水文地质类型复杂、极复杂的矿井是否在主泵房内预留一定数量的水泵安装位置，或者增加相应的排水能力。

2. 隐蔽致灾地质因素普查

（1）隐蔽致灾地质因素主要包括：采空区、废弃老窑（井筒）、封闭不良钻孔，断层、裂隙、褶曲、陷落柱，地表河流、水体、地下含水体、导水裂缝带，瓦斯富集区，煤层自燃倾向性、井下火区，古河床冲刷带、煤层风氧化带、火烧区、天窗等不良地质体，煤层厚度变化及分层特征，顶板厚硬岩层、煤层顶板岩层结构与力学性能、巷道顶底板岩层分布与力学参数，井田内油气井，可采煤层及顶底板岩层冲击倾向性、地层应力集中区、上覆遗留煤柱等情况。

（2）隐蔽致灾地质因素普查或探测应符合《煤矿地质工作规定》第二十九条至第三十八条相关要求及《国家矿山安全监察局〈关于加强煤矿隐蔽致灾因素普查治理工作〉的通知》（矿安〔2022〕132 号）规定要求。

（3）生产矿井进入新煤层、新采区开采时，必须全面查清隐蔽致灾因素。煤矿要将未来 5 年采掘接续规划区域作为普查重点。

（4）普查治理报告由煤矿上级公司总工程师组织审批，无上级公司的煤矿应当聘请专家进行会审，出具评审意见。

【现场勘查主要要求】

（1）查资料和现场，是否编制了隐蔽致灾因素普查报告，普查人员是否为相关专业人员，隐普查内容是否齐全，普查手段和方法是否适当、合理。

（2）查资料，生产矿井进入新煤层、新采区开采时，是否对隐蔽致灾因素进行全面查清。

（3）查资料，是否对普查出的隐蔽致灾因素制定了防范事故的措施，是否建立了相关台账，是否将普查成果及时填绘在相关图件上。

（4）查资料，隐蔽致灾因素普查报告是否由煤矿企业总工程师组织审批，无上级公司的煤矿是否聘请专家进行会审，出具评审意见。

3. 生产、准备、开拓区域水文地质查明情况、水害类型和导水通道，查清地表水、顶（底）板含水层、老空水、采空区积水等的分布情况

（1）在煤、泥炭地质勘探勘查工作中，水文地质勘探只是一项工作内容，因取得的水文地质资料有限，不一定完全满足矿井建设、采掘、开拓、延伸对基础资料的要求，同时，在矿井生产建设过程中，又经常遇到新的水文地质问题，这就需要通过水文地质补充勘探加以解决。

（2）矿井水文地质补充勘探应符合《煤矿防治水细则》第二十条至第三十六条相关要求。

(3) 矿井有下列情形之一的，应当开展水文地质补充勘探工作：

①矿井主要勘探目的层未开展过水文地质勘探工作的；

②矿井原勘探工作量不足，水文地质条件尚未查清的；

③矿井经采掘揭露煤岩层后，水文地质条件比原勘探报告复杂的；

④矿井水文地质条件发生较大变化，原有勘探成果资料难以满足生产建设需要的；

⑤矿井开拓延深、开采新煤系（组）或者扩大井田范围设计需要的；

⑥矿井采掘工程处于特殊地质条件部位，强富水松散含水层下提高煤层开采上限或者强富水含水层上带压开采，专门防治水工程设计、施工需要的；

⑦矿井井巷工程穿过强含水层或者地质构造异常带，防治水工程设计、施工需要的。

(4) 矿井水文地质补充勘探应当针对具体问题合理选择勘查技术、方法，井田外区域以遥感水文地质测绘等为主，井田内以水文地质物探、钻探、试验、实验及长期动态观（监）测等为主，进行综合勘查。

(5) 矿井水文地质补充勘探应当根据相关规范编制补充勘探设计，经煤炭企业总工程师组织审批后实施。

(6) 补充勘探工作完成后，应当及时提交矿井水文地质补充勘探报告和相关成果，由煤炭企业总工程师组织评审。

【现场勘查主要要求】

(1) 查资料和现场，煤矿是否存在应开展水文地质补充勘探而未开展现象。

(2) 查资料，矿井水文地质补充勘探是否规范编制补充勘探设计，是否经煤炭企业总工程师组织审批后实施；补充勘探工作完成后，是否及时提交矿井水文地质补充勘探报告和相关成果，由煤炭企业总工程师组织评审。

(3) 查资料，水文地质补充调查主要内容是否齐全。

(4) 查资料和现场，矿井是否建立降水量观测站；矿井涌水量测量工具和仪表是否当定期校验。水质的监测是否每年不少于 2 次，丰、枯水期各 1 次。

(5) 查资料和现场，矿井是否分水平、分煤层、分采区设观测站进行涌水量观测，每月观测次数不少于 3 次。

（6）查资料，地面水文地质补充勘探设计是否按要求编写单孔设计，内容包括钻孔结构、套管结构、孔斜、岩芯采取、封孔止水、终孔直径、终孔层位、简易水文观测、抽水试验、地球物理测井及采样测试、封孔质量、孔口装置和测量标志等要求。

（7）查资料和现场，除长期动态观测钻孔外，其余钻孔是否使用高标号水泥封孔，并取样检查封孔质量。

（8）查现场，水文地质观测孔是否安装孔口装置和长期观测测量标志，并采取有效保护措施。

（9）查资料和现场，井下物探作业前，是否根据采掘工作面的实际情况和工作目的等编写设计，设计是否由煤矿总工程师组织审批；施工结束后，是否提交成果报告，由煤矿总工程师组织验收。物探成果是否与其他勘探成果相结合，相互验证。

4. 采掘作业地点地质构造查明情况

（1）采掘作业地点地质构造查明应符合《煤矿地质工作规定》第八十条、八十三条、第八十八条的相关规定。

（2）当采区地质勘探工作量达不到有关规定要求或影响采区设计与掘进的构造，应采用物探、钻探等手段查明落差 5 m 以上断层、直径大于 30 m 的陷落柱、褶曲的形态和岩浆岩侵入及影响范围等。

（3）工作面掘进期间查明影响回采工作面连续推进的断层和褶皱，并采用物探、钻探等手段查明回采工作面内隐伏断层或陷落柱等。

（4）工作面回采过程中应实测各种地质构造的位置、形态和性质；工作面发现断层的，必须跟踪观测，研究其延展趋势，及时预测预报。

【现场勘查主要要求】

（1）查资料和现场，当采区地质勘探工作量达不到有关规定要求或影响采区设计与掘进的构造时是否采用物探、钻探等手段查明地质构造。

（2）查资料和现场，工作面掘进期间是否查明影响回采工作面连续推进的断层和褶皱，并采用物探、钻探等手段查明回采工作面内隐伏断层或陷落柱等。

（3）查资料和现场，工作面回采过程中是否实测各种地质构造的位置、形态和性质；工作面发现断层的，是否跟踪观测，研究其延展趋势，及时预测预报。

5. 受承压水、老空区积水威胁采掘工作面采取的水害防治措施

（1）底板水防治应当遵循井上与井下治理相结合、区域与局部治理相结合的原则。根据矿井实际，采取地面区域治理、井下注浆加固底板或者改造含水层、疏水降压、充填开采等防治水措施，消除水害威胁。

（2）带压开采应当制定专项安全技术措施，由煤炭企业总工程师审批。

（3）带压开采应符合《煤矿防治水细则》第七十条至第七十五条有关规定。

（4）煤矿应当开展老空分布范围及积水情况调查工作，查清矿井和周边老空及积水情况，调查内容包括老空位置、形成时间、范围、层位、积水情况、补给来源等。老空范围不清、积水情况不明的区域，必须采取井上下结合的钻探、物探、化探等综合技术手段进行探查，编制矿井老空水害评价报告，制定老空水防治方案。

（5）煤矿应当根据老空水查明程度和防治措施落实到位程度，对受老空水影响的煤层按威胁程度编制分区管理设计，由煤矿总工程师组织审批。

（6）疏放老空水时，应当由地测部门编制专门疏放水设计，经煤矿总工程师组织审批后，按设计实施。

（7）近距离煤层群开采时，下伏煤层采掘前，必须疏干导水裂隙带波及范围内的上覆煤层采空区积水。

（8）老空水的防治应符合《煤矿防治水细则》第七十六条至第八十三条有关规定。

【现场勘查主要要求】

（1）查资料，矿井带压开采是否制定专项安全技术措施，由煤炭企业总工程师审批。

（2）查资料，注浆加固底板或者改造含水层设计和施工安全技术措施，是否由煤矿总工程师组织审批。注浆加固底板或者改造含水层结束后，是否由煤炭企业总工程师组织效果评价。地面区域治理设计方案是否由煤矿总工程师组织编制，由煤炭企业总工程师审批。区域治理工程结束后，对工程效果做出结论性评价，提交竣工报告，是否由煤炭企业总工程师组织验收。

（3）查资料，实施地面区域治理的区域，掘进前是否采用物探方法进行效果检验；发现异常的，是否采用钻探验证并治理达标。

（4）查资料，煤矿是否开展老空分布范围及积水情况调查工作，查清矿井和周边老空及积水情况。

（5）查资料和现场，老空范围不清、积水情况不明的区域，是否采取井上下结合的钻探、物探、化探等综合技术手段进行探查，是否编制矿井老空水害评价报告，制定老空水防治方案。

（6）查资料，对受老空水影响的煤层是否按威胁程度编制分区管理设计，由煤矿总工程师组织审批。煤矿是否及时掌握本矿及相邻矿井距离本矿 200 m 范围内的采掘动态，将采掘范围、积水情况、防隔水煤（岩）柱等填绘在矿井充水性图、采掘工程平面图等图件上，并标出积水线、探水线和警戒线的位置。

（7）查资料和现场，疏放老空水时，是否由地测部门编制专门疏放水设计，经煤矿总工程师组织审批后，按设计实施。疏放过程中，是否详细记录放水量、水压动态变化。放水结束后，是否对比放水量与预计积水量，采用钻探、物探方法对放水效果进行验证。

（8）查资料，近距离煤层群开采时，下伏煤层采掘前，是否疏干导水裂隙带波及范围内的上覆煤层采空区积水。实行限压（水压小于 0.01 MPa）循环放水，是否制定专门措施并由煤矿总工程师审批。

（9）查资料和现场，是否对老空积水情况进行动态监测，监测内容包括水压、水量、水温、水质、有害气体等；采用留设防隔水煤（岩）柱和防水闸墙措施隔离老空水的，是否对其安全状态进行监测。

6. 各类防隔水煤（岩）柱和保安煤柱设置情况

（1）相邻矿井的分界处，应当留设防隔水煤（岩）柱。矿井以断层分界的，应当在断层两侧留设防隔水煤（岩）柱。

（2）存在下列情况之一的，应当留设防隔水煤（岩）柱：

①煤层露头风化带；

②在地表水体、含水冲积层下或者水淹区域邻近地带；

③与富水性强的含水层间存在水力联系的断层、裂隙带或者强导水断层接

触的煤层；

④有大量积水的老空；

⑤导水、充水的陷落柱、岩溶洞穴或者地下暗河；

⑥分区隔离开采边界；

⑦受保护的观测孔、注浆孔和电缆孔等。

（3）存在下列情况之一的，建筑物应当留设保安煤柱。在矿井、水平、采区设计时，对建筑物应当划定保护煤柱。保护等级为特级、Ⅰ级、Ⅱ级建筑物必须划定保护煤柱。特级：国家珍贵文物建筑物、高度超过 100 m 的超高层建筑、核电站等特别重要工业建筑物等。Ⅰ级：国家一般文物建筑物、在同一跨度内有两台重型桥式吊车的大型厂房及高层建筑等。Ⅱ级：办公楼、医院、剧院、学校、长度大于 20 m 的二层楼房和二层以上多层住宅楼，钢筋混凝土框架结构的工业厂房、设有桥式吊车的工业厂房、总机修厂等较重要的大型工业建筑物，城镇建筑群或者居民区等。

（4）在矿井、水平、采区设计时，对构筑物应当划定保护煤柱。保护等级为特级、Ⅰ级、构筑物必须划定保护煤柱。特级：高速公路特大型桥梁、落差超过 100 m 的水电站坝体、大型电厂主厂房、机场跑道、重要港口、国防工程重要设施、大型水库大坝等。Ⅰ级：高速公路、特高压输电线塔、大型隧道、输油（气）管道干线、矿井主要通风机房等。Ⅱ级：一级公路、220 kV 及以上高压线塔、架空索道塔架、输水管道干线、重要河（湖、海）堤、库（河）坝、船闸等。

（5）在矿井、水平、采区设计时，对铁路及其主要配套建筑物（构筑物）应当划定保护煤柱。

（6）近水体采煤时，必须严格控制对水体的采动影响程度。按水体的类型、含水层富水性、规模、赋存条件及允许采动影响程度留设相应的安全煤（岩）柱。

（7）必须在矿井、水平、采区设计时划定立井（含暗立井）和工业场地保护煤柱。

（8）各类防隔水煤（岩）柱的留设符合《煤矿安全规程》第二百九十七条、《煤矿防治水细则》第九十一条至第九十五条、《建筑物、水体、铁路及主要井巷煤柱留设与压煤开采规范》（安监总煤装〔2017〕66 号）等相关规定。

（9）矿井防隔水煤（岩）柱一经确定，不得随意变动。严禁在各类防隔水煤（岩）柱中进行采掘活动。

（10）煤柱留设与变更、压煤开采设计应当由煤矿企业组织专业技术人员或者委托专业机构完成，并由煤矿企业组织论证、审批。压煤开采设计涉及煤矿企业以外其他方受护对象安全问题时，应当由煤矿企业组织专业技术人员或者委托专业机构完成；并与受护对象产权单位协商一致后，报省级及以上煤炭行业管理部门。

（11）压煤开采设计未经审批，不得进行回采，压煤开采（试采）结束后必须编制技术总结报告并报送原审批部门存档。

【现场勘查主要要求】

（1）查资料，采掘工程平面图、矿井充水性图、井上下对照图等图件，各类防隔水煤（岩）柱和保安煤柱是否进行了留设，是否有批复文号。

（2）查资料，各类防隔水煤（岩）柱和保安煤柱是否有专门设计，设计方法是否正确，参数选取是否适当；设计是否经煤炭企业总工程师组织审批。

（3）查资料和现场，各类防隔水煤（岩）柱是否有随意变动现象，各类防隔水煤（岩）柱中有无未经设计论证审批的采掘活动。

（4）查资料，是否按规定留设了建筑物保安煤柱，并在相关图纸上正确绘制。建筑物保护煤柱开采是否进行专门开采方案设计。

（5）查资料，煤柱留设与变更、压煤开采设计是否由煤矿企业组织专业技术人员或者委托专业机构完成，并由煤矿企业组织论证、审批。

（6）压煤开采（试采）结束后是否编制技术总结报告并报送原审批部门存档。

7. 水文地质条件不清区域、突水威胁区域是否存在采掘作业。采掘作业按规定进行探放水情况

（1）矿井探放水工作应符合《煤矿防治水细则》第三十七条至第五十一条有关规定。

（2）采掘工作面遇有下列情况之一的，必须进行探放水：

①接近水淹或者可能积水的井巷、老空或者相邻煤矿时；

②接近含水层、导水断层、溶洞或者导水陷落柱时；

③打开隔离煤柱放水时；

④接近可能与河流、湖泊、水库、蓄水池、水井等相通的导水通道时；

⑤接近有出水可能的钻孔时；

⑥接近水文地质条件不清的区域时；

⑦接近有积水的灌浆区时；

⑧接近其他可能突水的地区时。

（3）井下探放水严格执行“三专”要求。由专业技术人员编制探放水设计，采用专用探放水设备进行探放水，由专职探放水队伍施工。专用探放水设备主要是指矿井坑道钻机。严禁使用煤电钻、锚杆钻机等设备进行探放水。

（4）井下探放水严格执行“两探”要求。采掘工作面超前探放水应当同时采用钻探、物探两种方法，做到相互验证，查清采掘工作面及周边老空水、含水层富水性以及地质构造等情况。有条件的矿井，钻探可采用定向钻机，开展长距离、探放水。

（5）采掘工作面探水前，应当编制探放水设计和施工安全技术措施，确定探水线和警戒线，并绘制在采掘工程平面图和矿井充水性图上。探放水设计由地测部门提出，探放水设计和施工安全技术措施经煤矿总工程师组织审批，按设计和措施进行探放水。

【现场勘查主要要求】

（1）查资料和现场，对照采掘工程平面图，查看采掘区域是否按规定进行了探放水。

（2）查资料，采掘工作面探水前，是否编制探放水设计和施工安全技术措施，确定探水线和警戒线，并绘制在采掘工程平面图和矿井充水性图上。探放水设计是否由地测部门提出，探放水设计和施工安全技术措施是否经煤矿总工程师组织审批。

（3）查资料和现场，探放水设备是否采用煤电钻、锚杆钻机等非专用探放水钻机，探放水人员是否全部持有煤矿探放水作业特殊工种证件。

（4）查现场，采掘工作面超前探放水是否同时采用钻探、物探两种方法，做到相互验证。

（5）查资料和现场，采掘工作面探水前，是否编制探放水设计和施工安全技术措施并经煤矿总工程师组织审批。

（6）查资料和现场，施工现场是否按设计和措施进行施工，钻孔位置、数量、方位、角度、深度是否与设计一致。施工现场是否设置有关物探、钻探等管理牌板。

8. 暴雨威胁矿井安全等事故紧急情况下及时撤人制度制定情况

（1）每年雨季前，必须对煤矿防治水工作进行全面检查，制定雨季防治水措施，建立雨季巡视制度。

（2）煤矿应当与当地气象、水利、防汛等部门进行联系，建立灾害性天气预警和预防机制。应当密切关注灾害性天气的预报预警信息，及时掌握可能危及煤矿安全生产的暴雨洪水灾害信息，采取安全防范措施；加强与周边相邻矿井信息沟通，发现矿井水害可能影响相邻矿井时，立即向周边相邻矿井发出预警。

（3）煤矿在极端天气危及矿井安全、井下发现突水（透水、溃水）征兆等紧急情况下必须立即停产撤人。煤矿主要负责人赋予所有现场作业人员、带班值班人员出现事故征兆等紧急情况及时撤人权力落实情况。作业人员在极端天气条件下有权拒绝入井作业，在井下发现突水（透水、溃水）征兆有权随时停止作业并升井。

（4）煤矿应当建立重点部位巡视检查制度。当接到暴雨灾害预警信息和警报后，对井田范围内废弃老窑、地面塌陷坑、采动裂隙以及可能影响矿井安全生产的河流、湖泊、水库、涵闸、堤防工程等实施 24 h 不间断巡查。矿区降大到暴雨时和降雨后，应当派专业人员及时观测矿井涌水量变化情况。

【现场勘查主要要求】

（1）查资料和现场，雨季前，是否对煤矿防治水工作进行全面检查，是否制定雨季防治水措施，是否建立雨季巡视制度。

（2）查资料，煤矿是否与当地气象、水利、防汛等部门进行联系，建立灾害性天气预警和预防机制。

（3）查资料和现场，煤矿主要负责人是否赋予所有现场作业人员、带班值班人员出现事故征兆等紧急情况及时撤人的权力。

（4）查资料和现场，煤矿是否建立重点部位巡视检查制度，并按制度开展巡查。

【评价报告编制要求】

（1）报告应明确防治水单元的评价范围，应至少包括：防治水管理制度、机构、人员设置、水文地质类型、矿井主要水害类型、水害防治措施、防排水系统、隐蔽致灾因素普查、防隔水煤（岩）柱、水文地质预测预报、井下探放水、雨季三防、应急救援预案等内容。

（2）报告应准确描述煤矿水文地质类型、水文地质补充勘探情况，隐蔽致灾因素普查情况、水文地质预测预报开展情况、水害防治措施落实、防隔水煤（岩）柱留设情况、井下探放水制度执行情况、雨季三防工作落实情况和应急救援预案编制执行情况、主排水泵检修和检测检验情况。

（3）报告应将《细则》附录F中，表F.1涉及的井工煤矿防治水单元安全检查表列入，编制人员可根据煤矿实际情况适当增加检查内容，但检查内容不应少于检查表要求内容，不涉及项填写“不涉及”，涉及项逐项填写现状描述，对照检查内容提出存在的问题，明确整改措施建议。

（4）报告应明确给出井工煤矿水文地质类型划分、隐蔽致灾因素普查、三区划分、水文地质预测预报、井下探放水、防排水系统、各类防隔水煤（岩）留设是否符合国家有关规定，记录、台账、图纸是否齐全、水文地质资料是否满足安全生产要求的明确结论。报告应明确给出防治水单元是否满足安全生产要求的总体结论。

【原文】4.7.7 防灭火单元

应包括以下基本内容：

煤层自燃倾向性鉴定，消防管路系统建立情况。评价开采容易自燃和自燃煤层按规定设置火灾监测系统、灌浆系统、注氮系统等情况，编制矿井防灭火专项设计。按规定进行自然发火预报，井下火区管理情况。是否存在使用国家明令淘汰的机电设备和非阻燃电缆、胶带、风筒、瓦斯抽采管路等材料的情况。按规定加强井下施焊、放炮等管理情况。

【解读】本评价单元主要是对煤层自燃倾向性鉴定、消防管路系统建立、火灾监测系统、灌浆系统、注氮系统、防灭火专项设计、现场器材、井下火区管理、设备管理制度、井下施焊、放炮等开展现状评价。

1. 煤层自燃倾向性鉴定，消防管路系统建立情况

煤矿企业应按照《煤矿防灭火细则》要求对煤层自燃倾向性鉴定，并将鉴定结果报省级煤炭行业管理部门、煤矿安全监管部门和矿山安全监察机构。消防管路系统建设应满足《煤矿安全规程》第二百四十九条规定。

【现场勘查主要要求】

（1）查资料，煤矿是否对平均厚度为0.3 m以上煤层的自燃倾向性鉴定结果报省级煤炭行业管理部门、煤矿安全监管部门和矿山安全监察机构。延深新水平时，是否对揭露的平均厚度为0.3 m以上煤层的自燃倾向性进行鉴定。

（2）查资料和现场，矿井消防供水管路系统图绘制是否规范，井下消防管路敷设、支管和阀门设置是否符合要求。

（3）查现场，地面检查消防水池，水量是否不小于200 m^3。

2. 评价开采容易自燃和自燃煤层按规定设置火灾监测系统、灌浆系统、注氮系统等情况，编制矿井防灭火专项设计

（1）煤矿企业应根据鉴定结果，采取有效的防灭火措施，包括火灾监测系统、灌浆系统、注氮系统，所有设施设备配备能力应能够满足矿井防灭火要求，有人员维护并运行正常。

（2）开采容易自燃和自燃煤层的矿井，必须编制矿井防灭火专项设计，采取综合预防煤层自然发火的措施。根据矿井具体条件采取注浆、注惰性气体、喷洒阻化剂等两种及以上防灭火技术手段，实施主动预防。煤矿应当对自然发火监测系统、安全监控系统和人工检查结果进行综合分析，实现井下火情早发现、早处置。

（3）开采容易自燃和自燃煤层时，必须开展自然发火监测工作，建立自然发火监测系统，确定煤层自然发火标志气体及临界值，健全自然发火预测预报及管理制度。

自然发火监测工作，是指以连续自动或人工采样方式监测取自采空区、密闭区、巷道高冒区等危险区域内的气体浓度或温度，定期为矿井提供相关地点自然发火过程的动态信息。自然发火监测系统，是指能够监测采空区气体成分变化的系统，如束管监测系统、人工取样分析系统等。标志气体，是指由于自然发火而产生或因自然发火而变化的，能够在一定程度上表征自然发火状态和发展趋势的火灾气体，主要包括 CO、烷烃气体、烯烃气体和炔烃气体等。自然发火标志气体 CO 的指标临界值应当根据煤层自燃具体情况通过实验研究、现场测试和统计分析进行确定；《煤矿安全规程》第一百三十五条规定的风流中 CO 浓度限值不超过 0.0024% 是职业健康指标，不是自然发火临界值。

【现场勘查主要要求】

（1）查资料，查煤矿是否编制了矿井防灭火专项设计，设计内容是否符合《煤矿安全规程执行说明》《煤矿防灭火细则》《煤炭矿井设计防灭火规范》（GB 51078）相关要求

（2）查资料和现场，对照矿井防灭火专项设计，查防灭火系统是否满足设计要求，是否按照设计要求采用两种及以上综合防灭火措施。

（3）查现场，火灾监测系统、灌浆系统、注氮系统等是否完善，使用是否正常。

（4）查资料，查阅矿井 CO 监测报表及安全监控数据，有无 CO 超限、出现自然发火标志气体及采取的措施是否符合要求。

3. 按规定进行自然发火预报，井下火区管理情况

煤矿应制定自然发火预报制度，内容应符合《煤矿防灭火细则》第三章的要求；矿井火区应建立管理卡片，火区应按《煤矿防灭火细则》第六章的要求管理。

【现场勘查主要要求】

（1）查资料和现场，矿井自然发火预测预报制度内容是否符合《煤矿防灭火细则》第三章的要求，制度是否落实。

（2）查资料，煤矿是否绘制火区位置关系图，注明所有火区和曾经发火的地点。是否每一处火区按形成的先后顺序进行编号，并建立火区管理卡片。火区位置关系图和火区管理卡片是否永久保存。

（3）查现场，自然发火监测点，有无监测方法和挂牌管理，监测记录是否真实、齐全。

（4）查资料和现场，矿井束管监测系统报表和安全监测系统中的一氧化碳气体浓度是否一致，是否达到临界值。

（5）查资料，火区注销、启封设计及安全措施，看是否按规定进行注销、启封。

4. 是否存在使用国家明令淘汰的机电设备和非阻燃电缆、胶带、风筒、瓦斯抽采管路等材料的情况

（1）严禁使用国家明令禁止使用或者淘汰的危及生产安全和可能产生职业病危害的技术、工艺、材料和设备。

（2）矿用电缆、风筒、采用非金属聚合物制造的输送带、托辊和滚筒包胶材料等，其性能必须满足阻燃、抗静电的要求。煤矿新购入的输送带、电缆、风筒布，应当抽样进行阻燃抗静电性能检测，检测工作应当由具备检测能力的机构承担。

【现场勘查主要要求】

（1）查资料和现场，查煤矿在用设备是否有《煤矿安全规程》规定严禁使用国家明令禁止使用或者淘汰的设备。

被列入国家禁止使用或淘汰的设备及工艺目录的产品或工艺，执行下列文件：

①《关于发布〈禁止井工煤矿使用的设备及工艺目录（第一批）〉的通知》（安监总规划〔2006〕146号）。

②《关于发布〈禁止井工煤矿使用的设备及工艺目录（第二批）〉的通知》（安监总煤装〔2008〕49号）。

③《关于发布〈禁止井工煤矿使用的设备及工艺目录（第三批）〉的通知》（安监总煤装〔2011〕17号）。

④《关于印发〈淘汰落后安全技术装备目录（2015年第一批）〉的通知》（安监总科技〔2015〕75号）。

⑤《关于印发〈淘汰落后安全技术工艺、设备目录（2016年）〉的通知》（安监总科技〔2016〕137号）。

⑥《关于发布〈禁止井工煤矿使用的设备及工艺目录（第四批）〉的通知》（煤安监技装〔2018〕39号）。

（2）查资料和现场，矿井在用橡胶、塑料制品（包括电缆、风筒、输送带和托辊、塑料管路等）其性能是否满足阻燃、抗静电的要求。

5. 按规定加强井下施焊、放炮等管理情况

煤矿井下和井口房内不得进行电焊、气焊和喷灯焊接等作业。确需在上述地点进行施焊作业时，每次必须制定安全措施，应满足《煤矿防灭火细则》相关要求。爆破作业必须编制爆破作业说明书，严格按爆破作业说明书进行爆破作业。

【现场勘查主要要求】

(1) 查资料和现场，是否制定施焊措施并由矿长批准，是否满足《煤矿安全规程》《煤矿防灭火细则》的要求，措施是否严格落实。

(2) 查资料和现场，爆破作业是否编制了爆破作业说明书，爆破作业地点是否有爆破作业图表，爆破作业是否严格按爆破作业说明书和爆破作业图表进行，爆破作业是否严格落实"一炮三检"和"三人连锁爆破"制度。

(3) 查资料，是否制定爆破作业安全技术措施，是否满足《煤矿安全规程》要求。

(4) 查资料和现场，施焊、爆破作业人员是否持证上岗。

【评价报告编制要求】

(1) 报告应明确防灭火单元的评价范围，应至少包括：煤层自燃倾向性鉴定，矿井防灭火专项设计，防灭火系统，火灾监测系统，消防管路系统，井下火区管理，非阻燃电缆、胶带、风筒、瓦斯抽采管路等材料的使用情况，井下施焊、放炮有关防灭火方面，以及防灭火管理制度、综合防灭火措施等内容。

(2) 报告应对矿井防灭火专项设计中的火灾监测系统、灌浆系统、注氮系统等系统设置情况，消防管路系统建立情况，井下火区管理情况，非阻燃电缆、胶带、风筒、瓦斯抽采管路等材料的使用情况，井下施焊、放炮有关防火方面的情况，以及防灭火管理制度、综合防灭火措施符合性作出准确评价。

(3) 报告应将《细则》附录 F 中，F.1 涉及的防灭火单元安全检查表列入，编制人员可根据煤矿实际情况适当增加检查内容，但检查内容不应少于检查表要求内容，不涉及项填写"不涉及"，涉及项逐项填写现状描述，对照检查内容提出存在的问题，明确整改措施建议。

(4) 报告应明确给出火灾监测系统、灌浆系统、注氮系统等系统设置情况，消防管路系统建立情况，井下火区管理情况，非阻燃电缆、胶带、风筒、瓦斯抽采管路等材料的使用情况，井下施焊、放炮有关防灭火方面的情况，是否满足安全生产要求，是否存在使用国家明令淘汰的机电设备和非阻燃电缆、胶带、风筒、瓦斯抽采管路等材料的结论。报告应明确防灭火单元是否满足安全生产要求的总体结论。

【原文】4.7.8 粉尘防治单元

应包括以下基本内容：

根据所有煤层煤尘爆炸性鉴定结果采取的安全措施合理性。评价综合防尘措施、预防和隔绝煤尘爆炸措施及制度的制定、实施情况。评价防尘效果达标情况、防尘供水系统设置情况。

【解读】本评价单元主要是对不同煤层煤尘爆炸性煤矿的安全技术措施的合理性，采取的综合防尘、预防和隔绝煤尘爆炸措施及制度的制定及实施情况，防尘效果达标情况，以及防尘供水系统设置情况开展现状评价。

1. 根据所有煤层煤尘爆炸性鉴定结果采取的安全措施合理性

煤矿应按照《煤矿安全规程》第一百八十五条要求对煤尘爆炸性进行鉴定，对不同的鉴定结果采取相应的安全措施，安全措施应符合《煤矿安全规程》第一百八十六条、第一百八十八条及《煤矿井下粉尘综合防治技术规范》相关要求。

【现场勘查主要要求】

（1）查资料，煤层煤尘爆炸性鉴定报告是否齐全，鉴定工作是否由具备相应资质的单位完成，鉴定结果是否报省级煤炭行业管理部门和煤矿安全监察机构。

（2）查资料和现场，对照防尘系统图，现场查看是否按要求在相应位置安设隔爆设施；隔爆设施安装、数量、水量或者岩粉量及安装质量是否符合《煤矿井下粉尘综合防治技术规范》相关规定。

2. 评价综合防尘措施、预防和隔绝煤尘爆炸措施及制度的制定、实施情况

（1）煤矿制定的综合防尘措施和制度必须符合《煤矿安全规程》第一百一十九条、第六百四十五条至第六百五十三条及《煤矿井下粉尘综合防治技术规范》的相关要求。

（2）采煤工作面需经有相关资质的单位按照《煤层注水可注性鉴定方法》（MT/T 1023）进行煤层可注性鉴定，鉴定符合注水条件的工作面开采前必须编制煤层注水设计，注水设计符合《煤矿井下粉尘综合防治技术规范》规定，并落实注水措施。

（3）预防和隔绝煤尘爆炸措施应至少包括防尘降尘措施、预防煤尘积聚、防止引爆火源、防止爆炸事故扩大等方面内容。

【现场勘查主要要求】

（1）查资料，煤矿是否建立综合防尘管理制度，编制内容是否全面。

（2）查资料，煤矿是否制定综合防尘措施，内容是否齐全，综合防尘措施是否体现通风除尘、减尘、降尘、定期冲刷巷道等要求。

（3）查资料，查阅煤层注水鉴定报告是否按《煤层注水可注性鉴定方法》进行煤层可注性鉴定。

（4）查资料，查阅煤层注水设计是否符合《煤矿井下粉尘综合防治技术规范》规定。

（5）查资料和现场，查阅煤层注水台账和记录，注水措施是否落实。

（6）查资料和现场，矿井预防和隔绝煤尘爆炸措施是否包括防尘降尘措施、预防煤尘积聚、防止引爆火源、防止爆炸事故扩大等方面内容，措施是否落实。

3. 评价防尘效果达标情况、防尘供水系统设置情况

通过采取综放防尘降尘措施、安设防尘降尘装备、加强个人防护等有效手段后，粉尘浓度应满足《煤矿安全规程》第六百四十条规定，防尘供水系统设置应满足《煤矿安全规程》第六百四十四条规定要求。

【现场勘查主要要求】

（1）查资料和现场，煤矿地面是否设置消防水池，是否每季度至少检查1次水池容量、水质是否符合要求，是否设置备用水池。

（2）查资料和现场，对照煤矿防尘系统图，查看井下消防管路系统敷设是否与图纸一致。

（3）查现场，井下消防管路设置是否齐全，是否按要求设置支管和阀门。

（4）查资料和现场，调阅月度测尘计划，查测尘点、测尘工序、测尘周期是否符合规定，是否采用定点监测、个体监测方法。

（5）查资料，矿井粉尘分散度、游离 SiO_2 测定报告，是否按规定周期进行监测。

（6）查资料，查阅矿井测尘报表和粉尘传感器监测记录，粉尘浓度是否符合《煤矿安全规程》第六百四十条的要求。

【评价报告编制要求】

（1）报告应明确粉尘防治单元的评价范围，应至少包括：矿井所有煤层煤尘爆炸性鉴定，矿井综合防尘措施、预防和隔绝煤尘爆炸措施及制度，防尘效果达标情况、防尘供水系统设置情况。

（2）报告应对矿井综合防尘措施、预防和隔绝煤尘爆炸措施及制度，防尘供水系统设置，防尘效果达标情况的符合性作出准确评价。

（3）报告应将《细则》附录 F 中，F. 1 涉及的粉尘防治单元安全检查表列入，编制人员可根据煤矿实际情况适当增加检查内容，但检查内容不应少于检查表要求内容，不涉及项填写“不涉及”，涉及项逐项填写现状描述，对照检查内容提出存在的问题，明确整改措施建议。

（4）报告应明确给出矿井综合防尘措施、预防和隔绝煤尘爆炸措施及制度、防尘供水系统设置、防尘效果达标等情况，是否满足安全生产要求的结论，并应明确粉尘防治单元是否满足安全生产要求的总体结论。

【原文】 4. 7. 9　运输、提升单元

应包括以下基本内容：

运输提升系统各项保护完善性和可靠性，按规定进行检修、检测检验和更换情况。是否存在使用国家明令禁止使用的设备、工艺等。

【解读】 本评价单元主要对矿井在用主辅运输、提升系统设备各项安全保护、安全设施的装设和运行安全可靠性进行现状评价。

1. 运输提升系统各项保护完善性和可靠性，按规定进行检修、检测检验和更换

（1）煤矿主、副立井提升系统属煤矿大型固定设备，是矿井机电安全运行、维护和管理的重中之重。立井提升系统的提升机、提升容器、罐道、钢丝绳和连接装置、制动装置、各项保护等安全技术性能，应符合《煤矿安全规

程》第三百九十三条至第四百零八条、第四百二十三条、第四百二十四条的规定。

(2) 滚筒驱动带式输送机必须按《煤矿安全规程》第三百七十四条规定，设置防打滑、跑偏、堆煤、撕裂保护装置，安装温度、烟雾监测装置和自动洒水装置。机头、机尾及搭接处有照明。沿线有急停闭锁装置。主要运输巷道中使用的带式输送机，必须装设输送带张紧力下降保护装置。倾斜井巷中的带式输送机，上运时装设防逆转装置和制动装置；下运时装设软制动装置和防超速保护装置。倾斜井巷大于16°时设置防护网，并采取防止物料下滑、滚落等的安全措施。机头、机尾、驱动滚筒和改向滚筒处，设防护栏及警示牌。行人跨越带式输送机处设过桥。

(3) 采用轨道机车运输时，列车和单独机车的前照明灯、后部红灯、闸、警铃（喇叭）、连接器和撒砂装置等符合《煤矿安全规程》第三百七十七条规定。其轨道线路、牵引网络符合《煤矿安全规程》第三百八十条、第三百八十一条规定。

(4) 使用平巷人车运送人员时，其连接装置、运行速度、自动停送电开关等安全设施应符合《煤矿安全规程》第三百八十五条、第三百八十六条规定。

(5) 生产矿井使用普通轨斜井人车时，其制动装置、信号装置等安全设施应符合《煤矿安全规程》第三百八十四条规定。新建、扩建矿井严禁采用普通轨斜井人车。

(6) 斜巷井巷使用串车提升时，井巷上端的过卷距离，应当根据巷道倾角、设计载荷、最大提升速度和实际制动力等参量计算确定，并有1.5倍的备用系数；应按《煤矿安全规程》第三百八十七规定安装防跑车装置和跑车防护装置；斜巷内的信号硐室、躲避硐室及人车候车硐室的设置应符合《煤矿安全规程》第三百八十八条的规定。

(7) 采用无轨胶轮车运输时，车前照明灯和尾部红色信号灯、灭火器和警示牌、随车通信系统或者车辆位置监测系统的设备、行车标识、交通管控信号、巷道转弯处防撞装置等安全设施符合《煤矿安全规程》第三百九十二条的规定。

(8) 单轨吊机车的制动装置、信号装置应符合《煤矿安全规程》第三百九十条的规定，其运行坡度、起吊梁及吊挂轨道的选型、安装应符合《煤矿安全规程》第三百九十一条的规定。

(9) 使用架空乘人装置运输人员时，应按照《煤矿安全规程》第三百八十三条的规定安装制动装置及防超速、防打滑等各种保护设施。倾斜巷道中同时布置架空乘人装置和轨道提升系统时，必须设置电气闭锁。

(10) 煤矿应建立在用的无极绳连续牵引车、无轨胶轮车、单轨吊车、卡轨车（异型轨）、柴油机窄轨机车、齿轨车、齿卡轨车等运输设备的完好标准和单轨吊车线路、卡轨车（异型轨）线路、无轨胶轮车道路的完好标准，进行日常检查，发现问题及时安排维、检修或部件更新。

(11) 为确保矿井运输、提升系统各项保护及设施完善可靠，应按照《煤矿机电设备检修技术规范》(MT/T 1097) 要求，建立运输提升系统检查、维修制度及检修、更新计划，并严格落实，不得带“病”运转。

(12) 对于已列入《煤矿在用设备设施安全生产检测检验目录（第一批)》的设备、设施，要严格按照规定的周期、项目，由具有资质的检测检验机构进行检验。

(13) 井下用胶带阻燃抗静电检测检验，依据《煤矿在用滚筒驱动带式输送机安全运行规范》(NB/T 10048) 规定。

【现场勘查主要要求】

(1) 查资料，查阅矿井生产能力核定报告等资料，主（辅）运输、提升系统核算的能力是否低于矿井生产能力。是否依照《应急管理部、国家矿山安全监察局、国家发展改革委、国家能源局关于印发〈煤矿生产能力管理办法和核定标准〉的通知》规定的公式进行各环节系统能力核算。

(2) 查资料和现场，查阅运输提升系统安全运行管理制度、岗位安全生产责任制、操作规程等内容是否全面、是否具有针对性和操作性，设备改造后操作规程是否及时更新；查阅记录，作业人员操作前是否进行风险辨识和安全确认。

(3) 查现场，现场抽查验证矿井提升机各项保护是否装设齐全、动作灵敏可靠。按照《煤矿安全规程》第四百二十三条规定必须安装以下保护装置：

①过卷和过放保护：当提升容器超过正常终端停止位置或者出车平台 0.5 m 时（倾斜井巷上端的过卷距离，是否达到《煤矿安全规程》第三百八十八条的要求)，必须能自动断电，且使制动器实施安全制动。

②超速保护：当提升速度超过最大速度15%时，必须能自动断电，且使制动器实施安全制动。

③过负荷和欠电压保护。

④限速保护：提升速度超过3 m/s的提升机应当装设限速保护，以保证提升容器或者平衡锤到达终端位置时的速度不超过2 m/s。当减速段速度超过设定值的10%时，必须能自动断电，且使制动器实施安全制动。

⑤提升容器位置指示保护：当位置指示失效时，能自动断电，且使制动器实施安全制动。

⑥闸瓦间隙保护：当闸瓦间隙超过规定值时，能报警并闭锁下次开车。

⑦松绳保护：缠绕式提升机应当设置松绳保护装置并接入安全回路或者报警回路。

⑧减速功能保护：当提升容器或者平衡锤到达设计减速点时，能示警并开始减速。

⑨错向运行保护：当发生错向时，能自动断电，且使制动器实施安全制动。

（4）查现场，现场检查验证提升副立井井口、井底和各水平的安全门与罐笼位置、摇台阻车器之间的闭锁是否可靠。

（5）查现场，现场检查立井罐笼是否存在提升人员时超定员现象。

（6）查资料和现场，查阅滚筒驱动带式输送机、提升绞车各项保护试验记录。现场抽查验证各项保护装设是否齐全、动作是否灵敏可靠，特别是防打滑、跑偏、堆煤等保护装置或者温度、烟雾监测装置；是否做到温度保护在每个驱动滚筒安装一套；烟雾监测装置每月升井试验一次。

（7）查资料和现场，提升机钢丝绳、提升连接装置检测检验和无损探伤，轨道运输用环链、插销检测，立井罐笼脱钩试验、电机车、斜井人车、单轨吊机车等的制动距离试验措施及试验报告是否齐全，在用设备、设施是否按《煤矿在用设备设施安全生产检测检验目录（第一批）》的规定进行检验。

（8）查资料，对照矿井主运输系统图，井下胶带使用管理台账，查阅井下所有地点使用胶带（含采掘工作面、采区、胶运大巷、立井井底装运、主斜井等皮带机）是否做到入井前每批次都进行了检测检验；驱动滚筒包胶材料是否进行阻燃抗静电性能检测检验，检测检验报告在有效期内。

（9）查现场，现场查验架空乘人装置的制动装置、防超速、防打滑、断轴保护措施等各种保护、设施是否完好，动作灵敏可靠。倾斜巷道中同时布置架空乘人装置和轨道提升系统时，电气闭锁是否有效。

（10）查现场，对照矿无轨胶轮车管理台账检查所有车辆是否具有煤安标志（标识）、尾气达国Ⅲ排放标准（改造车辆应重办煤安标志证书、具有尾气检测报告等）；运送人员是否超员，是否超速运人；长坡段是否采取失速安全措施；巷道转弯处是否安装防撞装置等，查阅入井前和月度检查、维修检修记录台账。

（11）查现场，检查运输提升设备的维修、操作人员是否须经培训合格，取得上岗证。

（12）查资料，查阅矿井运输系统图、提升系统图是否及时更新，是否与现场相符。

（13）查现场，现场检查运输提升系统安全设施的安装、维修、管理是否符合《煤矿安全规程》及《煤矿安全生产标准化管理体系基本要求及评分办法（试行）》的规定，有运行维护记录。

（14）查资料和现场，长度超过 1.5 km 的主要运输平巷或者高差超过 50 m 的人员上下的主要倾斜井巷，是否采用了机械方式运送人员。

2. 是否存在使用国家明令禁止使用的设备、工艺等

（1）提升系统淘汰设备：KJ1600/1220 单筒缠绕式矿井提升机，TKD 型绞车电控，JKA 型矿井提升机，KJ 型矿井提升机，XKT 型矿井提升机，水阻调速的调度绞车，JTK 型矿用提升机，使用继电器结构原理的提升机电控装置，矿井提升机制动系统十字弹簧控制压力的液压站，带式制动矿用提升绞车，非定型竖井罐笼，ϕ1.2 m 以下（不含 1.2 m）用于升降人员的提升绞车。

（2）带式运输机有关的禁止或淘汰设备及工艺：非阻燃抗静电输送带，皮带钉扣人力夯砸工艺，BJO2 系列隔爆型三相异步电动机，BJ3 系列隔爆型三相异步电动机。

（3）列入淘汰目录的电机车类型：使用电阻调速的架线式工矿电机车，8 t 以上采用电阻调速的防爆特殊型电机车，3 t 直流架线式井下矿用电机车。

（4）禁止使用普通轨道插爪式斜井人车及普通轨道抱轨式斜井人车。

（5）与无轨胶轮车有关的淘汰项目：干式制动器，非防爆柴油机无轨胶轮车，排气标准为国Ⅱ及以下的防爆柴油机。

（6）架空乘人装置不得使用蜗轮蜗杆减速器、铸造抱索器。

【现场勘查主要要求】

（1）查资料，查阅矿井机电设备管理台账，矿井禁止或淘汰设备及工艺的更新计划及落实情况。

（2）查现场，是否存在禁止或淘汰的运输、提升设备及工艺。

【评价报告编制要求】

（1）报告应明确运输、提升单元的评价范围，运输部分至少应包括：矿井主运输和辅助运输方式，运输设备种类、规格型号，主运输和辅助运输能力等内容；提升系统至少应包括：主提升、副提升设备规格型号及能力，立井（或斜井）提升设备安全性能等内容。

（2）报告应准确描述矿井运输、提升系统安全管理机构设立、管理制度及执行，运输提升设备“两证一标志”，运输提升系统安全保护及安全设施日常管理，大巷行人管理、运输、提升系统预防性维检修，运输提升系统安全检测检验，规范操作等现场安全及技术资料管理的内容。

（3）报告应将《细则》附件 F.1 中涉及“运输、提升单元”安全现状评价检查表全部列入，也可根据煤矿实际及运输、提升事故案例适当增加检查内容，评价人员逐项对照，填写查找出的危险、有害因素并确定其程度，要重点指出该单元存在的重大事故隐患，具体包括现状描述、如实指出存在的问题、明确整改措施及建议。

（4）报告应明确给出煤矿运输、提升系统设备、安全设施是否符合国家及行业法律法规、标准的评价结论，给出运输、提升系统是否完善、设备（运输线路）能力是否满足、安全可靠性等评价意见，是否存在国家明令禁止使用的设备、工艺，最后给出煤矿运输、提升单元是否满足安全生产要求的总体结论。

【原文】4.7.10　压风及其输送单元

应包括以下基本内容：

空气压缩机站压力表、安全阀等设备及安全保护装置的完善性和可靠性情况；空气压缩机站储气罐设置情况；压风设备检修和检测检验情况。

【解读】 本评价单元主要对矿井在用压风机系统及其附属装置的安全保护、安全设施装设和运行安全可靠性进行现状评价。

1. 空气压缩机站压力表、安全阀等设备及安全保护装置的完善性和可靠性情况

本条是关于空气压缩机的安全保护的规定。

压力表是了解空气压缩机安全运行的第一观察点。通过压力表读取（或向无人值守、远程监控系统上传的）的压力值，便可了解空气压缩机的工作情况：输出压力够不够、能否满足用风需要、压力调节器调节的压力是否合适、压力调节器起不起作用等等。

安全阀是保护空气压缩机安全运行的最后一道防线，当实际压力已达额定压力的 1.1 倍时，压力调节器没动作，压力继续升高，安全阀便开启，将超压的气体释放，以防止风包、管路、高压缸等爆炸造成事故，所以压力调节器和安全阀必须动作可靠。

【现场勘查主要要求】

（1）查资料和现场，查看压力表、安全阀管理台账、检测（定）报告、检测（定）周期，并与设备管理台账一一对应，确保不漏检。压力表、安全阀上张贴有特检所出具的检定合格证，并在有效期内。

（2）查资料和现场，查看压风机系统安全运行管理制度，对照现场检查记录验证制度落实情况，巡检、维修责任落实情况。现场随机抽查，安全阀手动试验是否灵敏可靠。

2. 空气压缩机站储气罐设置情况

空气压缩机站的储气罐设置应符合《煤矿安全规程》的第四百三十三条要求；空气压缩机的储气罐是贮存压力空气的容器，也是稳定输出压力的装置。由于其体积较大，贮存的压力气体较多，受热后会有很大的膨胀而使其压力增大，超过自身的容许压力有爆炸的风险，所以不能在日光下暴晒。

井下固定式空气压缩机和储气罐应分别设置在 2 个硐室内，硐室要有独立的回风系统，不得存放可燃物，且必须采用不可燃材料支护。

【现场勘查主要要求】

(1) 查资料和现场，查看储气罐安设位置是否合适，是否通风良好，是否采取了避免阳光直晒的措施。

(2) 查现场，查看储气罐是否安装有检定合格的释压阀、压力表、温度计和安全阀等安全附件。释压阀是否安装在主排气管路上，正对气流方向。释压阀不得正对行人道。

(3) 查现场，井下空压机站，空压机与储气罐是否分别设在 2 个独立硐室，是否独立通风，是否设有自动灭火装置，并设专人值守。

3. 压风设备检修和检测检验情况

本条是关于压风设备检修和检测检验的要求。

依据国家安全监管总局《国家煤矿安监局关于印发〈煤矿在用安全设备检测检验目录（第一批)〉的通知》（安监总规划〔2012〕99 号）要求，空气压缩机需委托具备专业能力的安全生产检测检验机构检测，并出具检验合格报告，检验周期为 1 年。

【现场勘查主要要求】

(1) 查资料，查阅矿井压风系统图、设备管理台账、检测检验台账，确认煤矿是否严格按照检验周期定期开展检测检验工作，是否依据《煤矿在用空气压缩机安全检测检验规范》（AQ 1013）逐项进行检验，检测结论是否合格，检测不合格项是否及时整改，检测报告是否在有效期内；检测检验报告是否经矿机电技术负责人组织阅览。

(2) 查资料和现场，现场勘查压风机及附属设备完好情况，压风机系统安全运行制度落实情况，记录填写情况，抽查试验断水、断油、超温、超压等保护动作灵敏可靠情况。

(3) 查现场，现场查验实现“无人值守、远程监控”的压风机房，是否专人限时巡检。

【评价报告编制要求】

(1) 报告应明确压风及其输送单元的评价范围，至少应包括：矿井地面压风机设备配置及能力、井下空气压缩机及安装位置、井上下压风管道、储气罐及其保护装置等内容。

（2）报告应准确描述矿井压风系统安全管理制度及执行、压风及管路预防性维检修、安全检测检验、规范操作等安全技术管理的内容。

（3）报告应将《细则》附件 F.1 中涉及“压风及其输送单元”安全现状评价检查表全部列入，也可根据煤矿实际及压风系统事故案例适当增加检查内容，评价人员逐项对照，填写查找出的危险、有害因素并确定其程度，要重点指出该单元存在的重大事故隐患，具体包括现状描述、如实指出存在的问题、明确整改措施及建议。

（4）报告应明确给出煤矿压风系统设备、安全设施是否符合国家及行业法律法规、标准的评价结论，给出井上下压风系统是否完善、设备（线路）能力是否满足、安全可靠性等评价意见，最后给出煤矿压风及其输送单元是否满足安全生产要求的总体结论。

【原文】 4.7.11 爆炸物品贮存运输与使用单元

应包括以下基本内容：

地面爆炸物品库选址、贮存、建筑结构、库存容量和防护措施，井下爆炸物品库位置、巷道布置、结构、支护、通风、通讯及照明设备、贮存、运输与使用情况等。

【解读】 本单元是对爆炸物品库选址、贮存、建筑结构、库存容量和防护措施、巷道布置、结构、支护、通风、通讯及照明设备、贮存、运输与使用情况开展现状评价。

1. 地面爆炸物品库选址、贮存、建筑结构、库存容量和防护措施

（1）地面爆炸物品库选址应符合《民用爆炸物品工程设计安全标准》（GB 50089）要求的远离人员密集区域和重要设施、避开不良地质环境等要求。

（2）地面爆炸物品的贮存及库存容量应符合《煤矿安全规程》第三百二十七条、第三百二十九条、第三百三十条的规定，开凿平硐或者利用已有平硐作为爆炸物品库同时执行《煤矿安全规程》第三百二十八条规定。

（3）地面爆炸物品库建筑应符合《民用爆炸物品工程设计安全标准》要求，结构一般优先考虑钢筋混凝土框架承重结构或者钢筋混凝土柱、梁承重结构，不应采用独立砖柱承重。

（4）民用爆炸物品地面储存库治安防范采用人防、物防、技防、犬防相结合，执行《民用爆炸物品储存库治安防范要求》（GA 837）和《民用爆炸物品工程设计安全标准》要求，井上、下接触爆炸物品的人员必须穿棉布或抗静电衣服。

【现场勘查主要要求】

（1）查资料，爆炸物品库设计及相关图纸是否齐全，设计内容是否符合《民用爆炸物品工程设计安全标准》《煤矿安全规程》等有关要求。

（2）查资料和现场，地面爆炸物品库建筑位置，建筑质量、库内设施设备是否符合设计要求，符合《煤矿安全规程》第三百三十条相关规定。

（3）查资料和现场，爆炸物品运输是否有专用车辆，车辆是否进行了防静电处理，爆炸物品运输是否设专人押运。

（4）查现场，爆炸物品地面储存库治安防范是否做到人防、物防、技防、犬防相结合。

（5）查资料和现场，是否建立爆炸物品管理台账，爆炸物品贮存数量是否超过许可数量，是否符合《煤矿安全规程》第三百二十七条要求。

（6）查资料和现场，是否建立爆炸物品库各项管理制度，制度是否完善，落实是否到位。

（7）查资料和现场，是否建立电雷管编号记录和电阻测试记录，是否做到对电雷管逐一进行编号的电阻测试。

（8）查现场，地面爆炸物品库管理人员是否持证上岗，衣服是否符合抗静电要求。

2. 井下爆炸物品库位置、巷道布置、结构、支护、通风、通讯及照明设备、贮存、运输与使用情况

（1）井下爆炸物品库设计符合《煤矿井底车场硐室设计规范》（GB 50416）相关规定。

（2）井下爆炸物品库架构、支护应符合《煤矿安全规程》第三百二十一条、第三百二十三条规定，井下爆炸物品库通风应符合《煤矿安全规程》第三百三十五条规定，井下爆破物品库通信及照明设备应符合《煤矿安全规程》第三百三十六条规定，井下爆破物品的贮存量应符合《煤矿安全规程》第三百三十四条规定的井下爆炸物品库的最大贮存量不得超过矿井 3 天的炸药需要量和 10 天的电雷管需要量。

（3）井筒内运送爆破物品应符合《煤矿安全规程》第三百三十九条，采用机车运送爆炸物品应符合《煤矿安全规程》第三百四十条，采用钢丝绳牵引的车辆运送爆炸物品应符合《煤矿安全规程》第三百四十一条，由爆炸物品库直接向工作地点用人力运送爆炸物品应符合《煤矿安全规程》第三百四十二条规定。

（4）爆破物品的使用应符合《煤矿安全规程》第三百四十三条至第三百七十三条相关规定。

【现场勘查主要要求】

（1）查现场，井下爆炸物品库的位置、库内设施设备是否符合设计要求，是否符合《煤矿安全规程》第三百三十一条、第三百三十二条、第三百三十三条、第三百三十五条、第三百三十六条的规定。

（2）查资料和现场，是否建立爆炸物品管理台账，爆炸物品贮存数量是否超过许可数量，是否符合《煤矿安全规程》第三百三十五条的规定。

（3）查资料，爆炸物品管理机构设置是否符合要求。

（4）查资料和现场，是否建立了爆炸物品入库检查登记制度、爆炸物品过期销毁制度、爆炸物品贮存管理制度、爆炸物品领退制度和爆炸物品丢失处理办法、爆炸物品运输警卫制度、电雷管编号管理制度、电雷管电阻测试制度、爆炸物品库防火制度、爆炸物品库出入库人员管理制度、爆炸物品管理人员上岗制度等，并落实到位。

（5）查现场，爆炸物品的运输是否有专用车辆，车辆是否进行了防静电处理，爆炸物品运输是否设专人押运。

（6）查资料和现场，是否编制爆破作业说明书，编制是否符合要求，是否按爆破作业说明书进行爆破作业

（7）查资料和现场，是否建立电雷管编号记录和电阻测试记录，是否做到对电雷管逐一进行编号的电阻测试。

（8）查资料和现场，库管员、爆破工持证上岗；爆破工是否持有当地公安部门颁发的《爆破作业人员许可证》（民用爆破物品管理条例第三十三条）和行管部门颁发的《爆破作业操作证》。

（9）查资料和现场，库房内设备是否完好、照明、通风是否符合要求。

【评价报告编制要求】

（1）报告应明确爆炸物品贮存运输和使用单元的评价范围，应至少包括：爆炸物品贮存、爆炸物品运输、爆炸物品使用等内容。

（2）报告应准确描述爆炸物品贮存、爆炸物品运输、爆炸物品使用内容情况。

（3）报告应将《细则》附录F中，F.1涉及的爆炸物品贮存运输及使用单元安全检查表列入，编制人员可根据煤矿实际情况适当增加检查内容，但检查内容不应少于检查表要求内容，不涉及项填写“不涉及”，涉及项逐项填写现状描述，对照检查内容提出存在的问题，明确整改措施建议。

（4）报告应明确给出地面爆炸物品库选址、贮存、建筑结构、库存容量和防护措施，井下爆炸物品库位置、巷道布置、结构、支护、通风、通讯及照明设备、贮存、运输与使用情况是否符合国家有关规定的结论。报告应明确给出爆炸物品贮存运输及使用单元是否满足安全生产要求的总体结论。

【原文】4.7.12 电气单元

应包括以下基本内容：

矿井两回路供电电源情况。设备检查、维修、调整制度和落实情况。电气作业人员持有效证件上岗情况。防爆电器设备产品合格证、煤矿矿用产品安全标志，入井防爆检查情况。煤矿井下供电系统接地保护、漏电保护、过流保护的可靠性，运行维护管理情况。是否存在中性点接地。是否有国家明令禁止使用或淘汰的危及生产安全的电气产品。

【解读】本评价单元主要对矿井井上、下供电系统的安全保护、安全设施装设和安全运行可靠性进行现状评价。

1. 矿井两回路供电电源情况

矿井供电电源应符合《煤矿安全规程》第四百三十六条要求。同时应满足《国家安全监管总局、国家煤矿安监局关于〈矿井两回路电源线路规定有关事项〉的通知》（安监总煤〔2016〕131号）文件要求。

（1）所有矿井都应当有两回路电源线路（即来自两个不同变电站或者来自

不同电源进线的同一变电站的两段母线），当任一回路发生故障停止供电时，另一回路应当担负矿井全部用电负荷。

（2）安全生产许可证颁发管理部门对边远地区符合产业政策和安全生产其他条件，但区域内不具备两回路供电条件的矿井应当严格审查，并报相应国家煤矿安全监察机构审核；经审查只能采用单回路供电的，必须有备用电源。

（3）备用电源的容量必须满足通风、排水、提升等要求，并保证主要通风机等在 10 min 内可靠启动和运行。备用电源应当有专人负责管理和维护，每 10 天至少进行一次启动和运行试验，试验期间不得影响矿井通风等，试验记录要存档备查。矿井应当有两回路电源线路（即来自两个不同变电站或者来自不同电源进线的同一变电站的两段母线）。当任一回路发生故障停止供电时，另一回路应当担负矿井全部用电负荷。

【现场勘查主要要求】

（1）查资料和现场，查看“供电合同”“供用电协议”和“矿井供电系统能力核定报告”，矿井两条电源线路、两台主变是否同等能力。调阅电力监控系统中矿井实际最大负荷曲线：正常情况下，两回路分列运行承担井上下全部负荷；当一条回路（一台主变）运行时，应当承担矿井全部用电负荷，并留有 15% 以上余量，另一条电源线路应带电热备用。

查井上下供电系统图、供电线路杆位图，高压整定保护计算书，矿井供电设计，采区供电设计及采掘工作面供电设计，生产核定能力报告，确认矿井上级电源双回路设置情况及供电线路选型能力是否满足矿井生产需要。煤矿矿井供电系统能力不低于煤矿生产能力。

（2）查资料和现场，查看下井电源线路设置情况（选型、截面）、运行方式，变电所设置情况（位置、双回路电源、串接数量），井上下一级负荷供电情况，满足《煤矿安全规程》要求，继电保护整定上下级配合情况，短路电流校验情况。

2. 设备检查、维修、调整制度和落实情况

电气设备、电缆的检查、维护和调整应符合《煤矿安全规程》第四百八十一条至第四百八十六条的有关要求。

（1）建立井上下供电系统设备、设施岗位操作规程，停送电管理、设备定期检修、电气试验测试、设备管理、电气事故统计分析、防爆设备入井安装验收、电缆管理、小型电器管理、杂散电流管理等维护、检查、调整和试验等安全技术管理制度，并依照制度执行。

（2）加强井下电气设备防爆检查，杜绝电气设备失爆，消灭电气火源，确保井下安全生产，要求使用中的电气设备的防爆性能每月进行一次检查。防爆检查组对井下使用中的防爆电气设备的防爆性能实施监督检查，对事故隐患提出处理意见，并有权停止使用。防爆设备不经防爆检查员检查，不准发给合格证，不准入井使用。

（3）配电系统继电保护装置是保证电气设备安全运行的有效措施。当负荷发生变化时不及时调整保护动作值，将导致继电保护装置失灵，不能及时排除电气故障，势必引起事故蔓延，造成重大灾害。因此，随着负荷的变化要及时整定，以确保整定值符合规定。每6个月要由专职检查人员进行一次检查、调整、试验和整定。

（4）高压电缆供电范围和负荷量都比较大，一旦高压电缆停电会造成减产和危及矿井的安全。高压电缆供电电压高，如发生短路、绝缘损坏等故障，则将造成人身触电伤亡事故。高压电缆的泄漏和耐压试验可以发现绝缘电阻测定过程中不能发现的绝缘缺陷，能较好地反映出电缆受潮、绝缘下降、劣化和局部缺陷等方面的问题，做到隐患早发现、早排除，确保井下安全供电。因此，要求高压电缆的泄漏和耐压试验每年进行1次。

（5）主要电气设备绝缘电阻的测试是一种非破坏性的电气设备绝缘水平的试验方法。通过测试绝缘电阻可以查明电气设备的漏电、受潮及质量情况。随着环境与季节的变化，井下电气设备在运行中其绝缘性能也发生变化，通过定期对主要电气设备的绝缘电阻进行检查，可以提前发现问题，采取措施，防患于未然，确保主要电气设备安全运行。

（6）保护接地网各点的接地电阻值随着接地环境的变化而变化，只有在接地电网的接地电阻值不超过2 Ω时，才能保证漏电电流不大于极限安全电流，才能保证人身安全，不致因漏电而引起瓦斯和煤尘爆炸事故。

【现场勘查主要要求】

（1）查资料和现场，对照矿井机电设备管理台账、井下电气设备布置图，查阅井下电气设备防爆检查记录，现场勘查抽查电气设备防爆性能。电气防爆检查判定执行《煤矿安全规程》《爆炸性环境》（GB 3836）系列标准、《煤矿矿井机电设备完好标准》。

（2）查资料，查看供电系统年度“春检”计划及执行情况、供电电缆检查记录，绝缘遥测记录，年度泄漏和耐压试验记录。

（3）查资料和现场，查看保护接地电阻遥测记录执行情况，地点是否有遗漏，阻值是否有超规定现象。

（4）查资料和现场，查看保护整定计算书、区队负荷变动通知单、保护整定调整记录、年度电气试验报告等资料，验证供电管理是否到位。

（5）查资料和现场，查看变电所和调度室停送电记录、停电工作票、倒闸操作票执行情况，是否存在无计划停电现象。

3. 电气作业人员持有效证件上岗情况

电气作业人员必须具备岗位规定的专业技术能力，方可从事该项工作，须经培训并考试合格，持有效证件上岗。井下电气作业人员须持“井下电气作业”特种作业人员证，地面电气作业人员持低压电工作业、高压电工作业、电力电缆作业、继电保护作业、电气试验作业和防爆电气作业相关证件，证件真实性可从网上查证。

【现场勘查主要要求】

查资料和现场，现场勘查查阅作业地点值班人员、操作人员等特种作业人员持证上岗情况及证件有效性情况。

4. 防爆电器设备产品合格证、煤矿矿用产品安全标志，入井防爆检查情况

（1）本条为《煤矿安全规程》第四百四十八条的有关要求：防爆电气设备到矿验收时，应当检查产品合格证、煤矿矿用产品安全标志，并核查与安全标志审核的一致性。入井前，应当进行防爆检查，签发合格证后方准入井。

（2）制定本条款的目的是，防止假冒伪劣、不具备安全保障的电气设备进入煤矿，杜绝有失爆缺陷的电气产品下井。多年来的实践经验证明，防爆电气设备入井前的检查，是确保井下防爆电气设备安全运行和设备完好、杜绝井下电气设备失爆的重要前提，“产品合格证”是对设备质量的承诺与保证，“煤矿矿用产品安全标志”是对设备防爆性能的保证。

【现场勘查主要要求】

（1）查资料，依据《国家矿山安全监察局关于印发〈执行安全标志管理的矿用产品目录〉的通知》（矿安〔2022〕123 号）规定，查看电气设备管理台账、设备产品合格证档案、矿用产品安全标志台账等资料，账卡物的合规性、一致性。现场验收核查电气设备（含动力电缆）安全标志标识、证书及其与产品铭牌、使用说明书所载信息的一致性。

（2）查资料和现场，查看防爆设备入井安装验收制度的执行情况，查阅入井防爆检查记录、月度防爆检查记录、现场抽查设备防爆性能及维护记录等资料，判定矿井防爆电气设备防爆性能的符合性。

（3）查现场，现场抽查防爆设备上入井合格证与入井防爆检查记录的一致性。入井防爆检查须经防爆检查员进行，须持上级企业颁发的有效证件。

5. 煤矿井下供电系统接地保护、漏电保护、过流保护的可靠性，运行维护管理情况

本条为《煤矿安全规程》第四百四十九条至第四百五十三条相关规定。

（1）井下采区变电所、移动变电站或配电点引出馈电线的供电电气设备环境条件差、温度高，在运行中极易发生短路、过负荷、断相和漏电等故，又受瓦斯和煤尘威胁，如不能将故障及时排除，则会造成设备损坏、供电中断、着火和瓦斯（煤尘）爆炸等事故，危害人身安全和矿井安全生产。因此，井下由采区变电所、移动变电站或配电点引出的馈电线上，必须具有短路、过负荷和漏电保护，保护装置定值的选择依据《煤矿井下供电的三大保护细则》进行整定计算。

（2）低压电动机的控制设备，必须具备短路、过负荷、单相断线、漏电闭锁保护及远程控制功能，主要考虑以下因素：①虽然低压电动机的工作电压不高，但当发生短路和过负荷时，同样会出现过大的电流，缩短电动机寿命，甚至烧坏电动机，引发火灾，导致瓦斯、煤尘爆炸。单相断线会使电动机未断线的两相电流增大，产生与过负荷相同的后果。②漏电闭锁保护的作用是：在磁力起动器合上隔离开关之后，按下启动按钮启动之前，利用启动器中的控制变压器，提供一个低电压，施加在电动机的三相绕组上，检测电动机绕组是否漏电。如果绕组漏电，则磁力起动器不能启动，必须将漏电故障排除后，方可启动。

(3) 保护接地是将设备上的故障电压限制在安全范围内的一种安全措施。保护接地的原理是当人触及外壳带电设备的金属外壳时，电流将通过人体和接电阻并联入地，再通过电网绝缘阻抗流回电源。由于接地电阻比人体电阻小得多，所以大部分电流通过接地电阻入地，而人体仅有很小的电流通过。

【现场勘查主要要求】

(1) 查现场，现场查验井下供电系统及网络，中央变电所向采区供电的同一电源线路上串接的采区变电所数量，最多只能串接3个。

(2) 查资料，看煤矿的矿井供电系统能力是否低于煤矿生产能力。依照《应急管理部、国家矿山安监局、国家发展改革委、国家能源局关于印发煤矿生产能力管理办法和核定标准的通知》规定的公式核算。

(3) 查资料，查看保护整定计算书是否按照《煤矿井下供电的三大保护细则》计算整定值，并校验灵敏系数。对照供电系统图、高低压保护整定计算书，查看现场是否严格按照计算值进行整定。继电保护整定计算书需经矿机电技术负责人签字认可。

(4) 查现场，现场查看接地保护装置是否严格按照《煤矿井下保护接地装置的安装、检查、测定工作细则》设置接地保护装置。

(5) 查资料，查看接地电阻遥测记录、远方漏电试验记录等，验证该工作定期开展情况。

(6) 查现场，现场抽查并试验开关设备的过流、短路、漏电保护是否灵敏、可靠。

(7) 查现场，查验电气设备其他保护的投用情况，如过电压、欠电压保护等。

(8) 查资料，按照《煤矿安全规程》第四百八十三条规定，现场查验“电气设备、电缆的检查和调整”记录。

(9) 查资料，查阅资料，采掘工作面用电设备电压是否超过3300 V（不包括3300 V），超过3300 V的矿井须有经过煤矿企业总工程师批准的专门安全措施。专门安全措施，应注意包含以下内容要点：

①煤矿或矿区采掘工作面首次使用3300 V以上电压等级的用电设备时，应当组织开展对涉及的相关技术和管理问题的系统研究，评估对策措施的有效

性，相关结论报企业技术负责人。

②采掘工作面使用3300 V以上电压等级的用电设备时，必须根据工作面具体条件和使用设备的具体情况制定专门措施，重点关注绝缘监视、接地保护、安全防护等内容。

③设备操作人员应当有高压操作能力，应当穿戴高压防护用品，使用高压操作工具，遵循电力安全工作规程相关规定。

④应当完善相关管理制度和岗位操作规程。

(10) 查资料和现场，对照井上下防雷接地装置测试报告，现场查验防雷接地装置是否完好。

6. 是否存在中性点接地

本条为《煤矿安全规程》第四百四十条规定：严禁井下配电变压器中性点直接接地。严禁由地面中性点直接接地的变压器或者发电机直接向井下供电。

(1) 井下配电变压器中性点直接接地的危害：①由于井下供电电缆的敷设受井巷条件限制，一般高度均较低，人体可以直接触摸，一旦发生人体触电时，其触电电流相对于中性点不接地系统大许多倍，对人员生命构成威胁；②单相直接接地时形成单相短路，单相短路的电流很大，可引起变压器、供电设备及线路损坏事故或爆炸着火事故，同时接地点产生电弧，可能引起瓦斯煤尘爆炸；③接地点电位高，大地中的大电流有可能引发电雷管超前引爆。

(2) 采用变压器中性点不直接接地供电方式，通过安装漏电保护装置和使用屏蔽电缆，可以避免因漏电故障导致的人身触电伤亡及瓦斯、煤尘爆炸事故。为了确保矿井安全，严禁井下配电变压器中性点直接接地，严禁由地面中性点直接接地的变压器或发电机直接向井下供电。

【现场勘查主要要求】

查现场，勘查期间排查核实，地面装备自备发电机的矿井，是否存在中性点直接接地。

7. 是否有国家明令禁止使用或淘汰的危及生产安全的电气产品

被列入国家禁止使用或淘汰的设备及工艺目录的产品或工艺，执行下列文件：

(1)《关于发布〈禁止井工煤矿使用的设备及工艺目录（第一批）〉的通

知》(安监总规划〔2006〕146号)。

(2)《关于发布〈禁止井工煤矿使用的设备及工艺目录(第二批)〉的通知》(安监总煤装〔2008〕49号)。

(3)《关于发布〈禁止井工煤矿使用的设备及工艺目录(第三批)〉的通知》(安监总煤装〔2011〕17号)。

(4)《关于印发〈淘汰落后安全技术装备目录(2015年第一批)〉的通知》(安监总科技〔2015〕75号)。

(5)《关于印发〈淘汰落后安全技术工艺、设备目录(2016年)〉的通知》(安监总科技〔2016〕137号)。

(6)《关于发布〈禁止井工煤矿使用的设备及工艺目录(第四批)〉的通知》(煤安监技装〔2018〕39号)。

【现场勘查主要要求】

(1)查资料和现场,井下电气设备(含小型电器、动力电缆)的选型是否符合《煤矿安全规程》第四百四十一条、第四百六十三条规定。

(2)查资料和现场,对照禁止或淘汰设备目录、机电设备管理台账、井下电气设备布置图等资料,结合现场设备排查,查看矿井是否存在使用禁止或淘汰的设备。

【评价报告编制要求】

(1)报告应明确电气单元的评价范围,至少应包括:矿井双回路电源(含供电线路及主变供电能力)、矿井地面、井下供电系统基本情况、矿井一级负荷供电情况、井下主变电所设置、电压等级、采掘面供电方式等内容。

(2)报告应准确描述矿井供电系统安全管理制度及执行、电气设备“两证一标志”、井下“三大保护”管理、电气防爆管理、“两票”管理、供电系统预防性维检修、电气试验,以及规范操作等安全技术管理的现状。

(3)报告应将《细则》附件F.1中涉及“电气单元”安全现状评价检查表全部列入,也可根据煤矿实际及电气事故案例适当增加检查内容,评价人员逐项对照,填写查找出的危险、有害因素并确定其程度,重点指出该单元存在的重大事故隐患,具体包括现状描述、如实指出存在的问题、明确整改措施及建议。

（4）报告应明确给出煤矿供电系统设备、设施是否符合国家及行业法律法规、标准的评价结论，给出井上下供电系统是否完善、设备（线路）能力是否满足、安全可靠性等评价意见，是否存在国家明令禁止使用或淘汰的危及生产安全的电气产品，最后给出煤矿电气单元是否满足安全生产要求的总体结论。

【原文】4.7.13 安全监控、人员位置监测与通信单元

应包括以下基本内容：

a）安全监控系统功能与AQ 6201的符合性；各类传感器种类、数量、地点、报警门限、断电门限和断电闭锁等与AQ 1029及《煤矿安全规程》的符合性；评价安全监控系统运行和管理，监测监控数据记录、填写报表情况；安全监控系统的维修、调校、测试情况；评价安全监控布置图和断电控制图绘制更新及规范性。

b）人员位置监测系统唯一性检测、分站设置位置、携卡数量、报警功能等与AQ 6210、AQ 1048及《煤矿安全规程》的符合性，标识卡和读卡分站工作状况，人员位置信息监测情况等。

c）有线调度电话设置地点、有线调度通信系统功能及通信电缆等设施设备的设置情况。

【解读】本评价单元主要是对安全监控系统、人员位置监测系统和有线通信系统的功能模块、现场安设与应用、管理制度、图纸及内业资料开展现状评价。

1. 安全监控系统功能与AQ 6201的符合性

安全监控系统应符合《煤矿安全监控系统通用技术要求》（AQ 6201）要求的基本功能以及《煤矿安全监控系统升级改造技术方案》（煤安监函〔2016〕5号）要求的传输数字化、增强抗电磁干扰能力、应用先进传感技术及装备、传感器防护等级提升、完善报警断电控制功能、多网多系统融合、格式规范化、自诊断自评估、数据应用分析、应急联动、提升系统性能指标、加密存储、方便使用维护培训等13项功能要求。

【现场勘查主要要求】

（1）查现场，通过地面中心站软件查看定义类型、通过现场传感器通讯方

式、利用示波器测试传感器输出波形等手段完成，现场查看模拟量传感器是否为数字化传输。

（2）查资料。查看安标检测中心提供的系统检验报告，是否具有增强抗电磁干扰能力。

（3）查现场，系统是否具备远程电池维护、远程程序更新、在线调校、即插即用等先进的技术；是否使用红外、激光、多参数、无线等传感器及其他先进装备。

（4）查现场，模拟量传感器防护等级是否是 IP65 以上。

（5）查资料和现场，通过中心站软件查看分级报警功能，并根据瓦斯浓度大小、瓦斯超限持续时间、瓦斯超限范围，设置不同的报警级别、实施分级响应，分级响应是否少于 4 级；通过中心站软件查看历史记录，判断甲烷电闭锁、故障闭锁、风电闭锁是否可靠。

（6）查现场，通过地面中心站软件 GIS 一张图，查看融合系统是否全面包含人员位置监测系统、有线调度通信系统、应急广播系统。

（7）查现场，模拟量传感器至监控分站之间的有线传输方式是否采用工业以太网、RS485、CAN。

（8）查现场，系统自诊断、自评估功能测试是否可以满足以下要求：

①传感器、控制器的设置及定义。当系统中的传感器、控制器的设置及定义错误时，系统可自动进行提示；当现场增加传感器，地面中心站未定义设备时，中心站软件应自动弹出所接设备的相关信息（传感器类型、量程、所接分站端口）；当双机热备、数据库存储、软件模块通信等软件功能发生故障时自动进行提示报警。

②模拟量传感器维护、定期未标校提醒。系统具备传感器的维护与定期标校自动提示功能。系统能够根据不同传感器类型进行分组设置不同的调校周期，传感器在临近或大于调校周期时，系统弹出传感器调校提示窗，提示窗内显示需要调校测点的信息，当用户对传感器进行调校维护后，传感器调校提示窗自动消除。

③模拟量传感器、控制器、电源箱等设备及通信网络的工作状态。系统能够显示模拟量传感器正常监测值、报警值、开机预热、故障等状态；控制器断开、接通、故障状态；电源箱交流供电、直流供电、故障状态及电源箱内电池

充放电状态等，系统应具备远程对分站电源箱电池充放电维护功能。

④中心站软件自诊断，包括双机热备、数据库存储、软件模块通信。系统具有双机热备心跳中断提示功能，当主备机网络中断或者系统异常时，双机热备会实时提示心跳中断；系统具有数据库异常监测功能，当数据库出现服务停止、网络不通、空间不足、权限错误等异常时，系统会自动提示数据库异常并实时报警；系统具有模块通讯监测功能，当出现模块异常时，系统会自动弹出异常显示窗并实时报警。

（9）查现场和资料，数据应用分析是否可以满足以下要求：

①伪数据标注及异常数据分析。伪数据为极短周期内产生的不符合情理的数据，异常数据可以为真实数据，也可以为误报警数据，均有一定斜率变化规律。传感器标校期间的数据分析功能：若具备标校状态输出，则当传感器进入标校状态时，系统自动识别并显示在数据列表和曲线中；若不具备，系统能够根据传感器数据变化情况自动识别出传感器是否处于标校状态，自动将标校期间的数据标注为标校数据。异常数据分析功能：系统能够自动识别运行过程中的“突变”数据，并进行标注、显示。无论是标校期间的数据，还是异常数据，均应实时存储，不得进行删除和隐藏。

②瓦斯涌出、火灾等的预测预警。系统提供瓦斯涌出、火灾预警模型编辑功能，能根据预先设置好的模型，再关联对应监测点的数据实现瓦斯涌出、火灾预测预警。瓦斯涌出报警：一般是通过工作面回风隅角（T_0）、工作面（T_1）、回风流（T_2）三处安设的甲烷传感监测数据的变化规律（如故障或迅速增高）和风速、风向或分风口的甲烷传感器监测数据（迅速增高）波动情况来判断。火灾预警：一般是通过一氧化碳浓度、温度、烟雾等参数来综合分析判断。

③大数据分析，如多系统融合条件下的综合数据分析。通过系统融合联动，实现系统间的数据综合分析使用。

④可与煤矿安全监控系统检查分析工具对接数据。

（10）查现场，按照应急联动预案，测试安全监控与人员位置监测系统、有线调度通信系统、应急广播系统之间的联动功能是否完善。在井下现场联动范围内，对其中的1台甲烷传感器通入标准气样，使传感器进入报警状态，观察人员携带定位卡、广播终端或音箱、电话机等设备是否发出语音安全提示；传感器恢复到正常状态后，各系统是否能自动解除报警。

（11）查现场，提升系统性能指标是否满足以下要求：

①现场通过密采数据或其他功能查看系统巡检周期，巡检不超过 20 s；

②查看历史异地断电记录与馈电记录，异地断电时间不超过 40 s；

③查看历史放电记录，备用电源能维持 4 h；

④现场查看主备机之间是否为热备，对主备机切换测试；

⑤现场测试模拟量传感器至中心站之间的传输处理误差，应不超过 0.5%；

⑥现场查看监控分站的最大远程本安供电距离，本安电源是否实行 2 km、3 km、6 km 分级管理。

（12）查现场，查看系统数据库数据加密类型，是否采用 MD5、RSA 加密算法对数据加密。

（13）查现场，现场操作中心站软件是否具有定义、查询、打印等功能；是否具有现场设置分站地址号、分站接线操作等功能。

2. 各类传感器种类、数量、地点、报警门限、断电门限和断电闭锁等与 AQ 1029 及《煤矿安全规程》的符合性

（1）煤矿安设的安全监控系统应取得矿用产品安全标志证书、监控设备应取得矿用产品安全标志证书和防爆合格证、在用安全设备应在系统关联范围内，在用设备不在系统关联范围内的应进行联检并取得联检报告。

（2）煤矿安设的交换机、监控分站、断电器、甲烷、一氧化碳、二氧化碳、温度、湿度、风速、硫化氢、氧气、粉尘、压力、烟雾、设备开停、风筒、风向、风门开闭、馈电等传感器数量、地点，设置报警值、断电值、复电值、断电范围应符合《煤矿安全规程》及《煤矿安全监控系统及检测仪器使用管理规范》要求。

【现场勘查主要要求】

（1）查现场，安全监控系统是否取得矿用产品安全标志证书、设备是否取得矿用产品安全标志证书和防爆合格证、在用设备是否在关联系统范围内、在用设备不在关联系统内是否有联检报告、设备出厂是否有产品和合格证和说明书。

（2）查现场，安全监控主干线缆传输介质是否为光缆，主干线缆是否从不同的井筒或者一个井筒保持一定间距的不同位置进入井下，是否形成独立的以太环网传输平台。安全监控系统是否与图像监视系统共用同一芯光纤（可同缆不同芯）。系统是否具有防雷电保护，入井线缆为电信号传输时，入井口处和中心站电源输入端是否具有防雷措施。

（3）查现场，现场通入标准气样，监测值达到断电值后，观察其断电范围、记录断电时间、人员位置监测系统、有线调度通信系统、应急广播系统响应时间是否符合标准。

（4）查现场，监控设备（交换机、监控分站、断电器）是否设置在便于人员观察、调试、检验及支护良好、无滴水、无杂物的进风巷道或硐室中，设备距巷道底板是否小于 300 mm。模拟量传感器吊挂位置是否能够反映被测物理量的位置、开关量传感器是否设置在能正确反映被监测状态的位置、声光报警器是否设置在经常有人工作便于观察的地点。

（5）查现场，监控设备供电是否取自被控开关的电源侧或者采用专用电源，是否配备不小于 4 h 的备用电源。通过中心站软件查看监控分站供电状态，是否存在长期交直流转换或直流供电状态、是否对监控分站电池进行了充放电维护、分站备用电池是否满足 4 h 的供电要求。

（6）查现场，突出矿井的采煤工作面进、回风巷，煤巷、半煤岩巷和有瓦斯涌出的岩巷掘进工作面回风流中，采区回风巷，总回风巷瓦斯传感器是否为激光、红外等全量程传感器。

3. 评价安全监控系统运行和管理，监测监控数据记录、填写报表情况

（1）评价安全监控系统运行情况主要从系统可靠性、故障率、功能模块、现场设备安设、断电控制、应急联动、调校与维护、设备备用量等指标进行综合判断。

（2）评价管理主要从规章制度编制、制度落实、机构设置、人员配备、人员培训等指标进行综合判断。

（3）评价监测监控数据记录主要从数据的完整性、曲线的连续性、报表统计以及传输误差等指标综合判断。

（4）评价填写报表主要从安全监控设备台账、安全监控设备故障登记表、检修记录、巡检记录、传感器调校记录、中心站运行日志、安全监控日报、报警断电记录月报、甲烷超限断电闭锁和甲烷风电闭锁功能测试记录、安全监控设备使用情况月报等报表填写内容完善情况指标进行综合判断。

【现场勘查主要要求】

(1) 查资料和现场，通过中心站软件“故障记录表”功能，查询交换机、监控分站、传感器等设备是否出现频繁瞬间故障，在一个周期（1个月）内是否出现无计划全系统故障等；通过中心站软件“报警记录表”功能，模拟量传感器是否出现不明原因报警，开关量传感器是否出现频繁状态切换。

(2) 查资料和现场，是否按要求定期对传感器进行调校、断电测试、联动测试等，调校、测试结果是否正常，对不满足要求的传感器是否进行及时处理。

(3) 查资料，查看监控设备台账，备用量是否满足20%的需要。

(4) 查资料，查看安全监控值班制度，安全监控操作规程，矿长、总工程师、安全监控主任、安全监控副主任、安全监控技术员、安全监控班组长、安全监测工、安全监控值班员等安全生产责任制，内容是否齐全，是否符合本矿实际。

(5) 查资料，安全监控人员配备是否满足系统日常安设、维护、调校及监测工24 h值班的要求；配备人员是否经过培训合格、做到持证上岗。

(6) 查现场，通过中心站软件随机调取1个模拟量传感器的历史数据、曲线、报表，查看数据是否完整、曲线是否连续，报表统计的最大值、最小值、平均值等信息是否全面。

(7) 查现场，通过现场调校传感器，记录其最大值与中心站显示值进行对比，查看模拟量输入传输处理误差是否大于0.5%。

(8) 查资料，各类安全监控台账、报表、记录是否齐全，填写内容是否与实际一致。

4. 安全监控系统的维修、调校、测试情况

(1) 维修是指煤矿监控设备在使用过程中出现故障、损坏，由专业人员在地面对损坏设备进行修复的过程。因此，煤矿应建立安全监控设备检修室，负责本矿安全监控设备下井安装、更换前的预热、调试工作，安全监控设备检修室应配备甲烷传感器和测定器校验装置、稳压电源、示波器、频率计、信号发生器、万用表、流量计、声级计、甲烷校准气体、标准气体等仪器装备，并配备专业维修人员。

（2）调校是指利用标准气样对在用模拟量传感器进行线性校准。由于模拟量传感器受井下湿度、粉尘、各类气体等环境影响，运行一段时间后线性出现偏差，监测值出现较大误差，因此需要用标准气样对模拟量传感器的线性进行校准，达到传感器监测值准确的目的。根据不同传感器调校要求，调校可以在井下现场在线调校，也可在地面检修室离线调校。

（3）测试是指对开关传感器进行监测状态的切换过程，判定断电控制、应急联动功能完善。

安全监控设备的调校、测试应满足《煤矿安全规程》及《煤矿安全监控系统及检测仪器使用管理规范》要求，每月至少1次。

【现场勘查主要要求】

（1）查现场，煤矿是否配备安全监控检修室、检修室配备仪器仪表是否齐全，仪器是否能够正常使用。

（2）查现场，通过中心站软件查看“运行记录”“历史曲线”“模拟量报警记录表”“传感器调校记录”等方式查看甲烷、一氧化碳传感器调校周期、调校过程流量控制、调校持续时长等是否符合要求。

（3）查资料，查询设备更换、测试记录，是否存在传感器调校周期不符合要求现象。

5. 评价安全监控设备布置图和断电控制图绘制更新及规范性

（1）安全监控图纸包括：安全监控布置图、断电控制图，根据《国家煤矿安监局关于印发〈煤矿安全监控系统升级改造验收规范〉的通知》（煤安监技装〔2019〕48号）要求及目前各矿井采用网络传输的实际情况，掌握矿井线缆铺设、节点、配置等情况，应增加网络拓扑图。

（2）安全监控系统设备布置图应以煤矿通风系统图为底图，断电控制图应以矿井供电系统图为底图，网络拓扑图应按现场实际进行绘制。

（3）煤矿应绘制煤矿安全监控布置图和断电控制图，并根据采掘工作的变化情况及时修改，每月对安全监控设备布置图、断电控制图进行更新1次。布置图应标明传感器、声光报警器、断电控制器、分站、电源、中心站等设备的位置、接线、断电范围、报警值、断电值、复电值、传输线缆、供电电缆等。

（4）断电控制图应标明甲烷传感器、馈电传感器和分站的位置，断电范围、被控开关的名称和编号，被控开关的断电接点和编号。

（5）网络拓扑图应能清晰反映系统网络架构，明确从地面中心站至各网络节点、监控分站之间的接线方式、所接端口、所接数量、设备地址、线缆（芯）颜色等信息。

（6）安全监控设备布置图、断电控制图、网络拓扑图保存时间应当不少于2年。井下网络架构发生变化时，对网络拓扑图进行及时更新。

【现场勘查主要要求】

查资料和现场，图纸是否为最新版本、标注是否完整、清晰，安全监控布置图、断电控制图、网络拓扑图是否与现场实际一致；抽查上一年度的图纸，是否保存完整。

6. 人员位置监测系统唯一性检测、分站设置位置、携卡数量、报警功能等与AQ 6210、AQ 1048及《煤矿安全规程》的符合性，标识卡和读卡分站工作状况、人员位置监测信息情况等

（1）人员位置监测系统区域功能应符合《煤矿井下作业人员管理系统通用技术条件》要求，井下人员定位系统区域无遮挡最大静态定位误差应不大于3 m，井下人员定位系统区域无遮挡最大动态定位误差应不大于10 m。

（2）人员位置监测系统精确功能应符合《煤矿井下人员定位系统通用技术条件》要求；井下人员精确定位系统无遮挡最大静态定位误差应不大于0.3 m，井下人员精确定位系统无遮挡最大动态定位误差应不大于7.3 m。

（3）人员定位检测设备设施现场安设应符合《煤矿安全规程》及《煤矿井下作业人员管理系统使用与管理规范》要求。

（4）下井人员必须携带标识卡，人员出入井口、重点区域出入口、限制区域等地点应设置读卡分站；人员位置监测系统应具备检测标识卡是否正常和唯一性的功能；矿调度室值班员应监视人员位置等信息，填写运行日志。

【现场勘查主要要求】

（1）查现场，煤矿区域定位、精确定位系统是否健全，是否均具备监测、管理、存储、显示、查询、打印、双机热备等主要功能。

（2）查资料和现场，区域定位系统应满足以下功能：区域定位系统应具有携卡人员出/入井时刻、出/入重点区域时刻、出/入限制区域时刻、识别携卡人员出/入巷道分支方向等监测功能；能对乘坐胶轮车、电机车等各种运输工具的携卡人员进行准确识别、能识别多个同时进入识别区域的识别卡、识别卡工作是否正常和每位下井人员携带1张卡唯一性等检测功能；具有携卡人员下井总数及人员、出/入井时刻、超时人员总数及人员、超员人员总数及人员、人员出/入重点区域总数及人员、出/入重点区域时刻、下井工作时长等显示、查询、报警、打印等功能。

（3）查资料和现场，精准定位系统应满足以下功能：精确定位系统应具备携卡人员位置及时刻监测、人员出/入井时刻、出/入重点区域时刻、出/入限制区域时刻、出/入准入区域时刻、人员进入超层越界起/止时刻、临近区域起/止时刻等监测功能；能对乘坐胶轮车、电机车等各种运输工具的携卡人员进行准确识别、能识别多个同时进入定位区域的识别卡、定位卡工作是否正常和每位下井人员携带1张定位卡的唯一性等检测功能。定位卡具有向定位分站发出事故报警信息功能，定位卡具备接收紧急撤人命令、声光和振动报警。

（4）查现场，入井井口是否安设唯一性检测装置（人脸、虹膜），是否安设能够检测标识卡正常的读卡装置，唯一性检测装置、读卡装置运行是否正常。

（5）查现场，人员出入井口、重点区域出/入口、采掘工作面出/入口、限制区域等地点是否安设读卡分站。读卡分站是否正常运行，是否能满足监测携卡人员出/入井、出/入重点区域、出/入采掘工作面、出/入限制区域的要求。

（6）查资料和现场，随机抽取一天，查看系统显示下井总人数与井口登记下井总人数、各区队下井总人数之和是否一致。

（7）查现场，评价人员下井当日运行轨迹、运行方向、出/入井时刻、下井时长是否一致。

（8）查资料，查询系统软件报警历史记录，与人工填写报警记录是否一致，查看历史报警记录处置措施是否落实。

7. 有线调度电话设置地点、有线调度通信系统功能及通信电缆等设施设备的设置情况

（1）煤矿以下地点必须设有直通矿调度室的有线调度电话：矿井地面变电

所、地面主要通风机房、主副井提升机房、压风机房、井下主要水泵房、井下中央变电所、井底车场、运输调度室、采区变电所、上下山绞车房、水泵房、带式输送机集中控制硐室等主要机电设备硐室、采煤工作面、掘进工作面、突出煤层采掘工作面附近、爆破时撤离人员集中地点、突出矿井井下爆破起爆点、采区和水平最高点、避难硐室、瓦斯抽采泵房、爆炸物品库等。

（2）有线调度通信系统应当具有选呼、急呼、全呼、强插、强拆、监听、录音等功能。

（3）有线调度通信系统的调度电话至调度交换机（含安全栅）必须采用矿用通信电缆直接连接，严禁利用大地作回路。严禁调度电话由井下就地供电，或者经有源中继器接调度交换机。调度电话至调度交换机的无中继器通信距离应当不小于 10 km。

【现场勘查主要要求】

（1）查现场，在地面变电所、地面主要通风机房、主副井提升机房、压风机房、井下主要水泵房、井下中央变电所、井底车场、运输调度室、采区变电所、上下山绞车房、水泵房、带式输送机集中控制硐室等主要机电设备硐室、采煤工作面、掘进工作面、突出煤层采掘工作面附近、爆破时撤离人员集中地点、突出矿井井下爆破起爆点、采区和水平最高点、避难硐室、瓦斯抽采泵房、爆炸物品库等任一地点抽查 2~3 处直通矿调度室的有线电话进行测试，提起电话机手柄后，是否自动接通矿调度室。

（2）查现场，查看煤矿有线通信系统是否具有选呼、急呼、全呼、强插、强拆、监听、录音等功能，现场调取历史录音记录，现场对各功能进行测试。

（3）查现场，有线调度通信系统的调度电话至调度交换机（含安全栅）是否采用矿用通信电缆直接连接。

【评价报告编制要求】

（1）报告应明确安全监控、人员位置监测与通信单元的评价范围，应至少包括：监控系统、图档管理、监控闭锁、传感器设置、人员位置监测、调度通信等内容。

（2）报告应准确描述监控系统、图档管理、监控闭锁、传感器设置、人员位置监测、调度通信内容情况。

（3）报告应将《细则》附录F中，F.1涉及的安全监控、人员位置监测与通信单元安全检查表列入，编制人员可根据煤矿实际情况适当增加检查内容，但检查内容不应少于检查表要求内容，不涉及项填写“不涉及”，涉及项逐项填写现状描述，对照检查内容提出存在的问题，明确整改措施建议。

（4）报告应明确给出监控系统、图档管理、监控闭锁、传感器设置、人员位置监测、调度通信是否符合国家有关规定。报告应明确给出安全监控、人员位置监测与通信单元是否满足安全生产要求的总体结论。

【原文】 4.7.14 总平面布置单元

应包括以下基本内容：

通风机房、地面瓦斯抽采站、加油站、汽油库、支护材料场等布置情况，相关安全距离与GB 50215、《煤矿安全规程》的符合性。地面生产系统储装运、矸石山使用管理情况。特种设备检修、检测检验情况。各建筑物火灾危险性、耐火等级、防火距离、厂区内消防通道设置与国家有关防火规定的符合性。

【解读】 本评价单元是对煤矿地面各生产、生活、辅助等功能区总平面布置安全距离，各建筑物防火，地面生产系统储装运、矸石山使用管理，特种设备检修、检测检验等开展现状评价。

1. 通风机房、地面瓦斯抽采站、加油站、汽油库、支护材料场等布置情况，相关安全距离与《煤炭工业矿井设计规范》（GB 50215）、《煤矿安全规程》的符合性

（1）本条规定的符合性是指对已建成投产验收的煤矿，通风机房、地面瓦斯抽采站、加油站、汽油库、支护材料场等布置情况，符合当时标准规范和批复文件即可。

（2）现有新设计的通风机房、地面瓦斯抽采站、加油站、汽油库、支护材料场等布置应符合《煤炭工业矿井设计规范》（GB 50215）及《煤矿安全规程》要求相关。

【现场勘查主要要求】

（1）查资料和现场，查通风机房周围20 m以内有无烟火作业的建筑和设施；低瓦斯矿井通风机房与进风井、压缩空气站的距离是否小于30 m；高瓦斯矿井通风机房与进风井、压缩空气站的距离是否小于 50 m；通风机房与提升机房、变电所、矿办公楼的距离是否小于 30 m。

（2）查资料和现场，地面瓦斯抽采站泵房距进风井口和主要建筑物是否小于 50 m，并用栅栏或围墙保护；地面泵房内及泵房周围 20 m 范围内，是否有易燃物和明火；瓦斯储罐的防火间距是否符合《建筑设计防火规范》（2018 版）（GB 50016）有关规定。

（3）查资料和现场，无轨胶轮车加油站与矿井变电所的距离是否小于 50 m，站内停车场和道路路面是否采用沥青路面。

（4）查现场，汽油库至进风井口和通风机房的安全距离符合设计要求：储存量 10 t 及以下是否小于 30 m；储存量 11~45 t 是否小于 50 m；储存量 45 t 以上是否小于 80 m。

（5）查现场，坑木堆场边缘与进风井口的距离是否小于 80 m。

2. 地面生产系统储装运、矸石山使用管理情况

（1）煤矿原煤储煤场采取防煤尘措施；容易自燃的煤种采取预防和消除煤自燃措施；原煤及末煤仓（包括半地下仓）根据煤质情况采取防瓦斯、防堵塞、破拱措施。

（2）煤矿应建立矸石山防火措施或制度，矸石山选址、进风井口、木料场安全距离满足《煤矿安全规程》第二百四十七条相关规定。防洪措施，与周边居民区、铁路、公路安全距离满足《煤炭工业矿井设计规范》（GB 50215）相关要求。

【现场勘查主要要求】

（1）查资料和现场，煤矿原煤储煤场采取防尘措施，容易自燃的煤种采取预防和消除煤自燃措施，原煤及末煤仓（包括半地下仓）根据煤质情况采取防瓦斯、防堵塞、破拱措施是否与设计一致。

（2）查资料和现场，煤矿是否建立矸石山防火措施或制度，是否开展定期巡查且规范记录。

（3）查现场，矸石山距离进风井口是否小于 80 m。是否将矸石山设在进风井的主导风向上风侧、表土层 10 m 以浅有煤层的地面上和漏风采空区上方的塌陷范围内。

（4）查现场，位于山坡沟谷的矸石周转场地，是否采取防止滑坡或矸石被雨水、洪水冲刷流失措施；矸石周转场与居民区的距离是否小于 500 m，与标准轨距铁路、公路的距离是否小于 40 m。

3. 特种设备检修、检测、检验情况

（1）煤矿不得使用未取得许可生产或者国家明令淘汰、已经报废的特种设备。使用特种设备按照规定办理使用登记。

（2）煤矿应按照《特种设备安全监察条例》第二十六条要求，建立特种设备安全技术档案。

（3）煤矿应当对在用特种设备进行经常性日常维护保养，并定期自行检查。对在用特种设备应当至少每月进行一次自行检查，并作出记录。对在用特种设备进行自行检查和日常维护保养时发现异常情况的，应当及时处理。煤矿应当对在用特种设备的安全附件、安全保护装置、测量调控装置及有关附属仪器仪表进行定期校验、检修，并作出记录。

（4）煤矿应当按照安全技术规范的定期检验要求，在安全检验合格有效期届满前 1 个月向特种设备检验检测机构提出定期检验要求；应当将定期检验标志置于该特种设备的显著位置。未经定期检验或者检验不合格的特种设备，不得继续使用，达到设计使用年限继续使用的特种设备，采取加强检验、检测和维护保养等措施，确保使用安全。

（5）按照安全技术规范的要求进行锅炉水（介）质处理。

（6）特种设备操作人员必须经培训合格取得特种作业证，持证上岗。

（7）特种设备存在严重事故隐患，无改造、修理价值，或者达到安全技术规范规定的其他报废条件的，煤矿应当依法履行报废义务，采取必要措施消除该特种设备的使用功能，并向原登记的负责特种设备安全监督管理的部门办理使用登记证书注销手续。

【现场勘查主要要求】

（1）查资料，锅炉、压力容器（含气瓶）、电梯、起重机械、场（厂）内专用机动车辆等特种设备是否有检测检验报告，报告是否在有效期。是否委托相应资质的机构进行定期检测检验。

（2）查资料，锅炉、压力容器（含气瓶）、电梯、起重机械、场（厂）内专用机动车辆等特种设备，是否进行经常性日常维护保养，是否定期自行检查；异常情况是否及时处理。

（3）查资料，特种设备的安全附件、安全保护装置、测量调控装置及有关附属仪器仪表是否进行定期校验、检修，是否有记录，记录是否齐全、真实。报废的特种设备使用登记证书注销手续是否齐全。

（4）查资料，是否具有特种设备安全技术资料档案，档案是否齐全，是否包括：①特种设备的设计文件、产品质量合格证明、安装及使用维护保养说明、监督检验证明等相关技术资料和文件；②特种设备的定期检验和定期自行检查记录；③特种设备的日常使用状况记录；④特种设备及其附属仪器仪表的维护保养记录；⑤特种设备的运行故障和事故记录。

（5）查现场，是否将定期检验标志置于该特种设备的显著位置。

4. 各建筑物火灾危险性、耐火等级、防火距离、厂区内消防通道设置与国家有关防火规定的符合性

（1）建筑物、构筑物之间及其与铁路、道路之间的防火间距，依据防火等级、建筑物类型，应符合《建筑设计防火规范》（2018 版）规定。

（2）消防车道应符合以下强制性要求：①消防车道的净宽度和净高度均不得小于 4 m；②车道的转弯半径应不小于消防车的转弯半径；③消防车道与建筑物之间不应设置妨碍消防车操作的树木、架空管线等障碍物。

【现场勘查主要要求】

（1）查资料，各建筑物是否均有设计。

（2）查现场，各建筑物防火距离、消防通道是否符合设计要求，消防通道是否畅通。

【评价报告编制要求】

（1）报告应明确总平面布置单元的评价范围，应至少包括：地面储煤系统、地面爆炸材料库、矸石山、风井场地、瓦斯抽采泵站、压缩空气站、加油站、支护材料场、特种设备、建筑防火等内容。

（2）报告应准确描述地面储煤系统、地面爆炸物品库、矸石山、风井场地、瓦斯抽采泵站、压缩空气站、加油站、支护材料场、特种设备、建筑防火等内容情况。

(3) 报告应将《细则》附录F中，F.1涉及的总平面图布置单元安全检查表列入，编制人员可根据煤矿实际情况适当增加检查内容，但检查内容不应少于检查表要求内容，不涉及项填写“不涉及”，涉及项逐项填写现状描述，对照检查内容提出存在的问题，明确整改措施建议。

(4) 报告应明确给出地面储煤系统、地面爆炸物品库、矸石山、风井场地、瓦斯抽采泵站、压缩空气站、加油站、支护材料场、特种设备、建筑防火是否与设计批复一致、是否符合国家有关规定。报告应明确给出总平面图布置单元是否满足安全生产要求的总体结论。

【原文】 4.7.15 安全避险与应急救援单元

应包括以下基本内容：

安全避险系统设置情况，应急救援组织建立，应急管理制度及落实情况，应急救援预案、应急演练情况，应急物资储备情况，出现瓦斯、水、火等灾害预兆时按规定采取应急处置措施情况，矿山救护情况，赋予现场作业人员、班队长、值班调度人员发现险情第一时间撤人的权利落实情况。

【解读】 本评价单元是对安全避险系统建设及应用情况，应急救援组织、制度、预案、演练、物资储备以及出现灾害预兆时采取处置措施、现场撤人权利落实情况开展现状评价。

1. 安全避险系统设置情况

本条安全避险系统主要指煤矿井下安全避险系统，是根据煤矿灾害险情或者事故情况下矿工避险的实际需要，建立的井下紧急撤离和避险设施，包括井下永久避难硐室、临时避难硐室、可移动救生舱、自救器、压风自救系统、供水施救系统、避灾路线、避险线路标识牌、安全出口等，并与监测监控、人员位置监测、通信联络等系统的有机结合。安全避险系统随生产系统、采掘工作面的变化及时调整和完善，每年由矿总工程师组织开展有效性评估。

【现场勘查主要要求】

(1) 查资料和现场，矿井避灾路线图、管理制度、紧急避险设施的技术档案、机构人员设置文件等资料是否完善。

(2) 查资料和现场，是否建立完善井下避险设施和避灾路线指示牌，是否每年由总工程师组织开展安全避险系统有效性评估，并形成报告。

（3）查资料和现场，是否按要求设置避灾路线标识，是否按要求设置应急广播，井下生产作业地点是否能清晰听到应急指令。

（4）查资料和现场，入井人员是否按规定随身携带自救器，是否根据情况设置自救器补给站，补给站是否有清晰、醒目的标识。

（5）查资料和现场，是否按要求设置供水管路及阀门，是否按要求设置压风自救装置或压风管路及阀门。

（6）查资料和现场，是否按要求建设紧急避险设施、是否按要求设置采区避难硐室或临时避难硐室。查是否每天对紧急避险设施进行巡检 1 次，是否建立技术档案和使用维护记录。

2. 应急救援组织建立

应急救援组织建立是指煤矿建立应急救援工作日常管理的领导机构、工作机构和应急救援指挥机构，人员配备满足工作需要，职责明确，有固定的应急救援指挥场所。

【现场勘查主要要求】

查资料和现场，是否成立应急领导小组，是否设有工作部门，是否在应急预案中设立应急指挥部，人员配备是否满足工作需要，是否明确相应职责。

3. 应急管理制度及落实情况

（1）煤矿应建立事故预警、应急值守、信息报告、现场处置、应急投入、救援装备和物资储备、安全避险设施管理和使用等规章制度，煤矿主要负责人是应急管理和事故救援工作的第一责任人。

（2）至少建立健全并严格执行以下制度：事故监测与预警制度，应急值守制度，应急信息报告和传递制度，应急投入及资源保障制度，应急预案管理制度，应急演练制度，应急救援队伍管理制度，应急物资装备管理制度，安全避险设施管理和使用制度，应急资料档案管理制度。

【现场勘查主要要求】

查资料和现场，煤矿是否全面建立各项应急管理制度，制度内容是否全面，是否符合最新法律法规及标准规范要求，是否与煤矿实际相符，是否具有可操作性。

4. 应急救援预案、应急演练情况

（1）生产安全事故应急预案的编制应符合《生产经营单位安全生产事故应急预案编制导则》（GB/T 29639），应急预案编制组织方式、评审、修订、备案、发布及评估应符合《生产安全事故应急预案管理办法》（应急管理部令第2号修正）。煤矿应每3年按照《生产经营单位生产安全事故应急预案评估指南》（AQ/T 9011）进行1次应急预案评估。

（2）应急演练应满足以下要求：①煤矿应建立应急演练制度。②煤矿每年应至少组织1次综合应急预案演练或者专项应急预案演练，每半年至少组织1次现场处置方案演练，并将演练情况报送所在地县级以上地方人民政府负有安全生产监督管理职责的部门。应急演练应按照《生产安全事故应急演练基本规范》（AQ/T 9007）组织开展。应急预案演练结束后，煤矿应当对应急预案演练效果进行评估，撰写应急预案演练评估报告，分析存在的问题，并对应急预案提出修订意见。应急演练计划、方案、记录和总结评估报告等资料保存期限符合《煤矿安全规程》第六百七十五条规定，不少于2年。③煤矿每年开展的应急预案演练至少应包括：煤矿每年应至少组织开展1次火灾应急预案演练，每年雨季前至少组织开展1次水害应急预案演练，冲击地压煤矿每年应至少组织开展1次冲击地压应急预案演练。

【现场勘查主要要求】

（1）查资料，应急预案编制是否符合《生产经营单位安全生产事故应急预案编制导则》相关要求，是否结合年度安全风险辨识评估报告进行编制，是否按规定开展应急预案评估，是否按照《生产安全事故应急预案管理办法》相关规定及时修订。

（2）查资料，是否形成应急预案书面评审结果，评审后的应急预案是否由主要负责人签署发布。是否有应急预案备案文件。

（3）查资料，煤矿编制的各类应急预案之间是否相互衔接，与相关人民政府及其部门、应急救援队伍和涉及的其他单位的应急预案是否相衔接。

（4）查资料和现场，事故应急响应记录，是否在第一时间启动响应，组织救援，是否按规定时限和程序上报事故信息。

（5）查资料和现场，应急演练规划或计划，是否符合每年至少组织1次综合应急预案演练或者专项应急预案演练，每半年至少组织 1 次现场处置方案演练要求。

（6）查资料和现场，应急演练方案是否全面、科学，应急演练是否按照安全生产责任制确定的主责部门和人员组织开展，演练记录、总结是否翔实完整，是否报送县级以上地方政府主管部门

（7）查资料和现场，应急预案演练评估报告，演练当日调度记录，演练区域人员及其他相关人员入井位置监测记录，救护队相关记录，是否存在假演练。

5. 应急物资储备情况

煤矿应按照本矿评审备案的《生产安全事故应急预案》规定，建立应急物资、装备配备及其使用档案，并对应急物资、装备进行定期检测和维护，使其处于适用状态。建立健全应急救援装备和应急物资储存、维护保养和应急调用等管理制度。救援装备、器材、物资、防护用品和安全检测仪器、仪表，必须符合国家标准或者行业标准，满足应急救援工作的特殊需要。

【现场勘查主要要求】

（1）查资料和现场，是否建立应急救援装备和应急物资储存、维护保养和应急调用管理制度。

（2）查资料和现场，应急救援装备是否完好，数量种类是否齐全，是否配备应急物资并有应急物资台账，是否按规定储存、维护、保养、更新、定期检查。

6. 出现瓦斯、水、火等灾害预兆时按规定采取应急处置措施情况，矿山救护情况，赋予现场作业人员、班队长、值班调度人员发现险情第一时间撤人的权利落实情况

（1）煤矿应建立健全事故预警、应急值守、信息报告、现场处置等规章制度，明确主要负责人是事故救援工作的第一责任人。按照《国家矿山安全监察局关于〈做好煤矿灾害情况发生重大变化及时报告和出现事故征兆等紧急情况及时撤人工作〉的通知》（矿安〔2023〕26 号）文件要求，建立煤矿灾害情况发生重大变化及时报告制度、建立煤矿出现事故征兆等紧急情况及时撤人制度，并严格落实。

(2) 煤矿应针对工作场所、岗位的特点，制定应急处置卡，应急处置卡内容是否全面准确，是否明确应急处置程序和措施，以及相关联络人员和联系方式，现场人员是否随身携带。

(3) 矿山救护队伍、人员、装备配备满足《煤矿安全规程》第六百九十三条至第七百零二条相关规定要求。

【现场勘查主要要求】

(1) 查资料，煤矿是否建立灾害情况发生重大变化及时报告制度、建立煤矿出现事故征兆等紧急情况及时撤人制度，内容是否符合《国家矿山安全监察局关于〈做好煤矿灾害情况发生重大变化及时报告和出现事故征兆等紧急情况及时撤人工作〉的通知》文件要求，是否明确煤矿主要负责人赋予所有现场作业人员、带班值班人员出现事故征兆等紧急情况及时撤人权力。

(2) 查资料和现场，安全监控系统、电话录音等，出现险情时，调度员、现场作业人员、带班值班人员、煤矿分管负责人、带班值班矿领导和主要负责人是否采取应急处置措施，处置流程是否符合要求，记录是否规范、准确。

(3) 查资料和现场，矿山救护队是否实行标准化、军事化和 24 h 值班，查矿山救护队是否按要求配备救援装备和演习训练设施

(4) 查资料和现场，矿山救护大队人员设置是否符合要求，矿山救护队大、中队指挥员人员配置是否符合要求，矿山救护队大队指挥员、中队指挥员及队员的年龄是否符合要求，是否按要求每年进行 1 次身体检查，是否对身体检查不合格和超龄人员及时调整。

(5) 查资料和现场，新招收的救护队员学历、年龄、井下工龄是否符合要求，是否按要求进行 3 个月基础培训和 3 个月编队实习，是否经综合考评合格后正式上岗

(6) 查资料和现场，救护装备是否由专人管理，是否定期检查、维护和保养，是否保持战备和完好状态，是否实行专车专用，技术装备是否有露天存放现象。

【评价报告编制要求】

(1) 报告应明确安全避险与应急救援单元的评价范围，应至少包括：制度规章、应急预案、应急演练、矿山救护、应急物资、应急广播、安全避险等

内容。

(2) 报告应准确描述井工煤矿制度规章、应急预案、应急演练、矿山救护、应急物资、应急广播、安全避险等内容情况。

(3) 报告应将《细则》附录F中，F.1涉及的安全避险与应急救援单元安全检查表列入，编制人员可根据煤矿实际情况适当增加检查内容，但检查内容不应少于检查表要求内容，不涉及项填写“不涉及”，涉及项逐项填写现状描述，对照检查内容提出存在的问题，明确整改措施建议。

(4) 报告应明确给出制度规章、应急预案、应急演练、矿山救护、应急物资、应急广播、安全避险是否符合国家有关规定。报告应明确给出安全避险与应急救援单元是否满足安全生产要求的总体结论。

【原文】 4.7.16 职业病危害防治单元

应包括以下基本内容：

职业病防治机构及人员配备，职业危害防治制度制定及落实情况，个体防护用品的发放和使用情况，职业卫生档案建立，定期报告职业病危害因素，职业病危害因素日常监测，监测人员和设备配备情况。粉尘、热害、噪声和有害气体等防治措施制定与落实情况。定期对从业人员进行职业健康检查，建立职业健康监护档案情况，职业病诊断、治疗和病人安置情况等。

【解读】 本单元是对煤矿企业职业病防治机构设置、人员配备、个体防护用品发放使用、健康检查、档案建立等情况开展现状评价。

1. 职业病防治机构及人员配备，职业危害防治制度制定及落实情况

煤矿企业是职业病危害防治责任主体，因此，煤矿企业应根据《煤矿作业场所职业病危害防治规定》(国家安全生产监督管理总局令第73号) 的要求设置或指定职业病危害防治的管理机构，配备专职职业卫生管理人员。建立职业病危害防治责任制度、职业病防护设施管理制度、职业卫生档案管理制度等14项制度，并对制度进行宣贯、学习、执行。

【现场勘查主要要求】

(1) 查资料，查阅正式文件，煤矿是否成立了以矿长为组长的职业病危害防治领导机构和管理机构，是否设立专门机构；是否明确矿长为职业病危害防治的第一责任人，是否配备职业病防治管理人员。两机构中所有成员、部门职业病危害防治职责是否明确，并查阅落实的痕迹或文字记载。

（2）查资料和现场，煤矿是否全面建立职业病危害防治责任制度、职业病危害警示与告知制度、职业病危害项目申报制度、职业病防护设施管理制度、职业病个体防护用品管理制度、职业病危害日常监测及检测、评价管理制度、建设项目职业卫生“三同时”制度、劳动者职业健康监护及其档案管理制度、职业病诊断、鉴定及报告制度、职业病危害防治经费保障及使用管理制度、职业病危害防治档案管理制度、职业病危害事故应急管理制度及法律、法规、规章规定的其他职业病危害防治制度；抽查管理制度的内容、要点是否全面和具有针对性，以及制度的实施情况。

（3）查资料，煤矿是否制定职业病危害防治三年规划、年度计划和实施方案，各项指标是否合理，查阅年度计划的实施进度情况；检查煤矿财务部门提供的上年度用于矿井职业病危害防治的费用明细。

2. 个体防护用品的发放和使用情况

煤矿企业应根据《煤矿职业安全卫生个体防护用品配备标准》（AQ 1051）为接触职业病危害的劳动者提供符合标准的个体防护用品，并按时、足量地将个体防护用品发放到位，并指导和督促其正确使用。

【现场勘查主要要求】

（1）查资料，煤矿是否编制符合实际的职业安全卫生个体防护用品管理制度，并以正式文件下发，是否按照《煤矿职业安全卫生个体防护用品配备标准》有关要求配备个体防护用品；查阅发放记录及个人签字，是否按期足量发放到人。

（2）查现场，煤矿岗位接害人员（关注重点接害场所、区队）是否按规定使用或佩戴个体防护用品。

（3）查资料，抽查记录，煤矿是否按时回收并销毁过期报废的个体防护用品。

3. 职业卫生档案建立，定期报告职业病危害因素，职业病危害因素日常监测，监测人员和设备配备情况

煤矿企业应建立职业卫生档案，定期报告职业病危害因素，职业病危害因素日常监测，监测人员和设备配备，符合《煤矿作业场所职业病危害防治规定》要求。其中职业卫生档案包含职业病防治责任制文件、职业卫生管理规章制度等12项内容。

【现场勘查主要要求】

（1）查资料，煤矿职业卫生档案建立情况，档案内容是否齐全，是否符合《煤矿作业场所职业病危害防治规定》的各项要求。

（2）查资料，煤矿年度是否定期向地方卫生健康监管部门报告矿井职业病危害因素、接害地点、接害人数等情况，查阅申报表及回执单。

（3）查资料，是否按要求委托具有资质的职业卫生技术服务机构开展每年一次的作业场所职业病危害因素检测报告、每三年一次的职业病危害现状评价，并出具正式报告。

（4）查资料，是否编制矿井职业危害因素监测布点图或计划，是否按要求开展作业场所粉尘、噪声、有毒有害气体、温度等职业危害因素日常监测并记录，监测记录是否全面、及时和真实。

（5）查资料和现场，煤矿日常监测人员是否经过培训合格后上岗，人数是否满足现场监测需要。查阅矿井日常监测设备台账，含粉尘采样仪、噪声仪、一氧化碳及硫化氢检测仪、干球温度计等监测设备配备是否满足现场需要，是否定期检定校准。

4. 粉尘、热害、噪声和有害气体等防治措施制定与落实情况

（1）煤矿应制定降低作业场所空气中粉尘（总粉尘、呼吸型粉尘）浓度防治措施，并按照防治措施内容执行，配备降低粉尘浓度所需装备、系统等，并能够正常投入使用。粉尘浓度标准、监测手段、监测周期应符合《煤矿安全规程》第六百四十条至第六百五十三条规定。

（2）煤矿应根据煤层埋深、地温等实际情况，制定降低采掘工作面、机电硐室等地点空气温度防治措施、加强管理、必要时配备降温装备等。采掘工作面、机电硐室空气温度及降温措施应符合《煤矿安全规程》第六百五十五条至第六百五十六条规定。

（3）煤矿应制定降低作业场所噪声超限防治措施、优先选用低噪声设备、定期监测手段，采取隔声、消声、吸声、减振、减少接触时间等措施降低噪声危害。噪声防治标准、监测周期应符合《煤矿安全规程》第六百五十七条至第六百五十九条规定。

（4）煤矿应制定降低矿井空气中有害气体浓度的防治措施、装备，降低有害气体浓度所需设施设备、系统、定期开展监测等手段，设施设备、系统能够正常投入使用。有害气体防治符合《煤矿安全规程》第六百六十条至第六百六十二条及其他关于有害气体允许浓度的规定。

【现场勘查主要要求】

（1）查现场和资料，对照职业病危害防治制度和年度防治方案，现场重点检查，采掘工作面采煤机、掘进机内外喷雾装置使用情况、喷雾压力是否符合规定；采煤面架间喷雾、采掘面回风巷防尘水幕、带式输送机转载点喷雾洒水等地点防尘设施是否正常使用；井下局部通风机、地面主要通风机、压风机等场所防隔音设施是否有效；采煤面上隅角、掘进面回风巷是否悬挂一氧化碳传感器，数据是否实时在线，报警值设置是否符合规定。

（2）查资料，煤矿是否有职业病危害管理部门及专职管理人员，能否每月到作业场所进行职业病危害防护设施的监督检查和考核，查阅检查“五定表”，检查问题隐患整改是否闭合。

（3）查现场，有热害的煤矿机械制冷降温设备是否正常运行。

5. 定期对从业人员进行职业健康检查，建立职业健康监护档案情况

煤矿应按照《煤矿安全规程》和《煤矿作业场所职业病危害防治规定》要求，对接触职业病危害的劳动者开展上岗前、在岗期间和离岗时进行职业健康检查，建立职业健康档案，并将检查结果书面告知从业人员。职业健康监护要满足《煤矿安全规程》第六百六十三条至第六百七十一条规定。

【现场勘查主要要求】

（1）查资料，查阅从业人员上岗前、在岗期间和离岗时职业健康检查资料，周期是否符合要求；职业健康检查内容是否符合《职业健康监护技术规范》（GB/Z 188）的要求，是否有具备资质的卫生机构出具职业健康检查报告；检查结果通知本人后，本人是否签字确认；离岗人员解除劳动合同前是否进行离岗职业健康检查；健康检查人数是否包含所有接触职业危害因素的人员。

（2）查资料，是否建立职工个人健康监护档案，是否妥善保存；职业健康监护档案应包括劳动者个人基本情况、劳动者职业史和职业病危害接触史，历次职业健康检查结果及处理情况，职业病诊疗等资料，内容是否齐全完整。

（3）查资料，矿井职业健康监护档案齐全，是否做到煤矿全员“一人一档”。

6. 职业病诊断、治疗和病人安置情况等

劳动者健康出现损害需要进行职业病诊断、鉴定的，煤矿应当如实提供职业病诊断、鉴定所需的劳动者职业史和职业病危害接触史、作业场所职业病危害因素检测结果等资料，完成职业病诊断工作。对职业病患者进行康复治疗，对不能够胜任本岗位工作的职业病患者，煤矿企业应采取调岗、降低工作强度、缩短工作时间等有效手段，妥善安置职业病患者，不得随意开除。

【现场勘查主要要求】

查资料，煤矿是否按要求及时如实提供有关资料并对有关职工进行职业病诊断；查阅职业病人统计资料，对职业病人（疑似职业病病人）是否及时告知本人，是否按程序进行了报告，是否按规定进行诊断、治疗、康复和定期检查；职业病病人在诊断、医学观察期间的费用，是否由用人单位承担；是否调离原岗位并妥善安置；在疑似职业病病人诊断或者医学观察期间，单位是否解除或者终止与其订立的劳动合同；职业病病人是否享有工伤保险待遇。

【评价报告编制要求】

（1）报告应明确职业病危害防治单元的评价范围，至少应包括：矿井职业危害因素种类、分布范围、危害程度、接害人员数量和分布，主要防治方法、措施和手段，职业危害防护设施、个体劳动防护发放和使用，矿井员工人数和分类、职业健康体检、职业病病人人数及档案、职业卫生档案建立等情况和内容。

（2）报告应准确描述矿井职业病危害防治领导和管理机构建立、职业病危害防治管理制度和岗位职业危害责任制建立和执行、专职管理人员和部门职责履行情况、职业健康监护档案等主要内容。

（3）报告应将《细则》附件 F.1 中涉及“职业病危害防治单元”安全现状评价检查表全部列入，也可根据煤矿实际及职业危害事故案例适当增加检查内容，评价人员逐项对照，填写查找出的危险、有害因素并确定其程度，要重点指出该单元存在的重大事故隐患，具体包括现状描述、如实指出存在的问题、明确整改措施及建议。

（4）报告应明确给出煤矿职业病危害防治设备、设施是否符合国家及行业法律法规、标准的评价结论，给出职业病危害场合防护设备、防护设施是否完善、防治能力是否满足、安全可靠性等评价意见，最后给出煤矿职业病危害防治单元是否满足安全生产和职业病危害防治要求的总体结论。

2.4.8 露天煤矿各单元评价的基本内容

【原文】4.8.1 安全管理单元

应包括以下基本内容：

a）证照情况，评价安全生产许可证、采矿许可证、营业执照等证照情况；

b）机构和人员设置情况，评价安全生产管理机构和专职安全生产管理人员设置，以总工程师为首的技术管理体系，技术管理职责落实情况；安全技术管理机构设置，专业技术管理人员配置情况；安全生产管理人员培训考核和履职情况；

c）管理制度和责任制落实情况，评价主要负责人、分管负责人、安全生产管理人员、职能部门、各岗位安全生产责任制，安全生产目标管理、安全投入、奖惩、技术措施审批、培训、办公会议制度，安全检查制度，安全风险分级管控制度，事故隐患排查、治理、报告制度，事故报告与责任追究制度，矿级领导带班制度等管理制度的有效性、合法性和落实情况；

d）灾害预防及生产组织，评价煤矿年度灾害预防和处理计划的编制及落实，年度、月度生产计划和劳动定员编制及落实，作业规程和操作规程制定及落实等情况；

e）特种作业人员及其他从业人员培训考核情况，特种作业人员培训和持证上岗情况，其他从业人员安全培训考核记录存档；

f）安全生产投入，安全生产费用按规定足额提取和使用证明材料等；

g）工伤保险缴纳，全员缴纳工伤保险记录资料；

h）事故防范和整改措施落实情况，评价本矿上一年度至今发生生产安全事故后，事故防范和整改措施落实情况；事故警示教育开展情况。

【解读】本评价单元主要是对露天煤矿安全管理涉及的证照、机构和人员设置、安全生产责任制和安全管理制度、灾害预防、安全生产投入支出、事故防范、特种作业等开展现状评价。

1. 证照情况

《煤矿安全规程》第三条规定，煤炭生产实行安全生产许可证制度，未取得安全生产许可证的，不得从事煤炭生产活动。按照《煤矿企业安全生产许可证实施办法》第二十条规定，煤矿在安全生产许可证有效期内变更主要负责人的、变更隶属关系的、变更经济类型的、变更煤矿名称的，应自工商营业执照变更之日起10个工作日内提出申请变更安全生产许可证；煤矿改建、扩建工程经验收合格的，应当在改扩建工程验收合格后10个工作日内提出申请变更安全生产许可证。

国务院关于《预防煤矿生产安全事故的特别规定》第五条规定，煤矿未依法取得采矿许可证、安全生产许可证、营业执照的，煤矿不得从事生产。擅自从事生产的，属非法煤矿。根据《煤矿企业安全生产许可证实施办法》第七条规定，煤矿必须依法取得采矿许可证，并在有效期内。

《煤矿重大事故隐患判定标准》第十七条规定，煤矿在完成改制后，未重新取得或者变更采矿许可证、安全生产许可证和营业执照而进行生产建设的，判定为重大事故隐患。

【现场勘查主要要求】

（1）查资料，查阅“两证一照”，是否齐全、在有效期内。

（2）查资料，查阅矿长任命文件、营业执照等资料，核实安全生产许可证有效期内是否存在变更主要负责人、变更隶属关系、变更经济类型、变更煤矿名称的现象，安全生产许可证变更是否及时。

（3）查资料，核实煤矿企业是否进行改制，改制完成后，是否重新取得或变更采矿许可证、安全生产许可证和营业执照；未重新取得或变更采矿许可证、安全生产许可证和营业执照是否组织生产建设。

2. 机构和人员设置情况

1）安全生产管理机构和专职安全生产管理人员设置

《煤矿安全规程》第五条规定，煤矿企业必须设置专门机构负责煤矿安全生产与职业病危害防治管理工作，配备满足工作需要的人员及装备。

《中华人民共和国安全生产法》第二十四条规定，矿山应当设置安全生产管理机构或者配备专职安全生产管理人员。这里讲的“安全生产管理机构”，是指生产经营单位内部设立的专门负责安全生产管理事务的独立的部门，“专职安全生产管理人员”，是指在生产经营单位中专门负责安全生产管理、不再兼任其他工作的人员。

《煤矿重大事故隐患判定标准》第十七条规定，煤矿在改制期间未明确安全生产责任人进行生产建设的，未健全安全生产管理机构和配备安全管理人员进行生产建设的，认定为重大事故隐患。

2）以总工程师为首的技术管理体系，技术管理职责落实情况

《进一步加强煤矿企业安全技术管理工作的指导意见》（安监总煤装〔2011〕51号）第一条规定，煤矿企业要建立健全以总工程师为首的安全技术管理体系，总工程师应为同级领导班子成员；第二条规定，总工程师全面负责煤矿技术管理工作，行使技术决策权和指挥权，加强安全生产技术管理，及时排查治理煤矿重大事故隐患；副总工程师在总工程师领导下对分管业务范围的安全技术工作负责。落实各部门的安全技术职责，建立健全部门安全技术业务保安责任制和技术人员岗位责任制，业务部门和生产区（队）技术负责人在总工程师领导下对分管范围内的技术管理工作负责，组织落实有关技术措施和规范，并根据现场安全生产条件的变化，及时制定针对性的技术措施，保证作业规程和技术措施落实到位。第三条规定，总工程师要定期召开专题会议，总结和布置企业技术管理工作，研究确定露天矿生产布局，采剥接续，生产系统调整，技术措施制定，新技术、新装备、新工艺推广应用，安全技术措施费用提取使用方案等技术问题。

3）安全技术管理机构设置，专业技术管理人员配置情况

《进一步加强煤矿企业安全技术管理工作的指导意见》第一条规定，煤矿企业要设立采掘（剥）生产技术、地质测量、水害防治、职业危害防治、工程设计和科研等安全技术管理机构（并非要求专门机构、有部门负责即可），配齐技术管理和工作人员。矿井的采煤、开拓（掘进）、通风、机电、运输，露天煤矿钻爆、采剥、运输、排土、机电等生产区（队）必须配备技术负责人，专职技术管理工作。

《煤矿重大事故隐患判定标准》第十八条规定，未分别配备专职的矿长、总工程师和分管安全、生产、机电的副矿长，以及负责采煤、掘进、机电运输、通风、地测、防治水工作的专业技术人员的，认定为重大事故隐患。

《煤矿地质工作规定》第七条规定，煤矿企业及所属煤矿应设立地测部门（并非专门机构，有部门负责即可），配备所需的地质及相关专业技术人员，煤矿地质类型为复杂或极复杂的煤矿企业及所属煤矿，还应配备地质副总工程师，地质副总工程师、地测部门负责人应由地质相关专业技术人员担任。

《煤矿防治水细则》第五条规定，煤矿应当根据本单位的水害情况，配备满足工作需要的防治水专业技术人员，水文地质类型复杂、极复杂的煤矿，还应当设立专门的防治水机构、配备有防治水工作经验的副总工程师。根据国家矿山安全监察局《关于印发〈防范遏制煤矿水害事故若干措施〉的通知》（矿安〔2023〕22 号）规定，煤矿必须配备受过正规院校地质、水文地质专业教育或长期从事煤矿防治水工作的防治水专业技术人员，水文地质类型复杂、极复杂的煤矿必须配备具有防治水工作经验的副总工程师。

4）安全生产管理人员培训考核和履职情况

《煤矿安全规程》第九条规定，主要负责人和安全生产管理人员必须具备煤矿安全生产知识和管理能力，并经考核合格。

《工作场所职业卫生管理规定》（国家卫生健康委员会令第 5 号）第九条规定，用人单位的主要负责人和职业卫生管理人员应当具备与本单位所从事的生产经营活动相适应的职业卫生知识和管理能力，并接受职业卫生培训。《国家卫生健康委办公厅关于〈进一步加强用人单位职业健康培训工作〉的通知》（国卫办职健函〔2022〕441 号）第二条（二）规定，主要负责人和职业健康管理人员应当在任职后 3 个月内接受职业健康培训，初次培训不得少于 16 学时，之后每年接受一次继续教育，继续教育不得少于 8 学时。

【现场勘查主要要求】

（1）查资料，查阅煤矿机构设置及人员配备文件，煤矿安全生产管理机构及人员设置是否以正式文件形式下发，是否设置了专门安全管理机构，是否配备专职的安全生产管理人员，是否配备了专职“五职”矿长。

（2）查资料，查阅技术管理体系文件、安全生产责任制等资料，是否建立了以总工程师为首的技术管理体系，明确总工程师的安全生产技术决策和指挥权职责；总工程师是否对采矿技术、地质、测量、防治水等方面技术措施制定、新技术推广、安全技术措施费用提取和使用等工作负责。

（3）查资料，查阅煤矿机构设置文件、安全生产责任制等资料，是否明确负责生产技术、地质测量、水害防治、职业危害防治、工程设计和科研等安全技术管理的机构，职责分工是否明确，部门职责是否有交叉；水文地质类型复杂、极复杂煤矿是否配备地质副总工程师，水文地质类型复杂、极复杂煤矿是否设立专门的防治水机构、配备防治水副总工程师。

（4）查资料，查阅技术人员配置文件，是否分别配备了负责采矿、机电、地测、防治水工作的专业技术人员，是否每个专业至少有 1 名专业技术人员；某一专业只有 1 名专业技术人员的，是否兼职其他工作。地质类型复杂、极复杂露天煤矿，是否配置了地质副总工程师，地质副总工程师、地测部门负责人是否具备地质相关专业；水文地质类型复杂、极复杂的煤矿是否设立了专门的防治水机构，是否配备防治水副总工程师、防治水专业技术人员，防治水副总工程师、地测部门负责人、防治水专业技术人员是否受过正规院校地质、水文地质专业教育或长期从事煤矿防治水工作。

（5）查资料，对照任命文件，核查“五职”矿长和安全生产管理人员的安全生产知识和管理能力考核合格证明是否有效。

3. 管理制度和责任制落实情况

1）安全生产责任制

《中华人民共和国安全生产法》第四条规定，生产经营单位必须建立健全全员安全生产责任制和安全生产规章制度；第二十二条规定，生产经营单位的全员安全生产责任制应当明确各岗位的责任人员、责任范围和考核标准等内容。

《国务院安委会办公室关于〈全面加强企业全员安全生产责任制工作〉的通知》（安委办〔2017〕29 号）第二条（三）规定，企业要结合企业自身实际，明确从主要负责人到一线从业人员（含劳务派遣人员、实习学生等）的安全生产责任、责任范围和考核标准。安全生产责任制应覆盖本企业所有组织和岗位，其责任内容、范围、考核标准要简明扼要、清晰明确、便于操作、适时更新。(四) 规定，企业要在适当位置对全员安全生产责任制进行长期公示。(五) 规定，企业主要负责人要指定专人组织制定并实施本企业全员安全生产教育和培训计划。(六) 规定，企业要建立健全安全生产责任制管理考核制度，对全员安全生产责任制落实情况进行考核管理。

2) 安全生产管理制度

《煤矿安全规程》第四条规定，煤矿企业必须加强安全生产管理，建立健全各级负责人、各部门、各岗位安全生产与职业病危害防治责任制；建立健全安全生产与职业病危害防治目标管理、投入、奖惩、技术措施审批、培训、办公会议制度，安全检查制度，安全风险分级管控工作制度，事故隐患排查、治理、报告制度，事故报告与责任追究制度等；制定重要设备材料的查验制度，做好检查验收和记录；建立各种设备、设施检查维修制度，定期进行检查维修，并做好记录。

原国家煤矿安全监察局《煤矿企业安全生产管理制度规定》(煤安监办字〔2004〕42 号) 第四条规定，煤矿企业安全生产管理制度应满足下列规定：

(1) 符合相关法律、法规、规章、规程和标准。

(2) 内容具体，责任明确，能够对照执行和检查，严格管理措施，有针对性、可操作性。

(3) 对违反制度的各行为有明确、具体的处罚措施和责任追究办法。

(4) 所引用的依据及适用范围和时间明确，表述规范，条款清晰，能确保相关人员了解和掌握。

(5) 以正式文件发布，并确保其能够约束涉及到的部门和人员。

第五条规定，煤矿企业安全生产管理制度内容的具体要求：

(1) 安全目标管理制度。应依据上级下达的安全指标，结合实际制定年度或阶段性安全生产目标，并将指标逐级分解，明确责任、保证措施、考核和奖惩办法。

(2) 安全投入保障制度。应按国家有关规定建立稳定的安全投入资金渠道，保证新增、改善和更新安全系统、设备、设施，消除事故隐患，改善安全生产条件，安全生产宣传、教育、培训，安全奖励，推广应用先进安全技术措施和管理方法，抢险救灾等均有可靠的资金来源；安全投入应能充分保证安全生产需要，安全投入资金要专款专用；煤矿企业应当编制年度安全技术措施计划，确定项目，落实资金、完成时间和责任人。

（3）安全奖罚制度。必须兼顾责任、权利、义务，规定明确，奖罚对应；明确奖罚的项目、标准和考核办法。

（4）安全技术审批制度。要确定各类工程设计、作业规程、安全措施和方案等安全技术审批的内容、程序、标准、时限、审批级别；审批人员职别和资格，编制、审核、审批人员的职责、权限和义务。安全技术审批应保证依据充分、正确、内容全面、具体、安全措施可靠，能够有效指导生产施工、作业和操作。

（5）安全教育与培训制度。应保证煤矿企业职工掌握本职工作应具备的法律法规知识、安全知识、专业技术知识和操作技能；明确企业职工教育与培训的周期、内容、方式、标准和考核办法；明确相关部门安全教育与培训的职责和考核办法；明确年度安全生产教育与培训计划，确定任务，落实费用。

（6）安全办公会议制度。要明确安全办公会议的召开周期、内容、主持人和参加人员。安全办公会议必须由安全生产第一责任人主持。会议应当有完整的记录，载明议定的事项、决定以及落实的人员、措施和期限。会议记录、纪要应纳入档案管理。

（7）安全监督检查制度。应保证有专门的安全管理机构，配备足额的专职安全管理人员，有效地监督安全生产规章制度、规程、标准、规范等执行情况；明确安全检查的周期、内容、检查标准、检查方式、负责组织检查的部门和人员、对检查结果的处理办法。对查出的问题和隐患落实处理，并将结果进行通报及存档备案。

【现场勘查主要要求】

（1）查资料，查阅安全生产责任制，是否经过主要负责人审批，是否以正式文件下发；是否对全员安全生产责任制进行了公示、教育培训和考核管理；每项责任制是否包含责任人员、责任范围和考核标准等内容；是否覆盖所有部门、所有岗位，是否建立了责任制考核标准。

（2）查资料，查阅安全生产管理制度，是否以正式文件下发，是否进行会审；制度种类是否齐全，内容是否符合相关法律、法规、规章、规程和标准；是否具体、符合煤矿实际情况，是否有可操作性，对违反制度的各种行为是否有明确、具体的处罚措施和责任追究办法。

（3）查现场，核实各种制度现场执行情况，制度的制定与执行是否存在“两张皮”现象，现场检查制度是否执行到位，是否存在不按制度执行的情况。

4. 灾害预防及生产组织

（1）年度灾害预防和处理计划的编制、落实。《煤矿安全规程》第十二条规定，煤矿必须编制年度灾害预防和处理计划，并根据具体情况及时修改。灾害预防和处理计划由矿长负责组织实施。煤矿灾害预防与处理计划是根据煤矿灾害情况编制的安全管理计划，是煤矿生产建设活动必不可少的安全管理措施，所以，煤矿必须编制年度灾害预防与处理计划，并根据情况及时修改。露天煤矿灾害预防与处理计划主要内容包括以下 4 个方面：①根据本矿的采剥等生产计划、区域地质条件和自然因素，开展安全风险辨识评估工作，辨识出露天煤矿存在的事故类型，列举火灾、水灾、滑坡等事故的预兆、预防措施等；②制定发生事故后的所有现场人员的自救、撤离、抢救等措施、方案、职责，明确避灾路线，规定所需的工程、设备、仪表、器材、工具、标识的数量、使用地点、使用方法等；③制定处理事故的组织领导和有关单位、部门及其负责人的任务、职责、通知方法和顺序；④列出有关处理各种事故必备的技术资料。

年度灾害预防和处理计划应与企业应急救援预案相衔接，内容、技术措施相统一；要符合实际，具有可操作性。灾害预防与处理计划要做到组织落实、责任落实、资金落实。

（2）年度月度生产计划编制及落实。《露天煤矿剥离采煤安全技术规范》（MT/T 1184）中 4.3 规定，露天煤矿应建立剥离采矿生产进度计划管理制度。按年、季、月定期编制采掘进度计划，并认真执行批准后的采掘进度计划。《煤矿重大事故隐患判定标准》第四条规定，超能力组织生产重大事故隐患，是指煤矿全年原煤产量超过核定（设计）生产能力幅度在 10% 以上，或者月原煤产量大于核定（设计）生产能力的 10% 的；煤矿或其上级公司超过煤矿核定（设计）生产能力下达生产计划或者经营指标的。

（3）作业规程和操作规程制定及落实情况。《煤矿安全规程》第四条规定，煤矿必须制定本单位的作业规程和操作规程。煤矿操作规程要涵盖从进入操作现场、操作准备到操作结束和离开操作现场全过程的各个操作环节。要分别制定各工种的岗位操作规程，明确各工种、岗位对操作人员的基本要求、操作程序和标准，明确违反操作规程和标准可能导致的危险和危害。作业规程是煤矿企业在生产过程中根据每一单位工程的具体情况制定的作业程序和作业方法，体现作业的程序、方法及特殊情况处理，用来指导作业人员按程序作业，确保安全生产。操作规程、作业规程必须符合有关法律、法规、标准、技术规范，符合企业自身的实际情况，必须具备可操作性。为不断提高企业自身的管理水平，保持先进性，企业制定的操作规程、作业规程的规定要求可高于《煤矿安全规程》。

【现场勘查主要要求】

（1）查资料，查阅煤矿编制的年度灾害预防和处理计划，是否以正式文件形式下发，内容是否符合煤矿实际，是否根据实际生产情况及时修改，是否由矿长负责组织实施。

（2）查资料和现场，查阅作业规程和操作规程，是否以正式文件下发，内容是否全面，是否符合生产实际。

（3）查资料和现场，查煤矿年度及月度生产计划统计报表、财务报表（含资源税）、产运销台账等资料；查产量在线监控系统显示的实际原煤产量；查职工代表大会汇报材料、煤矿生产经营单位经营目标责任书；煤矿或其上级公司下达生产计划或者经营指标是否超过煤矿核定（设计）生产能力。

5. 特种作业人员及其他从业人员培训考核

1）特种作业人员培训考核

《中华人民共和国安全生产法》第三十条的规定，生产经营单位的特种作业人员必须按国家有关规定经专门的安全作业培训取得相应的资格，方可上岗作业。特种作业人员的范围由国务院应急管理部门会同国务院有关部门确定。

2）其他从业人员培训考核

煤矿其他从业人员培训应符合《煤矿安全培训规定》（总局令第 92 号）第三十三条规定，煤矿企业应当对其他从业人员进行安全培训，保证其具备必要的安全生产知识、技能和事故应急处理能力，知悉自身在安全生产方面的权利和义务。第三十五条规定，煤矿企业其他从业人员的初次安全培训时间不得少于 72 学时，每年再培训的时间不得少于 20 学时。第三十六条规定，煤矿企业新上岗的井下作业人员安全培训合格后，应当在有经验的工人师傅带领下，实习满4个月，并取得工人师傅签名的实习合格证明后，方可独立工作。第三十七条规定，煤矿企业采用新工艺、新技术、新材料或者使用新设备的，应当对其进行相应的安全培训，经培训合格后，方可上岗作业。

《中华人民共和国安全生产法》第二十八条规定，生产经营单位使用被派遣劳动者的，应当将被派遣劳动者纳入本单位从业人员统一管理，对被派遣劳动者进行岗位安全操作规程和安全操作技能的教育和培训。

《煤矿安全培训规定》（总局令第92号）第四条规定，煤矿企业是安全培训的责任主体，应当依法对从业人员进行安全生产教育和培训，提高从业人员的安全生产意识和能力。第七条规定，对从业人员的安全技术培训，具备《安全培训机构基本条件》（AQ/T 8011）规定的安全培训条件的煤矿企业应当以自主培训为主，也可以委托具备安全培训条件的机构进行安全培训。不具备安全培训条件的煤矿企业应当委托具备安全培训条件的机构进行安全培训。第八条规定，煤矿企业应当建立健全从业人员安全培训档案，实行一人一档。煤矿企业从业人员安全培训档案的内容包括：①学员登记表，包括学员的文化程度、职务、职称、工作经历、技能等级晋升等情况；②身份证复印件、学历证书复印件；③历次接受安全培训、考核的情况；④安全生产违规违章行为记录，以及被追究责任，受到处分、处理的情况；⑤其他有关情况。第九条规定，煤矿企业除建立从业人员安全档案外，还应当建立企业安全培训档案，实行一期一档。煤矿企业安全培训档案的内容包括：①培训计划；②培训时间、地点；③培训课时及授课教师；④课程讲义；⑤学员名册、考勤、考核情况；⑥综合考评报告等；⑦其他有关情况。

【现场勘查主要要求】

（1）查现场，核对特种作业人员台账，特种作业人员是否经培训并考试合格后持证上岗，特种作业操作资格证是否在有效期内；2018年6月之后考取资格证的特种作业人员是否为高中及以上文化程度。

（2）查资料，查阅煤矿培训档案，是否建立了一期一档和一人一档，是否全员培训（包括劳务派遣人员、外包单位人员），培训学时是否符合要求。煤矿企业采用新工艺、新技术、新材料或者使用新设备的，是否进行了专门培训。

（3）查现场，检查培训机构和自主进行培训的煤矿企业培训条件，是否不具备培训条件仍自主培训。

6. 安全生产投入

财政部、应急管理部《关于印发〈企业安全生产费用提取和使用管理办法〉的通知》（财资〔2022〕136号）第七条规定，煤炭生产企业依据当月开采的原煤产量，于月末提取企业安全生产费用。露天煤矿的提取标准为吨煤5元。第十六条、第十七条的规定，存在采煤、剥离外包工程的露天煤矿，承包商的安全费用参照建设工程执行，以建筑安装工程造价为依据，于月末按工程进度计算提取企业安全生产费用，矿山工程提取标准为3.5%。第四十七条规定，企业提取的安全生产费用从成本（费用）中列支并专项核算。企业安全生产费用支出应当取得发票、收据、转账凭证等真实凭证。本企业职工薪酬、福利不得从企业安全生产费用中支出。企业安全生产费用年度结余资金结转下年度使用。

《煤矿重大事故隐患判定标准》第十八条规定，未按照国家规定足额提取或者未按照国家规定范围使用安全生产费用的属重大事故隐患。“足额提取”是指露天煤矿按原煤产量吨煤5元标准提取，“未按国家规定范围使用”是指将煤矿安全费用挪作他用或在安全费用中列支不该使用安全费用的项目。

【现场勘查主要要求】

（1）查资料，查阅安全费用财务支出账目，使用后的安全费用是否留存真实凭证。

（2）查资料，查阅煤矿月度开采原煤产量和安全费用财务支出账目，是否每月按产量足额进行提取，是否做到专款专用、专项核算，上年结余部分是否转下年使用。

（3）查资料，查阅安全费用计划，是否年初根据年度产量计划作出年度安全费用提取和使用计划，是否以正式文件形式下发，对每项安全费用落实责任部门、进度节点、完成时间，提出保障措施。

（4）查资料和现场，查阅安全费用财务支出账目，安全费用使用是否合理，是否将安全费用挪作他用，是否将职工薪酬、福利支出等不该列入安全费用项目支出列入了安全费用账目，例如：工伤保险等。

（5）查资料和现场，有采剥工程外包的露天煤矿，查阅采煤、剥离工程外包单位安全费用提取计划及财务提取账目，是否每月按工程进度款的3.5%提取，是否留存发票、收据、转账凭证，是否按规定的范围使用，是否专项核算，上一年结余部分是否转下一年使用。

7. 工伤保险缴纳

《工伤保险条例》（国务院令第586号）第二条规定，企业应当参加工伤保险，为本单位全部职工或者雇工（以下称职工）缴纳工伤保险费。第十条规定，用人单位应当按时缴纳工伤保险费。职工个人不缴纳工伤保险费。

【现场勘查主要要求】

（1）查资料，查阅煤矿全体员工花名册和工伤保险缴费人员名单，参保人员是否包含全体员工，是否包含雇佣的劳务派遣人员和临时用工，是否每月留存为全体员工缴纳工伤保险费的缴费凭证。

（2）查资料和现场，存在采剥工程外包的露天煤矿，查阅煤矿外包工程承包单位职工花名册和工伤保险缴费人员名单，参保人员是否包含全部外包人员，是否留存为外包人员缴纳工伤保险费的缴费凭证，是否以意外险代替工伤保险。

8. 事故防范和整改措施落实情况

《生产安全事故报告和调查处理条例》第三十三条规定，事故发生单位应认真吸取事故教训，落实防范和整改措施，防止事故再次发生。防范和整改措施的落实情况应接受工会和职工监督。

《安全生产宣传教育“七进”活动基本规范》（安委办〔2017〕35号）规定，安全生产宣传教育“进企业”，各类企业要将安全生产宣传教育纳入企业日常管理工作，高危行业企业及规模以上企业每季度至少要组织全体职工观看一次安全生产警示教育片，定期组织安全反思活动。

【现场勘查主要要求】

（1）查资料，查阅煤矿上一年度以来的事故统计报表及事故调查报告，煤矿发生事故后是否按照“四不放过”的原则调查处理事故，是否形成事故报告，是否将事故通报转发至基层班组学习，是否落实防范措施并认真整改落实到位，防范类似事故、事件的发生。

（2）查资料，查阅开展事故警示教育的资料，是否有针对性开展警示教育工作，是否定期开展反思活动。

【评价报告编制要求】

（1）报告应明确露天煤矿安全管理单元的评价范围，应至少包括证照、安全管理机构和人员设置、管理制度和责任制落实、灾害预防和生产组织、特种作业人员和其他从业人员培训考核、安全生产投入、工伤保险缴纳及事故防范和整改措施落实。

（2）报告应准确描述露天煤矿“三证一照”情况，安全生产管理机构设置情况及安全生产管理人员配备情况，各项安全生产管理制度、全员安全生产责任制以及操作规程、作业规程制定情况，灾害预防和处理计划制定情况，生产组织情况，特种作业人员和其他从业人员培训考核情况，本年度安全生产投入计划和使用情况，工伤保险缴纳情况，事故防范和整改措施落实情况。

（3）报告应将《细则》附录G中，表G.1涉及的安全管理单元安全检查表列入，编制人员可根据煤矿实际情况适当增加检查内容，但检查内容不应少于检查表要求内容，不涉及项填写“不涉及”，涉及项逐项填写现状描述，对照检查内容提出存在的问题，明确整改措施建议。

（4）报告应明确给出露天煤矿证照是否齐全、有效；安全生产管理机构和专职安全生产管理人员设置是否符合要求；安全生产责任制和管理制度是否完善、落实到位，操作规程、作业规程是否符合要求；年度灾害预防和处理计划是否落实到位，特种作业人员是否经过培训、持证上岗，其他从业人员是否全员进行安全培训，培训档案是否完善；安全生产费用是否足额提取规范使用，是否为全员缴纳工伤保险，事故防范和整改措施是否落实到位的结论。

【原文】4.8.2　地质勘探与地质灾害防治单元

应包括以下基本内容：

露天煤矿补充地质勘探工作开展情况，隐蔽致灾地质因素普查或探测情况，地质预测、预报情况；对各种岩石进行力学、其他物理和水理性质试验情况，对滑坡、泥石流预测预报及防范措施情况。

【解读】本评价单元主要是对露天煤矿补充地质勘探，隐蔽致灾地质因素普查，地质预测预报，岩石的力学、物理、水理性质试验及滑坡、泥石流预测预报等情况开展现状评价。

1. 露天煤矿补充地质勘探工作开展情况

《煤矿安全规程》第二十四条、《煤矿地质工作规定》第二十一条和第二十八条规定，当露天煤矿地质资料不能满足建设及生产需要时，必须针对所存在的地质问题开展补充地质勘探工作。煤矿地质补充勘探应由煤矿企业组织实施，由具有相应资质的单位承担，补充地质勘探设计和报告由煤矿企业总工程师组织审定。

《煤矿地质工作规定》第二十二条规定，煤矿存在下列情况之一的，应进行地质补充调查与勘探：①原勘探程度不足，或遗留有瓦斯地质、水文地质或重大工程地质等问题；②在建矿和生产过程中，构造、煤层、瓦斯、水文地质或工程地质等条件发生重大变化；③煤矿内老窑或周边相邻煤矿采空区未查清；④资源整合、水平延深或煤矿范围扩大时，原地质勘探报告不能满足煤矿建设和安全生产要求；⑤提高资源/储量级别或新增资源/储量；⑥其他专项安全工程要求。

对于露天煤矿而言，当边坡出现活动迹象、边坡稳定系数达不到要求且已有资料满足不了边坡稳定性分析、评价要求时，应进行边坡工程地质、水文地质补充勘探。

【现场勘查主要要求】

（1）查资料和现场，查阅资料，原煤田地质、工程地质、水文地质勘探程度是否满足当前生产需要；当不满足需要时，是否有补充地质勘探。

（2）查资料和现场，查阅地质写实素描、地质预测预报等资料，核实露天煤矿现场，露天煤矿地质构造、地层结构、工程地质、水文地质是否有重大变化；若发生重大变化，是否有补充地质勘探。

（3）查资料和现场，查阅井工采空区与露天矿平面对照图，核实露天煤矿现场，露天煤矿开采范围内是否采老窑，周边相邻煤矿是否有采空区，老窑或周边相邻煤矿采空区是否查清；若未查清，是否进行补充地质勘探。

（4）查资料，煤矿地质补充勘探工作是否由煤矿企业组织实施，煤矿地质补充勘探报告是否由具有相应资质的单位承担；煤矿地质勘探设计和报告是否由煤矿企业总工程师组织审定。

2. 隐蔽致灾地质因素普查或探测情况

露天煤矿隐蔽致灾地质因素普查或探测工作应符合《煤矿安全规程》第三十二条规定。

《国家矿山安全监察局关于〈加强煤矿隐蔽致灾因素普查治理工作〉的通知》(矿安〔2022〕132号)要求,煤矿应结合实际情况全面查清隐蔽致灾因素,将未来5年内采剥接续规划区域作为普查重点。

露天煤矿应当结合实际,全面查清露天煤矿开采范围内的井工采空区及周边废弃老窑(井筒)分布、形成时间、范围、积水积气状况等,断层、裂隙、褶曲、陷落柱、岩浆岩侵入等,煤层顶底板岩层结构与力学性能、软弱层位置及力学参数,地表河流、水体、地下含水体、导水裂缝带,煤层自燃倾向性,古河床冲刷带、煤层风氧化带、火烧区、天窗等不良地质体,重点要查明引起边坡失稳的各种因素。水文地质类型复杂、极复杂的露天煤矿,要查明影响安全开采的水文地质条件,包括各种含水体的水源、水量、水位(水压)、水质和导水通道等,查明属地历史最大降水量(冬季最大积雪量)、采场最大汇水面积、水量。

【现场勘查主要要求】

(1)查资料,煤矿是否结合实际情况开展隐蔽致灾因素普查工作并编制报告,隐蔽致灾因素普查报告是否由煤矿上级公司总工程师组织审批,无上级公司的煤矿是否聘请专家进行会审,出具评审意见。

(2)查资料,煤矿是否将未来5年内采剥接续规划区域作为普查重点。

(3)查资料,隐蔽致灾因素普查报告结果是否包括露天矿开采范围内的地质构造、地层结构、不良地层工程地质力学特性、煤层自燃发火区,露天采场、排土场边坡,大气降水、采空区、老窑、地面水体等对露天煤矿的影响。

(4)查资料,煤矿灾害防治工作是否结合隐蔽致灾因素普查结果进行。

3. 地质预测、预报情况

《煤矿安全规程》第二十八条规定,煤矿建设、生产阶段必须对揭露的煤层、断层、褶皱、岩浆岩体、陷落柱、含水岩层,矿井涌水量及主要出水点等进行观测及描述,综合分析,实施地质预测、预报。

《煤矿地质工作规定》第五十八条规定，地质预测预报工作应符合下列规定：①地质预报应按年报、月报等形式进行，且应根据采剥工程的进展及时发出；②地质预报应做到期前预报、期末总结，预报与实际出入较大时，应分析原因，总结经验；③地质预报经煤矿总工程师审查签字后生效。

露天煤矿地质预报主要内容应包括：①断层、褶皱、陷落柱、地层倾角和岩浆侵入体等特征，以及对煤（岩）层的影响等；②所揭露的岩层，煤层厚度、煤层结构、煤体结构、煤质、煤层顶底板及其岩性等；③含水层、隔水层、构造体的含水性和导水性，最大涌水量和正常涌水量，采空区、老窑位置及其积水情况；④露天煤矿滑落层（面）的赋存状态及边坡滑落规律，影响边坡稳定的各种因素及影响程度等。

《煤矿地质工作规定》第四十七条规定，露天煤矿边坡观测应包括下列内容：①边坡岩层（岩体）的岩石特征，软弱结构层（面）的赋存状态、分布规律、接触关系、接触面的特征及产状等；②与边坡稳定有关的各类地质构造，包括断层、褶曲和裂隙等的性质、产状、发育方向及程度、裂隙带宽度、充填物等；③松散及风化岩石的岩性、次生矿物、岩石破碎程度、与坚硬岩石的接触关系及接触面特征等；④滑坡体（包括排土场）位置、范围及滑落时间、滑动方向、滑落面产状及渗水情况等。

【现场勘查主要要求】

（1）查资料和现场，查阅原始地质观测记录，是否全面、真实；是否与原地质资料结合分析，预测未揭露区地质变化情况；地质预测年报、月报及临时性预报是否按照采剥工程的进展及时进行。

（2）查资料，查阅地质预测预报年报、月报，预报内容是否齐全、真实；地质预报是否经煤矿总工程师审查签字，是否及时发放至相关单位。

（3）查资料，查阅边坡观测资料，是否有观测记录；边坡观测记录是否真实、完整，边坡观测内容是否齐全。

4. 对各种岩石进行力学、其他物理和水理性质试验情况，对滑坡、泥石流预测预报及防范措施情况

《煤矿地质工作规定》第九十条规定，根据采场、排土场的边坡稳定和采剥、运输等工程地质的需要，应对各种岩石进行力学、其他物理和水理性质试验。第九十一条规定，煤矿企业应及时开展边坡稳定性研究工作，对滑坡、泥石流进行预测预报并提出防范措施。

【现场勘查主要要求】

（1）查资料，工程地质资料是否齐全；是否开展各种岩石进行力学、其他物理和水理性质试验。

（2）查资料，是否开展边坡稳定性研究工作；是否掌握滑落层（面）的赋存状态、滑落形式和滑落规律；是否掌握影响岩石物理力学强度指标的因素及岩体强度指标；是否掌握影响边坡稳定的各种地质因素及影响程度。

【评价报告编制要求】

（1）报告应明确地质勘探与地质灾害防治单元的评价范围，应至少包括：地质勘查程度、隐蔽致灾因素普查、地质预测预报和工程地质等内容。

（2）报告应准确描述露天煤矿地质勘查程度、地质补充勘探情况，隐蔽致灾因素普查情况、地质预测预报开展情况和工程地质勘探情况。

（3）报告应将《细则》附录 G 中，表 G.1 涉及的地质勘探与地质灾害防治单元安全检查表列入，编制人员可根据煤矿实际情况适当增加检查内容，但检查内容不应少于检查表要求内容，不涉及项填写“不涉及”，涉及项逐项填写现状描述，对照检查内容提出存在的问题，明确整改措施建议。

（4）报告应明确给出露天煤矿地质勘探程度、隐蔽致灾因素普查、地质预测预报是否符合国家有关规定，露天煤矿各项岩石力学指标是否齐全、工程地质资料是否满足安全生产要求的明确结论。报告应明确给出地质勘探与地质灾害防治单元是否满足安全生产要求的总体结论。

【原文】 4.8.3　采剥单元

应包括以下基本内容：

露天煤矿长远及年度采矿工程设计、采场工作线长度、采剥工作面参数（平盘宽度、台阶高度、台阶坡面角、采掘带宽度等）与《煤矿安全规程》和 GB 50197 规定符合性；采剥工作面主要安全生产系统和设施；露天煤矿采剥关系、开拓煤量和回采煤量、生产能力情况；采装设备作业的安全措施及落实情况；采掘场内火区、老空区、滑坡区处理方法、警示标志设置情况。

【解读】本评价单元主要是对露天煤矿采矿工程设计、采剥工作面参数以及采剥作业安全技术措施等情况开展现状评价。

1. 露天煤矿长远及年度采矿工程设计

《露天煤矿剥离采煤安全技术规范》（MT/T 1184）中 4.3 规定，露天煤矿应建立剥离采矿生产进度计划管理制度。按年、季、月定期编制采掘进度计划，并认真执行批准后的采掘进度计划。

【现场勘查主要要求】

（1）查资料，是否制定生产进度计划管理制度，是否以正式文件下发；制度内容是否符合煤矿生产实际，是否具有针对性。

（2）查资料，是否制定露天煤矿 3~5 年长远规划和年、季、月度生产计划；制定的规划、计划是否符合本矿生产进度计划管理制度要求，审批、发布流程是否正确；开采工艺、开采参数等是否与已批复的初步设计、安全设施设计相符。

（3）查资料，生产统计报表、采剥工程平面图等资料是否按照批准的生产进度计划执行，未完成生产进度计划的是否说明原因。

2. 采场工作线长度

间断开采工艺工作线长度符合《煤炭工业露天矿设计规范》（GB 50197）中 3.2.5 规定，当采用铁路运输时，单斗挖掘机工作线长度宜为 1000 m~1200 m；当采用卡车运输时，单斗挖掘机工作线长度不宜小于 300 m。拉斗铲倒堆开采工艺工作线长度符合《煤炭工业露天矿设计规范》中 3.5.5 规定，工作线长度不宜小于 1500 m。连续工艺、半连续开采工艺工作线长度符合设计要求。

【现场勘查主要要求】

查资料和现场，查阅采剥工程平面图，现场核查采场各类开采工艺的工作线长度是否符合设计要求。

3. 采剥工作面参数（平盘宽度、台阶高度、台阶坡面角、采掘带宽度等）

（1）最小工作平盘宽度。《煤矿安全规程》第五百四十条规定，最小工作平盘宽度，必须保证采掘、运输设备的安全运行和供电通信线路、供排水系统、安全挡墙等的正常布置。间断、连续、半连续开采工艺的最小工作平盘宽度均应符合已批复的初步设计和安全设施设计要求。

（2）台阶高度、台阶坡面角、采掘带宽度。《煤矿安全规程》第五百四十三条规定，挖掘机采装的台阶高度应当符合下列要求：①不需爆破的岩土台阶高度不得大于最大挖掘高度。②需爆破的煤、岩台阶，爆破后爆堆高度不得大于最大挖掘高度的1.1~1.2倍，台阶顶部不得有悬浮大块。③上装车台阶高度不得大于最大卸载高度与运输容器高度及卸载安全高度之和的差。间断、半连续、连续、拉斗铲倒堆开采工艺的台阶高度、采掘带宽度、台阶坡面角均应符合已批复的初步设计和安全设施设计要求。

【现场勘查主要要求】

（1）查资料和现场，采剥工作面参数，主要包括：台阶高度、台阶坡面角、采掘带宽度和最小平盘宽度，是否符合已批复的初步设计和安全设施设计要求。

（2）查资料，露天煤矿作业规程，是否由主要负责人组织制定；作业规程中的开采参数、工作面布置等是否符合初步设计、法律法规、规程规范要求，是否符合煤矿生产实际，是否能正确指导作业。

4. 采剥工作面主要安全生产系统和设施

《露天煤矿剥离采煤安全技术规范》（MT/T 1184）中7.1.3规定，挖掘机采装作业台阶的上部平盘应按照采掘带宽度设置安全挡墙。作业平盘、运输平盘和运输道路应修筑连续的安全挡墙，并设置放水口，安全挡墙高度不得小于最大车型矿用卡车轮胎直径的2/5；同时，安全挡墙高度还必须满足《煤矿安全规程》第五百六十五条（二）规定，安全挡墙高度为矿用卡车轮胎直径的2/5~3/5。

【现场勘查主要要求】

（1）查现场，检查采装作业平盘是否设置安全挡墙，安全挡墙是否连续，高度是否符合要求。

（2）查现场，检查是否设置放水口；放水口位置是否合理，是否危及下部台阶作业人员及设备设施安全；是否设置在塌陷、沉降等危险区域。

5. 露天煤矿采剥关系、备采煤量、生产能力情况

1）采剥关系、备采煤量

《露天煤矿剥离采煤安全技术规范》中7.1.2要求，采装工作面应备有足

够的煤、岩准备量，保证正常的采掘工程衔接和作业效率，保证采剥关系正常。备采煤量是露天煤矿保持剥采平衡，保证产量接续的重要条件。近水平及缓倾斜煤层，由于不需要降段延深，只有备采煤量就可以满足产量接续要求。

备采煤量是指已完成了运输通路，在开采时不需要进行剥离的煤量。备采煤量的划分范围：①上部境界以剥离露出的煤面最小平盘宽度为界；②煤层顶板侧各台阶境界以设计的台阶高度和最小平盘宽度（不含采宽）为界；③煤层底板侧境界以煤层底板为界。备采煤量可采期应符合《煤炭工业露天矿设计规范》（GB 50197）中2.3.3规定，可采期应以当年计划产量计算，并符合表2-1的规定。

表2-1 备采煤量可采期

开采工艺	可采期（月）
铁路运输	2~3
卡车运输	1~2
连续开采工艺	1~2
综合开采工艺	1~3

2）生产能力情况

露天煤矿应按核定（设计）生产能力均衡组织生产，不得超能力生产。根据《煤矿重大事故隐患判定标准》第四条，涉及露天煤矿的超能力组织生产重大事故隐患，是指有下列情形之一的：

（1）煤矿全年原煤产量超过核定（设计）生产能力幅度在10%以上，或者月原煤产量大于核定（设计）生产能力的10%的。

（2）煤矿或其上级公司超过煤矿核定（设计）生产能力下达生产计划或者经营指标的。

【现场勘查主要要求】

（1）查资料和现场，查阅备采煤量相关台账、统计报表和采剥工程平面图，核实备采煤量可采期是否满足要求。

（2）查资料和现场，查阅设计生产能力、核定生产能力核定的批复文件，查阅露天煤矿生产计划及年度、月度产量报表及产量在线监测系统，核实是否超能力组织生产。

6. 采装设备作业的安全措施及落实情况

1）单斗挖掘机作业

（1）单斗挖掘机行走和升降段应符合《煤矿安全规程》第五百四十一条规定，重点应检查挖掘机爬坡时，是否超过挖掘机规定的最大允许坡度。

（2）单斗挖掘机向列车和矿用卡车装载时应符合《煤矿安全规程》第五百四十五条、第五百四十六条规定，重点应检查挖掘机装车时，是否存在勺斗压、碰自翻车车帮或者跨越机车和尾车顶部等内容。装入车内的物料是否均匀，是否存在单侧偏装、超装等内容。

（3）挖掘机在挖掘过程中有下列情况之一必须按照《煤矿安全规程》第五百五十条规定停止作业，撤到安全地点，并报告调度室检查处理：①发现台阶崩落或者有滑动迹象。②工作面有伞檐或者大块物料。③暴露出未爆炸药包或者雷管。④遇塌陷危险的采空区或者自然发火区。⑤遇有松软岩层，可能造成挖掘机下沉或者掘沟遇水被淹。⑥发现不明地下管线或者其他不明障碍物。

2）轮斗挖掘机采装作业

轮斗挖掘机采装作业应符合《煤矿安全规程》第五百四十二条、第五百五十五条规定，重点应检查轮斗挖掘机作业和行走线路处在饱和水台阶上时，是否设有疏排水措施；斗轮工作装置是否带负荷启动等内容。

3）拉斗铲作业

拉斗铲作业应符合《煤矿安全规程》第五百五十七条和第五百五十八条规定，重点应检查拉斗铲行走时，地面是否设专人指挥、监护，是否同时做好呼唤应答。拉斗铲作业时，机组人员和配合作业的辅助设备进出拉斗铲作业范围是否做好呼唤应答。铲斗是否拖地回转、在空中急停和在其他设备上方通过。

【现场勘查主要要求】

（1）查资料和现场，采装设备是否按操作规程要求作业。

（2）查资料和现场，查阅露天煤矿作业规程、操作规程，作业规程是否与采用的开采工艺和设备相匹配，是否能够体现作业程序和作业方法；操作规程是否能正确指导操作，是否满足法律、法规、技术规范等要求。

（3）查现场，采装设备的完好情况，安全设施、安全装置是否齐全有效。

7. 采掘场内火区、老空区、滑坡区处理方法、警示标志设置情况

《煤矿安全规程》第五百一十四条规定，采场内有危险的火区、老空区、滑坡区等地点，应当充填或者设置栅栏，并设置警示标志。

【现场勘查主要要求】

（1）查资料和现场，查阅老空区与露天矿平面对照图等资料，采掘场范围内是否有火区、老空区、滑坡区，是否掌握具体位置。

（2）查资料，是否制定采场内火区、老空区、滑坡区处理方法或特殊条件作业安全措施，措施是否符合煤矿生产实际，措施是否落实到位。

（3）查现场，火区、老空区及滑坡区，是否充填或设置栅栏，是否设置警示标志，是否符合《煤矿安全规程》要求。

【现场勘查主要要求】

（1）查资料和现场，对照采剥工程平面图、采矿许可证，现场实地测量采场底部标高，核实是否超层开采。

（2）查资料和现场，查阅采剥工程平面图是否及时填绘，是否与现场一致，对照采矿许可证，现场实地测量平面位置是否存在越采矿许可证载明的坐标控制范围现象。

（3）查资料，查阅初步设计、安全设施设计、年度采矿设计，核实露天煤矿端帮煤柱尺寸留设是否与批复的设计相符；缩小煤柱尺寸，是否有正规设计、安全论证和审批。

【评价报告编制要求】

（1）报告应明确露天煤矿采剥单元的评价范围，应涵盖本露天煤矿涉及的所有开采工艺，应包括：露天煤矿年度采矿设计、采剥工作面参数、采剥工作面主要安全生产系统和设施，露天煤矿采剥关系、备采煤量、生产能力情况，采装设备安全作业情况，采掘场内火区、老空区、滑坡区处理方法、警示标志设置情况、开采范围等内容。

（2）报告应准确描述露天煤矿核定（设计）生产能力、开采工艺、剥离方式、采煤方法、生产运营模式、承包商基本情况，采剥工作面参数、工作线长度，明确剥离、采煤台阶数量、标高情况，明确露天煤矿备采煤量情况，明确采场内火区、老空区及滑坡区的位置情况。

(3) 报告应将《细则》附录 G 中，表 G.1 涉及的采剥单元安全检查表列入，编制人员可根据煤矿实际情况适当增加检查内容，但检查内容不应少于检查表要求内容，不涉及项填写“不涉及”，涉及项逐项填写现状描述，对照检查内容提出存在的问题，明确整改措施建议。

(4) 报告应明确给出露天煤矿开采工艺、剥离方式、采煤方法、采剥工作面参数是否与已批复的初步设计、安全设施设计相符的结论；评价露天煤矿采剥工作面参数、采剥关系、备采煤量、采装设备作业、采装设备完好情况以及采场内火区、采空区及滑坡区的处理是否符合要求，各项措施是否落实到位的结论。报告应明确给出露天煤矿是否存在超层越界、超能力生产等重大事故隐患的结论，明确给出采剥单元是否满足安全生产要求的总体结论。

【原文】 4.8.4 运输单元

应包括以下基本内容：

a) 铁路运输。评价铁路区间线路的平面曲线半径、限制坡度等与《煤矿安全规程》的符合性。铁路与公路平交道口的道口警标、鸣笛标、护栏等安全标志和设施完善性、可靠性情况。

b) 汽车运输。评价运输道路会车线、缓坡段、安全挡墙等设置情况。卡车制动、转向系统和安全装置的可靠性。非作业人员、车辆进入作业区域的安全管理措施。

c) 带式输送机运输。评价带式输送机系统各种闭锁和机械、电气安全保护装置、声光报警装置等的完善性和可靠性。

d) 破碎站。评价破碎站安全限位车挡、安全防护挡墙、照明、卸车指示信号等安全设施或装置的完善性和可靠性。破碎站作业时的安全措施。自移式破碎机防护装置完善性及可靠性。

【解读】 本评价单元主要对露天煤矿在用主辅运输设备各项安全保护、安全设施的装设和运行安全可靠性进行评价。

1. 铁路运输

(1) 桥梁、隧道相关要求。露天煤矿铁路运输的桥梁、隧道应符合《煤矿安全规程》第五百五十九条规定。桥梁、隧道应当按规定设置人行道、避车台、避车洞、电缆沟及必要的检查和防火设施，立体交叉处的桥梁两侧设防护设施。

（2）铁路区间线路的平面曲线半径、限制坡度。露天煤矿铁路运输线路上各种机车运行的限制坡度和曲线半径应当符合《煤矿安全规程》第五百五十九条要求，具体要求见表 2-2。

表 2-2 铁道线路的限制坡度和曲线半径

机车种类	限制坡度/‰	曲线半径/m			
		固定线	半固定线	装车线	排土线
蒸汽机车	≤25	≥200	≥150	≥150	向曲线内侧排弃≥300；向曲线外侧排弃≥200
电力机车	≤30	≥180（困难情况≥150）	≥120	≥110	
内燃机车	≤30	≥180（困难情况≥150）	≥120（困难情况≥110）		

（3）铁路与公路平交道口安全标志和设施。《煤矿安全规程》第五百六十三条规定，铁路与公路交叉时，应当符合下列要求：①根据通过的人流和车流量按规定设置平面或者立体交叉。②平交道口有良好的瞭望条件，并按规定设置道口警标和司机鸣笛标、护栏和限界标志；按标准铺设道口，其宽度与公路路面相同；公路与铁路采用正交，不能正交时，其交角不得小于 45°。③道口按级别设置安全标志和设施。④道口两侧平台长度不得小于 10 m，衔接平台的道路坡度不得大于 5%；否则制定安全措施。⑤车站、曲线半径在 200 m 以下的线路段和通视条件不良的路堑不设道口。道岔部位严禁设道口。重型设备通过道口，必须得到煤矿企业批准。

【现场勘查主要要求】

（1）查现场，铁道线路的坡度、曲线半径、轨距等是否符合《煤矿安全规程》要求。

（2）查现场，铁路运输的桥梁、隧道，是否设置人行道、避车台、避车洞、电缆沟，是否有防火设施，设施是否完好；立体交叉、桥梁两侧是否设防护设施，设施是否完好。

（3）查现场，检查铁路与公路平交道口，瞭望条件是否良好，视线是否存在遮挡，是否设置道口警标、鸣笛标、护栏等，是否按道口级别设置安全标志和设施；各类安全标志和设施是否齐全、完好，道口设置是否符合要求。

（4）查资料和现场，查阅露天煤矿初步设计、安全设施设计、年度采矿设计、作业规程、操作规程等资料，核实铁路运输设备及相关技术参数、安全设施等内容是否符合初步设计、安全设施设计和《煤矿安全规程》的要求。

2. 汽车运输

1）运输道路

（1）露天煤矿运输道路应符合《煤矿安全规程》第五百六十五条规定，矿场道路应当符合下列要求：①宽度符合通行、会车等安全要求，受采掘条件限制、达不到规定的宽度时，必须视道路距离设置相应数量的会车线。②必须设置安全挡墙，高度为矿用卡车轮胎直径的2/5~3/5。③长距离坡道运输系统，应当在适当位置设置缓坡道。

（2）安全挡墙应符合《煤炭工业露天矿矿山运输工程设计标准》（GB 51282）中5.8.3规定。安全挡墙横断面应采用梯形，高度应为矿用卡车轮胎直径的2/5~3/5。干线道路和支线道路安全挡墙的顶宽不应小于1.0 m，联络线道路安全挡墙的顶宽不应小于0.3 m，安全挡墙边坡坡率不应大于1∶1。安全挡墙宜采用剥离物堆积成型。

（3）缓坡道应符合《露天煤矿运输安全技术规范》中6.1.13规定，道路纵坡连续大于4%时，应按表2-3规定的长度内，设置缓和段。缓和段的坡度不应大于3%，长度不得小于50 m。当受地形条件限制时，通往设施的次要道路可适当缩短，但不得小于30 m。

表2-3 道路纵坡限制长度

纵坡/%	限制长度/m
4	1100
5	900
6	700
7	600
8	400
9	300
10	200

（4）露天煤矿矿山道路，在路堤和半路堑路段应按照《露天煤矿运输安全技术规范》中 6.1.2 规定，设置安全防护堤：填方路堤路段应在路面两侧各设一条安全防护堤，半路堑路段应在路面外侧设一条安全防护堤，安全防护堤高度不应低于车轮直径的 2/5 倍，底部宽度不应小于 3 m，顶部宽度不应小于 1 m。

（5）露天煤矿内部运输道路最大纵坡坡度值应符合《露天煤矿运输安全技术规范》中 6.1.2 规定：生产干线 8%，生产支线 9%，联络线 10%，重车下坡地段，相应减少 1%。

（6）各级道路在平面和纵断面上的最短行车视距应符合《露天煤矿运输安全技术规范》中 6.1.5 规定，最短行车视距见表 2-4。弯道处会车距离不满足要求时，应设分车线。

表 2-4 最短行车视距

视距/m	道路等级		
	一	二	三
停车	50	30	20
会车	100	60	40

（7）最小平曲线半径应符合《露天煤矿运输安全技术规范》中 6.1.3 规定，按所用车型的最小转弯半径选取，或按表 2-5 确定。

表 2-5 最小平曲线半径

道路等级	一	二	三
最小平曲线半径/m	45	25	15
不设超高的最小平曲线半径/m	250	150	100

（8）竖曲线最小半径应符合《露天煤矿运输安全技术规范》中 6.1.6 规定，当两相邻坡度差大于 2% 时，应设置竖曲线，设置参数应满足表 2-6 规定。

表2-6　竖曲线最小半径和长度

道路等级	一	二	三
竖曲线最小半径/m	700	400	200
竖曲线最小长度/m	35	25	20

（9）矿山道路圆曲线半径及超高应符合《煤炭工业露天矿矿山运输工程设计标准》（GB 51282）中5.3.13规定，矿山道路平面圆曲线半径大于250 m和车速限制在10 km/h以下的路段可不设曲线超高。超高横坡坡度应根据设计速度、圆曲线半径、道路条件、自然条件等经计算确定，亦可按表2-7取值。曲线超高横坡应在曲线起、终点以外的直线段以5%幅度递增，直到进入曲线的要求值。在困难情况下，递增段可2/3在直线段，1/3在曲线段设置。

表2-7　圆曲线半径与最大超高值

圆曲线半径/m	250~200	<200~150	<150~100	<100~50	<50~15
最大超高值/%	2.0	3.0	4.0	5.0	6.0

（10）根据《煤炭工业露天矿矿山运输工程设计标准》中5.1.7和5.1.8规定，道路建筑限界范围内不得有任何建（构）筑物体侵入。露天煤矿矿山道路建筑限界应符合图2-2的规定。

2）运输道路警示标志

（1）矿山运输道路路标、警示标识应符合《煤矿安全规程》第五百一十四条规定，必须设置限速、道口等路标，特殊路段设警示标志；汽车运输为左侧通行的，在过渡区段内必须设置醒目的换向标志。

（2）《煤炭工业露天矿矿山运输工程设计标准》中5.8.4规定，矿山运输道路标志应分为警示标志、限速标志、指示标志、位置标志、方向标志等。标志材料应采用反光材料。5.8.5规定，矿山运输道路在危险路段、交叉路口等位置应设置标志，在采掘场、卸载点、排土场等场所应设置相关标志。5.8.6规定，采掘场道路、排土场道路；办公区、维修及大修作业区、选煤作业区、材料保管区、装卸作业区、交叉路口；无人看守道口；停车场、加油加水站、汽车衡、通勤车站、组装场均应设置限速标志。5.8.8规定，严重积雪路段、

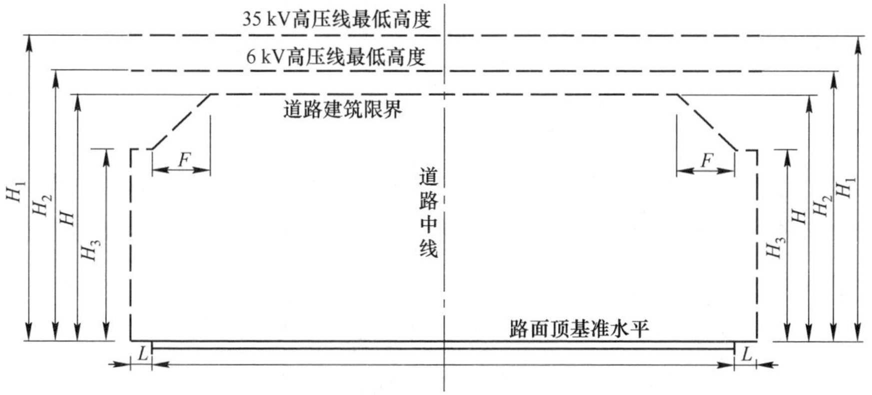

注：H—行车道净空高度（m），应取矿用卡车厢斗最大举升高度加不小于 0.5 的安全距离，当露天煤矿运输道路下穿桥涵、栈桥等结构物时 H 可用卡车最大堆装高度加不小于 0.5 m 的安全距离，同时在进口设置限高架；

H_1—35 kV 高压线最低高度（m），应取行车道净空高度加不小于 3.5 m 的安全距离；

H_2—6 kV 高压线最低高度（m），应取行车道净空高度加不小于 2.0 m 的安全距离；

H_3—路边指示牌最低限高（m），应取矿用卡车高加不小于 0.5 m 的安全距离；

L—路肩宽度（m）；

F—路标接近边界距离（m），单车道宜取 0，多车道宜取 1/2 车宽；

W—行车道宽度（m）

图 2-2　道路建筑限界

低洼路段、过水路段应设置标杆。5.8.9 规定，急弯、陡坡、高路堤、地形险峻路段应设置避险车道。5.8.12 规定，道口、交叉口、干线道路应设置反光标志。

3）矿用卡车作业

《煤矿安全规程》第五百六十四条规定，矿用卡车作业时，其制动、转向系统和安全装置必须完好。应当定期检验其可靠性，大型自卸车设示宽灯或者标志。

《煤矿安全规程》第五百一十三条规定，严禁非作业人员和车辆未经批准进入作业区。

矿用卡车在采场内作业应满足《煤矿安全规程》第五百六十六至第五百六十八条的规定，应重点检查矿用卡车在矿内各种道路上是否超速行驶；冬季是否及时清除路面上的积雪或者结冰，并采取防滑措施；前、后车距是否小于 50 m；矿用卡车在运输道路上出现故障且无法行走时，是否开启全部制动和警示灯，并采取防止溜车的安全措施；同时是否在车体前后 30 m 处设置醒目的安全警示标志，并采取防护措施。

矿用卡车在工作面装车必须遵守《煤矿安全规程》第五百六十九条规定，应重点检查卡车排队等待装车时，车与车之间是否保持一定的安全距离。

【现场勘查主要要求】

（1）查资料和现场，查阅露天煤矿年度设计中道路规划情况，了解运输道路布置；核实道路技术参数是否符合已批复的初步设计、安全设施设计要求。

（2）查现场，运输道路技术参数，包括道路宽度、坡度、圆曲线半径与超高、平曲线半径、竖曲线半径、停车视距等，核实是否符合设计和《煤矿安全规程》规定。

（3）查现场，运输道路安全挡墙高度、顶宽是否符合要求，挡墙是否连续；道路安全标志是否清晰、醒目，是否符合《煤矿安全规程》要求；运输道路弯道、交叉路口等是否按设计标准设置反光标识。

（4）查现场，露天煤矿是否存在长距离运输坡道，长距离运输坡道是否设置缓坡道；缓坡道长度和坡度是否符合技术规范要求。

（5）查资料和现场，查阅冬季、雾天、雨雪天等特殊作业条件运输作业的安全措施，措施是否符合《煤矿安全规程》要求，是否落实到位。

（6）查资料和现场，查阅露天煤矿矿用卡车设备档案，了解自卸卡车型号及参数，是否与运输道路技术参数相适应。

（7）查现场，矿用卡车制动、转向系统和安全装置等是否完好，是否定期检验车辆可靠性，大型自卸车是否设置设示宽灯或者标志。

（8）查现场，检查自卸卡车行驶、在工作面装车作业，是否符合《煤矿安全规程》第五百六十六条至第五百六十九条要求。

（9）查资料，查阅自卸卡车作业规程、操作规程，是否由主要负责人组织制定，作业规程是否对速度、限速、会车、停车等做出明确规定，是否符合设计、法律法规、技术规范要求，是否符合煤矿实际，是否具有可操作性。

3. 带式输送机运输

（1）最大倾角。采用带式输送机运输时，带式输送机运输物料的最大倾角符合《煤矿安全规程》第五百七十条规定，上行不得大于16°，严寒地区不得大于14°；下行不得大于12°。

（2）安全保护。《煤矿安全规程》第五百七十一条规定，带式输送机必须设置下列安全保护：①拉绳开关和防跑偏、打滑、堵塞等。②上运时应当设制动器和逆止器，下运时应当设软制动和防超速保护装置。③机头、机尾、驱动滚筒和改向滚筒处应当设防护栏。第五百七十三条规定，带式输送机启动时应当有声光报警装置，运行时严禁运送工具、材料、设备和人员。停机前后必须巡查托辊和输送带的运行情况，发现异常及时处理。检修时应当停机闭锁。

（3）带式输送机设置位置及安全设施。《煤矿安全规程》第五百七十二条规定，带式输送机设置应遵守下列规定下列规定：①避开采空区和工程地质不良地段，特殊情况下必须采取安全措施。②带式输送机栈桥应当设人行通道，坡度大于5°的人行通道应当有防滑措施。③跨越设备或者人行道时，必须设置防物料撒落的安全保护设施。④除移置式带式输送机外，露天设置的带式输送机应当设防护设施。⑤在转载点和机头处应当设置消防设施。⑥带式输送机沿线应当设检修通道和防排水设施。

【现场勘查主要要求】

（1）查现场，核实带式输送机运输物料的角度是否满足设计和《煤矿安全规程》要求。

（2）查现场，核实带式输送机的各种安全保护装置是否齐全、有效。

（3）查现场，核实带式输送机的安设位置，是否有采空区或工程地质不良地段，相关安全措施是否齐全，措施是否落实到位；人行通道设置是否有要求；安全保护设施、消防设施、防排水设施是否齐全、完好、有效，沿线是否设置检修通道。

（4）查资料和现场，查阅露天煤矿长远及年度采矿设计、初步设计、安全设施设计、作业规程、操作规程等资料，现场检查采用的带式输送机及相关参数等是否符合已批复的初步设计、安全设施设计、《煤矿安全规程》要求。

4. 破碎站

（1）破碎站设置应当符合《煤矿安全规程》第五百五十二条规定：①避开沉降、塌陷、滑坡危险的不良地段。②卸车平台应当便于卸载、调车。③卸车平台应当设矿用卡车卸料的安全限位车挡及防止物料滚落的安全防护挡墙。④卸车平台应当有良好的照明系统，并有卸料指示信号安全装置。⑤移动式破碎站履带外缘距工作平盘坡底线和下台阶坡顶线距离必须符合设计。

（2）破碎站作业应符合《煤矿安全规程》第五百五十三条规定：①处理和吊运大块物料时，非作业人员必须撤到安全地点。②清理破碎机堵料时，必须采取防止系统突然启动的安全保护措施。

（3）《煤矿安全规程》第五百五十四条规定，自移式破碎机必须设置卸料臂防撞检测、过负荷保护和各旋转部件防护装置。

【现场勘查主要要求】

（1）查现场，核实破碎站位置是否符合《煤矿安全规程》要求；是否设置车挡、照明、防护装置，装置是否完好、有效，是否符合《煤矿安全规程》要求。

（2）查资料和现场，清理破碎机物料卡堵是否有安全保护措施，措施是否有效，现场是否执行到位。破碎站作业是否符合《煤矿安全规程》第五百五十三条要求。

（3）查现场，核实自移式破碎机卸料臂是否设置了防撞检测、过负荷保护和各旋转部件防护装置，装置是否齐全、完好。

【评价报告编制要求】

（1）报告应明确露天煤矿运输单元的评价范围，应涵盖露天煤矿涉及的运输工艺，应包括：各类运输工艺的技术参数及各种运输方式设置的安全标志、设施等。

（2）报告应准确描述露天煤矿采用的运输方式，剥离和采煤运输系统情况；露天煤矿铁路轨道、矿山道路、带式输送机的技术参数；明确各种运输方式设置的安全标志、安全设施等情况。

（3）报告应将《细则》附录G中，表G.1涉及的运输单元安全检查表列入，编制人员可根据煤矿实际情况适当增加检查内容，但检查内容不应少于检查表要求内容，不涉及项填写“不涉及”，涉及项逐项填写现状描述，对照检查内容提出存在的问题，明确整改措施建议。

（4）报告应明确给出露天煤矿运输工艺是否与已批复的初步设计、安全设施设计相符的结论；轨道、道路、带式输送机的各项技术参数是否符合已批复的初步设计、安全设施设计、规程规范要求；各种运输方式设置的安全标志、设施是否满足《煤矿安全规程》及相关标准要求；各种运输方式的现场作业是否符合《煤矿安全规程》要求，制定的安全措施是否符合煤矿生产实际，措施是否落实到位的结论，明确给出运输单元是否满足安全生产要求的总体结论。

【原文】4.8.5　排土单元

应包括以下基本内容：

排土场工程地质、水文地质勘探情况，铁路运输排土、单斗挖掘机排土、推土机排土、排土机排土相关技术要求与《煤矿安全规程》和 GB 50197 等相关规定符合性。排土工作面反向坡度、卸载点安全车挡，排土场底部排渗设施、排水设施，排土场基底处理措施。排土场卸载区通信及照明情况。

【解读】本评价单元主要对露天煤矿排土场工程、水文地质情况，运输排土装备设备的安全可靠性，以及排土作业时的安全保护措施进行评价。

1. 排土场工程地质、水文地质勘探情况

《煤矿安全规程》第五百七十四条规定，排土场位置选定后，应当进行地质测绘和工程、水文地质勘探，以确定排土参数。

《露天煤矿排土场技术规范》（MT/T 1185）中 4.2.2 规定，排土场基底勘察应包括基底岩土的工程地质、水文地质勘查及物理力学性质实验，钻孔深度应控制在坚硬土层或基岩下 5~10 m。4.2.3 规定，已堆积剥离物的排土场勘察应包括堆积排弃物岩土勘察与基底岩土勘察两部分。排弃物岩土勘察应包含排弃物岩土种类调查、颗粒组成及物理力学性质实验；基底岩土勘察应重点研究基底岩土的物理力学性质变化，特别是含水情况。4.2.4 规定，工程地质勘查以钻探为主，新建排土场钻探等同一般岩土钻探，生产排土场钻探应采取特殊钻探工艺。

【现场勘查主要要求】

（1）查资料，是否有工程地质测绘资料，是否有工程地质、水文地质勘探资料，资料是否齐全，是否满足排土场位置选择需要。

（2）查资料，查阅排土场地质勘查资料，勘查内容是否全面，是否包括基底岩土的工程地质、水文地质勘查及岩土物理力学性质实验，钻孔深度等是否符合要求。

2. 铁路运输排土、单斗挖掘机排土、推土机排土、排土机排土相关技术要求与《煤矿安全规程》和 GB 50197 等相关规定符合性

（1）工作线长度。排土工作线长度宜符合《露天煤矿排土场技术规范》中 5.2.6 规定，卡车运输排土线长度应考虑设备数量、场地面积、卡车入换卸载周期，一般不小于 50 m；排土机排土线长度宜为 1000 m～2000 m；铁路运输排土线长度宜为 1000 m～1500 m。

（2）最小工作平盘宽度。排土场最小工作平盘宽度应符合《煤炭工业露天矿设计规范》（GB 50197）中 5.2.5 规定：①采用铁路运输的排土场，应根据大块岩石的滚动距离、铁路线路、供电线路、移道步距、台阶边缘安全宽度等确定。②卡车运输排土场的最小平盘宽度应根据设备的技术规格和大块岩石的滚动距离确定。③排土机排土场最小工作平盘宽度，应根据排土带宽度、排土机中心线至下排台阶坡顶线安全距离，排土机中心线至带式输送机中心线距离和带式输送机中心线至上排台阶坡底线的安全距离等因素通过计算确定。

各类工艺的排土最小工作平盘宽度均应符合已批复的初步设计和安全设施设计要求。

【现场勘查主要要求】

（1）查现场，核实排土场排土台阶高度、最小工作平盘宽度，是否符合已批复的初步设计、安全设施设计要求。排土场工作线长度是否满足生产作业要求。

（2）查资料和现场，查阅露天煤矿年度采矿设计、初步设计、安全设施设计、作业规程、排土工程平面图等资料，核实排土场的参数是否符合已批复的初步设计、安全设施设计要求。

3. 排土工作面反向坡度、卸载点安全车挡

（1）《煤矿安全规程》第五百七十六条规定，铁路排土线路基面向场地内侧按段高形成反坡。排土线设置移动停车位置标志和停车标志。

（2）矿用卡车排土场及排弃作业应当遵守《煤矿安全规程》第五百七十九条规定，排土场卸载区，必须有连续的安全挡墙，车型小于 240 t 时安全挡墙高度不得低于轮胎直径的 0.4 倍，车型大于 240 t 时安全挡墙高度不得低于轮胎直径的 0.35 倍。不同车型在同一地点排土时，必须按最大车型的要求修筑安全挡墙，特殊情况下必须制定安全措施。排土工作面向坡顶线方向应当保持 3%～5% 的反坡。

【现场勘查主要要求】

（1）查现场，卡车排土场排土工作面是否有向坡顶线方向 3%～5% 的反坡。铁路排土场反坡、标志是否符合《煤矿安全规程》要求。

（2）查现场，排土场是否设置安全挡墙；安全挡墙是否连续、挡墙高度是否符合《煤矿安全规程》要求。

4. 排土场底部排渗设施、排水设施，排土场基底处理措施

露天煤矿排土场底部防排水、基底处理应符合《煤矿安全规程》第五百八十八条规定，在内排土场建设前，清除基底上不利于边坡稳定的松软土岩。采取有效的防排水措施，防止或者减少水流入排土场。《露天煤矿排土场技术规范》5.1.4 规定，排土场应按设计建设防排水系统。

《煤矿防治水细则》第一百二十条规定，对含有泉眼、冲沟等水文地质条件复杂的排土场，应当采用引水隧道、暗涵、盲沟等工程措施，确保排土场排水畅通。因地下水水位升高，可能造成排土场或者采场滑坡时，必须进行地下水疏干。

【现场勘查主要要求】

（1）查现场，检查内排土场基底清理情况，是否清除不利于边坡稳定的松软土岩及杂物。

（2）查现场，排土场防排水系统是否符合设计要求；是否有防排水措施，措施是否符合生产实际，是否落实到位，是否能防止或减少排土场积水。

（3）查现场，对含有泉眼、冲沟等水文地质条件复杂的排土场是否按照《煤矿防治水细则》采取相关工程措施；地下水可能造成排土场滑坡时，是否有地下水疏干措施。

5. 排土场卸载区通信及照明情况

《煤矿安全规程》第五百八十二条规定，排土场卸载区应当有通信设施或者联络信号，夜间应当有照明。

【现场勘查主要要求】

（1）查现场，检查排土场卸载区是否有通信设施或者联络信号，通信设施是否完好，联络信号是否可靠，是否符合《煤矿安全规程》要求。

（2）查现场，检查排土场卸载区是否设置照明，照明是否完好，照明设施是否满足作业要求。

【评价报告编制要求】

（1）报告应明确露天煤矿排土单元的评价范围，应涵盖露天煤矿涉及的排土工艺，应包括：排土场地质勘探，排土场的位置选择，不同的排弃方式排土场的技术参数，排土作业，排土场基底排渗设施、排水设施，排土场基底处理，排土场反坡、挡墙、照明和警示标识的设置等内容。

（2）报告应准确描述露天煤矿排土场地质勘探情况，排土场位置；采用的排土工艺、排土设备，不同排弃方式排土场的台阶高度、坡面角、工作线长度、最小平盘宽度等技术参数，排土场反坡、挡墙设置，卸载区通信、照明情况，排土场基底排渗设施、排水设施情况，排土场基底处理情况。

（3）报告应将《细则》附录G中，表G.1涉及的排土单元安全检查表列入，编制人员可根据煤矿实际情况适当增加检查内容，但检查内容不应少于检查表要求内容，不涉及项填写“不涉及”，涉及项逐项填写现状描述，对照检查内容提出存在的问题，明确整改措施建议。

（4）报告应明确给出露天煤矿排土工艺、排弃方式、排土场位置、排土参数是否与已批复的初步设计、安全设施设计相符的结论；排土场地质资料是否齐全，排土参数是否符合设计、规程要求；排土作业是否符合《煤矿安全规程》要求，排土场的反坡、挡墙、警示标识，卸载区通信、照明装置是否符合《煤矿安全规程》要求，排土场防排水系统是否符合设计、基底是否处理到位的结论，明确给出排土单元是否满足安全生产要求的总体结论。

【原文】4.8.6　边坡稳定单元

应包括以下基本内容：

边坡稳定性分析评价工作开展情况，对重要边坡和不稳定边坡采取的安全措施，边坡参数与最终边坡设计符合性，边坡稳定性验算情况，边坡监测方法、措施、监测点布置，采掘场最终边坡、排土场边坡管理情况。

【解读】本评价单元主要对露天煤矿边坡稳定性相关情况进行评价。

1. 边坡稳定性分析评价工作开展情况，边坡稳定性验算情况

1）边坡稳定性分析评价

露天煤矿应按下列要求开展边坡稳定性分析评价工作：

《煤炭工业露天矿边坡工程设计标准》（GB 51289）4.1.1 规定，在露天煤矿工程设计与生产阶段，应对边坡工程分阶段进行岩土工程勘察。4.1.3 规定，露天煤矿边坡岩土工程勘察范围应包括露天采掘场边坡与排土场边坡。排土场排弃前应对排土场基底勘察。5.1.4 规定，当存在滑坡、崩塌及岩堆、泥石流等不良地质现象时，应对现状稳定性和对采掘场边坡稳定性的影响做出评价。

《煤矿安全规程》第五百八十三条规定，露天煤矿应当进行专门的边坡工程、地质勘探工程和稳定性分析评价。第五百八十四条规定，非工作帮形成一定范围的到界台阶后，应定期进行边坡稳定分析和评价，对影响生产安全的不稳定边坡必须采取安全措施。第五百八十五条规定，工作帮边坡在临近最终设计的边坡之前，必须对其进行稳定性分析和评价。当原设计的最终边坡达不到稳定的安全系数时，应当修改设计或者采取治理措施。第五百八十八条规定，定期对排土场边坡进行稳定性分析，必要时采取防治措施。

2）边坡稳定性验算

《煤矿安全规程》第五百八十六条规定，露天煤矿的长远和年度采矿工程设计，必须进行边坡稳定性验算。达不到边坡稳定要求时，应当修改采矿设计或者制定安全措施。

（2）采场、排土场边坡稳定系数可按《煤炭工业露天矿设计规范》6.0.8 规定选用，见表 2-8。

表 2-8 边坡稳定系数 K

边坡类型	服务年限/a	稳定系数（K）
边坡上有特别重要建筑物或边坡滑落会造成生命财产重大损失者	>20	>1.5
采掘场最终边坡	>20	1.3~1.5

表2-8（续）

边坡类型	服务年限/a	稳定系数（K）
非工作帮边坡	<10 10~20 >20	1.1~1.2 1.2~1.3 1.3~1.5
工作帮边坡	临时	1.05~1.2
外排土场边坡	>20	1.2~1.5
内排土场边坡	<10 ≥10	1.2 1.3

【现场勘查主要要求】

（1）查资料和现场，露天煤矿是否进行了边坡工程勘查，边坡工程勘查范围是否包括露天采掘场边坡与排土场边坡，排土场排弃前是否对排土场基底勘查。

（2）查资料和现场，是否按照《煤矿安全规程》要求开展边坡稳定性分析评价；查阅边坡稳定性分析评价报告，是否有稳定系数达不到要求的边坡，是否制定措施，措施是否落实到位。工作帮边坡在临近最终设计的边坡之前，当原设计的最终边坡达不到稳定的安全系数时，是否修改设计或者采取治理措施。

（3）查资料和现场，查阅露天煤矿的长远和年度采矿工程设计，是否进行边坡稳定性验算；采场、排土场边坡达不到边坡稳定要求的，是否修改采矿设计或者制定安全措施，安全措施实施后是否仍存在滑坡、崩塌等不良地质现象。

2. 对重要边坡和不稳定边坡采取的安全措施

《煤矿安全规程》第五百八十三条规定，应当定期巡视采场及排土场边坡，发现有滑坡征兆时，必须设明显标志牌。对设有运输道路、采运机械和重要设施的边坡，必须及时采取安全措施。发生滑坡后，应当立即对滑坡区采取安全措施，并进行专门的勘查、评价与治理工程设计。第五百八十四条规定，对影响生产安全的不稳定边坡必须采取安全措施。

出现滑坡征兆时，露天矿边坡已处于变形状态，稳定系数处于临界状态。因此，建议当露天煤矿边坡出现滑坡征兆时就要采取安全措施。

专门的勘查，包括开展的地质点测绘、展图，开展工程勘查确定滑移面位置、岩性、力学指标和地下水位等工作。

【现场勘查主要要求】

（1）查现场，露天煤矿边坡是否有运输道路、采运机械设备、重要设施（破碎站、胶带运输系统），是否采取了安全措施。

（2）查资料和现场，查阅边坡巡视记录，现场核实是否存在不稳定边坡，巡视范围是否包括全矿采场、排土场边坡；露天煤矿是否针对不稳定边坡制定了处理措施，措施是否落实到位。

（3）查现场，检查采场及排土场边坡是否有滑坡或滑坡征兆区域，是否对该区域采取治理措施，是否设置明显警示标志。是否进行了专门的勘查、评价与治理工程设计。

3. 边坡参数与最终边坡设计符合性，采掘场最终边坡、排土场边坡管理情况

（1）《煤矿重大事故隐患判定标准》第十八条规定，露天煤矿边坡角大于设计最大值，或者边坡发生严重变形未及时采取措施进行治理的，属于重大事故隐患。“严重变形”是指边坡出现较大裂隙（30 cm 以上），平盘大面积滑落、垮塌或者平盘明显底鼓等情形的。不论整体边坡角度，还是局部边坡角度都不能大于设计值。

（2）采场最终边坡应遵守《煤矿安全规程》第五百八十七条规定：①采掘作业必须按设计进行，坡底线严禁超挖。②临近到界台阶时，应当采用控制爆破。③最终煤台阶必须采取防止煤风化、自然发火及沿煤层底板滑坡的措施。控制爆破方法主要有预裂爆破、光面爆破、定向爆破、定向岩塞爆破等。露天煤矿根据实际情况，选择合适的控制爆破方法。

（3）排土场边坡管理必须遵守《煤矿安全规程》第五百八十八条规定，内排土场建设前，查明基底形态、岩层的赋存状态及岩石物理力学性质，测定排弃物料的力学参数，进行排土场设计和边坡稳定计算。内排土场最下部台阶的坡底与采掘台阶坡底之间必须留有足够的安全距离。

(4) 非倒堆开采工艺，最下部台阶有采掘运输设备作业时，内排土场最下一个排土台阶的坡底线与最下部采煤台阶坡底线的安全距离应符合《煤炭工业露天矿设计规范》中 5.1.8 规定，不应小于 50 m。

【现场勘查主要要求】

(1) 查资料和现场，采场、排土场边坡角度是否不大于已批复的初步设计、安全设施设计要求，采场、排土场边坡是否发生严重变形，是否采取处理措施。

(2) 查资料和现场，内排土场最下部台阶的坡底与采掘台阶坡底之间是否留有足够的安全距离，安全距离是否符合设计要求。

(3) 查资料和现场，是否制定防止最终煤台阶自然发火的措施。查现场，检查最终煤台阶是否采取了防止煤风化、自然发火的措施，是否制定防止沿煤底板滑坡的措施。

(4) 查资料和现场，核实到界边坡是否采用控制爆破，是否符合露天煤矿爆破设计、规程要求。

4. 边坡监测方法、措施、监测点布置

1) 边坡监测范围

根据《煤炭工业露天矿边坡工程设计标准》中 9.1.1 规定，露天煤矿在建设与开采阶段，应对露天采掘场边坡、排土场边坡进行工程监测。

边坡监测包括边坡岩体地表位移监测、地下位移监测、地下水监测、边坡岩体应力监测、地震或矿震及爆破震动监测等。边坡监测范围包括露天煤矿采场、排土场及最终境界线之外 200 m 范围内。

2) 边坡监测方法

露天煤矿目前常用的边坡监测方法主要有地表位移监测（GNSS、雷达、人工监测）、地下位移监测（地下位移监测、地下应力监测）。当采场、排土场边坡存在平盘裂隙、坡底隆起时，建议对裂隙和隆起增设人工监测方法。

3) 监测点布置

(1) 露天煤矿采场边坡应进行变形监测，监测点布置应符合《煤炭工业露天矿边坡工程监测规范》（GB 51214）中 4.2.2 规定：①在露天煤矿地表最终境界线以外 200 m 内，应建立地表变形和地下变形的永久监测网。监测线不应少于 3 条，每条监测线上不应少于 3 个监测点。每个监测分区不应少于 5 个监测点。②在采掘场到界边坡上，应建立永久监测网。监测线应根据边坡长度、现场实际条件布设，其间距为 200 m~400 m，但不宜少于 3 条线。③对出现地表和地下变形或地质构造复杂、稳定性较差的重要边坡，应建立地表和地下变形的监测系统。山区、丘陵地区的露天煤矿，当地形坡度与采场边坡一致时，建议至少设有 1 条监测线到达山脊或分水岭上；山体部分的监测点建议在 3 个以上，采用自动监测点。

（2）露天煤矿排土场边坡变形监测点布置应符合《煤炭工业露天矿边坡工程监测规范》中 5.2.2 规定，监测线不应少于 3 条，每条监测线上不应少于 3 个监测点。12.3.4 规定，边坡工程发生下列情况之一时，必须立即预警，同时增加监测频率并调整监测方案：变形量或变形速率出现异常变化；变形量达到或超出预警值；边坡影响范围内出现崩塌、滑坡迹象边坡影响范围或周边建（构）筑物及地表出现异常；地震、暴雨、冻融等引起变形异常。

【现场勘查主要要求】

（1）查资料和现场，查阅边坡监测系统平面图、边坡监测数据等资料，核实露天煤矿是否对采场、排土场进行了边坡监测；监测范围是否包括露天煤矿采场、排土场及最终境界线之外 200 m。

（2）查资料和现场，查阅露天煤矿边坡监测系统平面图，核实边坡监测点（线）布设位置是否符合《煤炭工业露天矿边坡工程监测规范》要求。

（3）查资料和现场，符合《煤炭工业露天矿边坡工程监测规范》12.3.4 中的异常情况时，是否立即预警，是否增加监测频率，是否调整监测方案。

（4）查资料和现场，边坡监测是否保存记录和监测数据分析报告，分析结果是否准确，对于不稳定区域是否采取了相应的治理措施。

【评价报告编制要求】

（1）报告应明确露天煤矿边坡稳定单元的评价范围，应涵盖露天煤矿采场、排土场等全部边坡，至少应包括：边坡稳定性分析评价与验算，边坡参数，重要边坡和不稳定边坡管理，采场、排土场边坡管理，边坡监测等内容。

（2）报告应准确描述露天煤矿边坡工程地质特征，采场、排土场边坡现状，边坡稳定性分析评价与验算情况，采场、排土场重要边坡与不稳定边坡情况，采场最终边坡和排土场边坡管理情况，边坡监测情况等内容。

（3）报告应将《细则》附录G中，表G.1涉及的边坡单元安全检查表列入，编制人员可根据煤矿实际情况适当增加检查内容，但检查内容不应少于检查表要求内容，不涉及项填写“不涉及”，涉及项逐项填写现状描述，对照检查内容提出存在的问题，明确整改措施建议。

（4）报告应明确给出露天煤矿边坡稳定性分析评价、稳定性验算是否符合煤矿安全规程要求，重要边坡和不稳定边坡的处理措施、采场最终边坡、排土场边坡的管理是否符合规程、规范要求，边坡监测系统是否符合规范要求；采场、排土场边坡角是否超过设计角度，是否存在严重变形而未采取措施，评价露天煤矿边坡是否存在重大事故隐患的结论，明确给出边坡单元是否满足安全生产要求的总体结论。

【原文】 4.8.7 防治水单元

应包括以下基本内容：

露天煤矿防治水中长期规划、年度防治水计划编制及落实情况；防洪堤、拦水坝、截水沟、排洪沟等防洪设施设置情况；矿坑内排水系统的可靠性；评价露天煤矿水泵状况、排水管路、备用水泵能力等与《煤矿安全规程》和《煤矿防治水细则》的符合性；采场疏干排水情况。

【解读】 本评价单元主要是对露天煤矿防治水规划编制及落实情况，防洪设施设置情况，以及各设施设备的运行可靠性进行现状评价。

1. 防治水中长期规划、年度防治水计划编制及落实情况

《煤矿防治水细则》第一百一十四条规定，露天煤矿应当制定防治水中长期规划，对地下水、地表水和降水可能对排土场、工业广场、采场等区域造成的危害进行风险评估；应当在每年年初制定防排水计划和措施，由煤炭企业负责人审批。雨季前必须对防排水设施作全面检查，并完成防排水设施检修。新建的重要防排水工程必须在雨季前完工。

雨季前对全矿防排水设施进行全面检查，所有设备（含备用设备）、设施必须处于完好待运状态。建议有凌汛危害的露天煤矿还应该在春汛前对煤矿周围的防洪设施进行检查，使之处于完好状态。

【现场勘查主要要求】

（1）查资料，是否编制露天煤矿防治水中长期规划、年度计划，是否以正式文件下发；规划、计划内容是否全面，是否包含露天煤矿汇水面积、属地历史最大降水量、地面防排水设施等内容，是否符合煤矿实际。

（2）查资料，年度防排水计划和措施是否在年初制定，是否由煤炭企业负责人审批；是否按计划完成。

（3）查资料和现场，查阅防排水设施巡视、检查、维修记录，雨季前是否全面检查防排水设施，是否完好；新建的重要防排水工程是否在雨季前完工。

2. 防洪堤、拦水坝、截水沟、排洪沟等防洪设施设置情况

（1）《煤矿防治水细则》第一百一十五条规定，露天煤矿各种设施要充分考虑当地历史最高洪水位的影响，对低于当地历史最高洪水位的设施，必须按规定采取修筑堤坝沟渠、疏通水沟等防洪措施。

（2）《煤矿防治水细则》第一百一十六条规定，露天煤矿地表及边坡上的防排水设施应避开有滑坡危险的地段。排水沟应经常检查、清淤，不应渗漏、倒灌或者漫流；当水沟经过有变形、裂缝的边坡地段时，应采取防渗措施。

（3）《煤炭工业露天矿设计规范》中 8.2.10 规定，采掘场、排土场范围内，应对自然纵坡较大的冲沟修筑临时拦水坝。

【现场勘查主要要求】

（1）查资料和现场，查阅露天煤矿防排水系统图，查看采场、排土场、工业场地高程是否低于当地历史最高洪水位；若低于当地历史最高洪水位，是否根据周边地貌形态及标高设置防洪设施。

（2）查资料和现场，查阅露天煤矿年度防排水计划，现场核实地面防洪设施，是否按计划要求设置。

（3）查现场，露天煤矿地面防洪设施设置情况，核实地表排水沟是否设置在滑坡地段、是否定期进行维护（包括清淤、防渗、损毁等）。

3. 矿坑内排水系统的可靠性；露天煤矿水泵状况、排水管路、备用水泵能力等与《煤矿安全规程》和《煤矿防治水细则》的符合性

（1）《煤炭工业露天矿设计规范》中 8.1.12 规定，正常排水泵站的水池容积，不宜小于正常排水泵 0.5 h 的排水量。

（2）《煤矿防治水细则》第一百一十五条规定，露天煤矿矿坑内必须形成可靠排水系统。可靠的排水系统是指排水泵、管路、供电、控制系统、附属设施是否完好，处于运行或备用状态，系统能力满足年度防排水计划要求。

（3）《煤矿安全规程》第五百九十一条规定，当采场内有滑坡区时，应在滑坡区周围采取截水措施。第五百九十二条规定，用露天采场深部做储水池排水时，必须采取安全措施，备用水泵的能力不得小于工作水泵能力的50%。

【现场勘查主要要求】

（1）查现场，采场内正常排水泵站的水池容积是否大于正常排水泵0.5h的排水量；储水池容积是否满足年度防排水计划中最大暴雨量汇水量要求。

（2）查资料，查阅防排水设备、安装、检修和试运行记录，核对排水设备、排水管路的排水能力是否满足露天煤矿最大汇水量的排放时间要求。

（3）查现场，采场内是否有滑坡区，是否采取截水设施。

（4）查现场，露天采场深部的储水池，储水池四周是否设置安全挡墙（围栏）和明显的警示标识，储水池与水泵池之间是否设有过水通道。

4. 采场疏干排水情况

（1）《煤炭工业露天矿疏干排水设计规范》（GB 51173—2016）中3.1.4规定，下列情况必须采取疏干措施或堵截等地下水控制措施：①地下水对露天矿采掘、运输、排土构成严重影响；②地下水降低露天矿边坡稳定性，采掘场边坡或排土场边坡可能产生失稳；③煤层底板赋存水压高、含水丰富的含水层在开采过程中可能产生突水。3.1.6规定，布置专门地下水控制工程的露天矿或地下水对开采造成危害的露天矿，应建立地下水动态观测系统。

（2）《煤矿防治水细则》第一百一十八条规定，地层含水影响采矿工程正常进行时，应当进行疏干，当疏干不可行，可以采取帷幕注浆截流等措施，疏干、帷幕注浆截流等工程应当超前于采矿工程。第一百一十九条规定，受地下水影响较大和已进行疏干排水工程的边坡，应施工水文观测孔，进行地下水位、水压及矿坑涌水量的观测，分析地下水对边坡稳定的影响程度及疏干的效果，并制定地下水治理措施。第一百二十一条规定，露天煤矿采排场周围存在地表河流、水库或者地下水体，且水体难以疏干，应当进行专门的水文地质勘探，确定含水区域准确边界，进行专门设计，确定防隔水煤岩柱尺寸。并定期对水位水情进行观测，分析防隔水煤岩柱稳定情况。

【现场勘查主要要求】

（1）查资料，查阅防治水中长期及年度计划，计划中是否有当年排水量及地下水位降深的相关内容；核实露天煤矿疏干工程的排水量是否满足地下水位降深要求，地下水位降深是否满足采剥工作面降深要求。

（2）查现场，检查帷幕注浆工程的范围、位置是否符合设计。

（3）查现场，核实受地下水影响较大和已进行疏干排水的边坡，是否施工水文观测孔，观测内容是否包括水位、水压及矿坑涌水量；水文观测孔的数量、位置是否满足年度防排水计划要求；是否有地下水治理措施，措施是否落实到位。

（4）查现场，有专门地下水控制工程的露天矿或地下水对开采造成危害的露天矿，是否建立了地下水动态观测系统；地下水动态观测系统是否完善，观测的数据能否体现露天煤矿地下水位、来水方向。

（5）查资料，查阅露天煤矿水文地质图，核实采场周围是否存在地表河流水库或者地下水体，是否进行了专门的水文地质勘探；采场与周围水体之间的边界是否清楚，中间防隔水煤岩柱尺寸是否符合已批复的初步设计、安全设施设计要求。煤岩柱若发生变化，是否有正规设计、安全论证和审批。

【评价报告编制要求】

（1）报告应明确露天煤矿防治水单元的评价范围，应至少包括：露天煤矿防治水中长期规划、年度防治水计划，地表防洪设施，采场内排水系统，采场疏干排水情况等。

（2）报告应准确描述露天煤矿水文地质特征，防治水中长期规划、年度防治水计划；地面防排水系统、采场防排水系统及采场疏干排水系统情况等内容。

（3）报告应将《细则》附录G中，表G.1涉及的防治水单元安全检查表列入，编制人员可根据煤矿实际情况适当增加检查内容，但检查内容不应少于检查表要求内容，不涉及项填写“不涉及”，涉及项逐项填写现状描述，对照检查内容提出存在的问题，明确整改措施建议。

（4）报告应明确给出露天煤矿防治水中长期规划、年度计划是否符合煤矿防治水细则；地表防洪设施、采场内排水系统、采场疏干排水系统是否符合煤矿安全规程、煤矿防治水细则和设计，防排水能力是否满足要求的结论，明确给出防治水单元是否满足安全生产要求的总体结论。

【原文】4.8.8 防灭火单元

应包括以下基本内容：

煤堆、排土场、仓库、油库、爆炸物品库、木料厂等防灭火措施和制度及其落实情况；采场内采掘、运输、排土等主要设备灭火器材配备、定期检查、更换情况；有自然发火倾向的煤层或者开采范围内存在火区时的防灭火措施及其落实情况。

【解读】本评价单元是对露天煤矿防灭火措施和制度的落实情况及防灭火设备的定期检查更换情况展开现状评价。

1. 煤堆、排土场、仓库、油库、爆炸物品库、木料厂等防灭火措施和制度及其落实情况

露天煤矿地面防灭火安全评价范围包括：仓库、储煤场（棚）、煤堆、仓库、油库、爆炸物品库、木料厂等。《煤矿安全规程》第五百九十五条规定，露天煤矿必须制定地面和采场内的防灭火措施。所有建筑物、煤堆、排土场、仓库、油库、爆炸物品库、木料厂等处的防火措施和制度必须符合国家有关法律、法规和标准的规定。

（1）建筑物消防。露天煤矿各类厂房、仓库、建筑物的消防设施设备应符合《建筑设计防火规范》（2018 版）的有关要求。《建筑设计防火规范》（2018 版）中 8.2.1 规定，建筑占地面积大于 300 m^2的厂房、仓库、建筑物或场所应设置室内消防系统。

（2）爆炸物品储存库消防。露天煤矿爆炸物品库的消防设施设备应符合《小型民用爆炸物品储存库安全规范》（GA 838）相关规定。《小型民用爆炸物品储存库安全规范》10.1 规定，储存库门口 8 m 范围内不应有枯草等易燃物，储存库区内以及围墙外 15 m 范围内不应有针叶树和竹林等易燃油性植物。储存库区内不应堆放易燃物和种植高棵植物，草原和森林地区的储存库周围宜修筑防火沟渠。10.2 规定，储存库区可设高位水池，或设消防水池并配备消防水泵，水池储水量不少于 15 m^3。10.3 规定，储存库区内单个储存库应配备两个 5 kg 及以上的磷酸盐干粉灭火器。

（3）油库（油罐）消防。露天煤矿油库（油罐）的消防设施设备应符合《建筑设计防火规范》（2018 版）相关规定。《建筑设计防火规范》中 8.1.4 规定，甲、乙、丙类液体储罐（区）内的储罐应设置移动水枪或固定水冷却设施。高度大于 15 m 或单罐容积大于 2000 m^3的甲、乙、丙类液体地上储罐，宜采用固定水冷却设施。8.1.5 规定，总容积大于 50 m^3或单罐容积大于 20 m^3的液化石油气储罐（区）应设置固定水冷却设施，埋地的液化石油气储罐可不设置固定喷水冷却装置。总容积不大于 50 m^3或单罐容积不大于 20 m^3 的液化石油气储罐（区），应设置移动式水枪。

（4）储煤场消防。露天煤矿储煤场、煤堆的消防设施设备应符合《煤炭工业露天矿设计规范》（GB 50197）中 9.3.5 规定，露天或室内储煤场及仓式储煤型式，当储存褐煤等容易自燃煤种时应采取预防及消除煤自燃的措施。露天储煤场和储存容易自燃煤种的室内储煤场，煤堆四周应设移动设备和消防通道。

【现场勘查主要要求】

（1）查现场，检查露天煤矿地面建构筑物、储煤场（棚）、仓库、油库、爆炸物品库、木料厂等地点的消防设施设备及器材情况，核实设施设备及器材配置是否符合国家有关法律、法规和标准的规定。

（2）查现场，检查地面消防水源是否充足，是否存在补给水源。

（3）查资料和现场，查阅地面防灭火措施，措施内容是否符合煤矿实际；现场措施是否落实到位。

（4）查资料和现场，查阅露天煤矿初步设计、安全设施设计、消防设施设计等资料，核实现场是否符合设计要求。

2. 采场内采掘、运输、排土等主要设备灭火器材配备、定期检查、更换情况

《煤矿防灭火细则》第一百一十七条规定，露天煤矿内的采掘、运输、排土等主要设备，必须配备灭火器材，并定期检查和更换。露天煤矿带式输送机在转载点和机头处应当设置消防设施。

【现场勘查主要要求】

（1）查资料，检查露天煤矿的设备防灭火措施，核实措施是否符合煤矿实际。

（2）查现场，检查露天煤矿内的采掘、运输、排土等主要设备，是否配备灭火器材，灭火器材是否完好、有效。

（3）查现场，检查带式输送机的转载点、机头处的消防设施、器材配置情况，消防设施、器材是否配置齐全、有效。

（4）查资料，检查消防器材台账、消防器材更换和检查记录，是否定期检查、及时更换。

3. 有自然发火倾向的煤层或者开采范围内存在火区时的防灭火措施及其落实情况

露天煤矿采场、排土场防灭火应符合《煤矿防灭火细则》相关要求。《煤矿防灭火细则》第一百一十条规定，露天煤矿应当对开采煤层自燃倾向性进行鉴定。开采容易自燃和自燃煤层或者开采范围内存在火区时，必须制定防灭火措施。

第一百一十三条规定，开采容易自燃和自燃煤层的露天煤矿，应当采取防止采场边坡煤台阶、工作面、排土场自然发火的措施。露天煤矿排土作业时，应当对高温剥离物料进行降温处理。第一百一十四条规定，采场及排土场发生自燃火灾后，可采取挖除火源、覆土、水消、注（喷）浆等措施进行处理。第一百一十五条规定，采场最终边坡煤台阶必须采取防止煤自然发火的措施。

【现场勘查主要要求】

（1）查资料，煤层自燃倾向性检测检验报告是否在有效期内，是否包括所有已揭露煤层。

（2）查资料，是否开采容易自燃和自燃煤层或者开采范围内存在火区，是否制定防灭火措施，措施是否符合煤矿生产实际。

（3）查现场，核实露天煤矿采场、排土场发生自燃火灾后，是否采取措施，措施是否落实到位。

（4）查现场，核实露天煤矿到界煤台阶是否采取防止煤层自然发火的措施，措施是否符合生产实际，是否落实到位。

【评价报告编制要求】

（1）报告应明确露天煤矿防灭火单元的评价范围，应包括地面防灭火、采场排土场防灭火、设备防灭火、井工煤矿采空区处理等内容。

（2）报告应准确描述露天煤矿各项防灭火措施、制度的制定情况，地面建构筑物、仓库、油库、爆炸材料库、木料厂、储煤场（棚）、煤堆等防灭火设施和设备配备情况，消防水源设置情况；采掘、运输、排土等主要设备灭火器材配备情况，带式输送机的装载点、机头处消防设施配备情况；开采煤层自然倾向性情况，采取探查及安全措施制定情况。

（3）报告应将《细则》附录G中，表G.1涉及的防灭火单元安全检查表列入，编制人员可根据煤矿实际情况适当增加检查内容，但检查内容不应少于检查表要求内容，不涉及项填写“不涉及”，涉及项逐项填写现状描述，对照检查内容提出存在的问题，明确整改措施建议。

（4）报告应明确给出露天煤矿地面防灭火、消防水源、设备防灭火，以及采场排土场防灭火是否符合要求、各项措施是否落实到位的结论，明确给出防灭火单元是否满足安全生产要求的总体结论。

【原文】4.8.9 粉尘防治单元

应包括以下基本内容：

粉尘监测制度的制定及落实情况，粉尘监测方法及采样点布置的合理性，加水站（池）设置情况，露天煤矿防尘措施及落实情况。

【解读】本评价单元主要是对露天煤矿粉尘监测制度、方法，以及粉尘防治设备设施开展现状评价。

1. 粉尘监测制度的制定及落实情况，粉尘监测方法及采样点布置的合理性

（1）露天煤矿应按《煤矿作业场所职业病危害防治规定》（国家安全生产监督管理总局令第73号）第八条规定，煤矿应当制定职业病危害防治年度计划和实施方案，并建立健全职业病危害日常监测及检测、评价管理制度，明确粉尘监测的部门、监测点位置、周期、标准等。

（2）露天煤矿作业场所空气中粉尘（总粉尘、呼吸性粉尘）浓度应当符合《煤矿安全规程》第六百四十条规定，具体要求见表2-9。不符合要求的，应当采取有效措施。

表 2-9 作业场所空气中粉尘浓度要求

粉尘种类	游离 SiO_2 含量/%	时间加权平均容许浓度/($mg \cdot m^{-3}$)	
		总尘	呼尘
煤尘	<10	4	2.5
矽尘	10~50	1	0.7
	50~80	0.7	0.3
	≥80	0.5	0.2
水泥尘	<10	4	1.5

注：时间加权平均容许浓度是以时间加权数规定的 8 h 工作日、40 h 工作周的平均容许接触浓度。

(3)《煤矿安全规程》第六百四十一条规定，粉尘监测应当采用定点监测、个体监测方法。

①定点采样。从业人员在一个工作地点工作时采样可采用长时间采样方法或短时间采样方法进行采样。从业人员在一个以上工作地点工作或移动工作时采样。在从业人员的每个工作地点或移动范围内设立采样点，分别进行采样，并记录每个采样点从业人员的工作时间。

②个体采样。选择有代表性的、接触空气中粉尘浓度最高的从业人员作为重点采样对象。依据《工作场所空气中有害物质监测的采样规范》（GB/Z 159）确定采样对象的数目。将个体采样仪器的空气收集器佩戴在采样对象的前胸上部，进气口尽量接近呼吸带。采样仪器能够满足全工作日连续一次性采样时间，空气中粉尘 8 h 时间加权平均浓度按下式计算：

$$TWA = \frac{m_2 - m_1}{Q \cdot 480} \times 1000$$

式中 TWA——空气中粉尘 8 h 时间加权平均浓度，mg/m^3；

m_2——采样后的滤膜质量，mg；

m_1——采样前的滤膜质量，mg；

Q——采样流量，L/min；

480——时间加权平均容许浓度规定的以 8 h 计。

（4）粉尘监测周期。《煤矿安全规程》第六百四十二条规定，煤矿必须对生产性粉尘进行监测，总粉尘浓度，露天煤矿每月测定 1 次，粉尘分散度每 6 个月测定 1 次。呼吸性粉尘浓度每月测定 1 次。粉尘中游离 SiO_2 含量每 6 个月测定 1 次。开采深度大于 200 m 的露天煤矿，在气压较低的季节应当适当增加测定次数。

（5）监测点布设。《煤矿安全规程》第六百四十三条规定，粉尘监测采样点布置应当符合表 2-10 要求。

表 2-10　粉尘监测采样点布置

类别	生 产 工 艺	测尘点布置
露天煤矿	穿孔机作业、挖掘机作业	下风侧 3~5 m 处
	司机操作穿孔机、司机操作挖掘机、汽车运输	操作室内
地面作业场所	地面煤仓、储煤场、输送机运输等处进行生产作业	作业人员活动范围内

【现场勘查主要要求】

（1）查资料和现场，查阅露天煤矿粉尘监测相关制度，制度是否明确粉尘监测的部门、监测位置、周期和标准，内容是否符合煤矿实际；查现场，核实制度是否落实到位。

（2）查现场，现场实测，露天煤矿作业场所区域粉尘浓度是否超标。

（3）查资料，查阅粉尘监测记录，核实监测周期、监测点位置、监测方法等是否符合《煤矿安全规程》要求。

2. 加水站（池）设置情况，露天煤矿防尘措施及落实情况

《煤矿安全规程》第六百五十四条规定，露天煤矿应设置加水站（池），钻孔作业采取捕尘或者除尘器除尘等措施，运输道路采取洒水等降尘措施，破碎站、转载点等采用喷雾降尘或者除尘器除尘。

【现场勘查主要要求】

（1）查现场，核实是否设置加水站（池）。

（2）查现场，破碎站、转载点，是否配置除尘设施，设施是否完好；储煤场是否有防尘、抑尘措施，措施是否符合实际；钻机是否配置除尘装置，是否符合除尘要求。

（3）查现场，运输道路洒水降尘是否符合粉尘治理要求。

【评价报告编制要求】

（1）报告应明确露天煤矿粉尘防治单元的评价范围，应至少包括露天煤矿粉尘监测的位置、周期、监测方法及采取的防尘设施。

（2）报告应准确描述露天煤矿粉尘监测制度建设情况，监测点设置的位置、数量，监测周期及监测方法；加水站的位置、容量等情况；钻孔作业、道路运输、破碎作业、转载点、储煤场采用的防尘、抑尘措施。

（3）报告应将《细则》附录G中，表G.1涉及的粉尘防治单元安全检查表列入，编制人员可根据煤矿实际情况适当增加检查内容，但检查内容不应少于检查表要求内容，不涉及项填写“不涉及”，涉及项逐项填写现状描述，对照检查内容提出存在的问题，明确整改措施建议。

（4）报告应明确给出露天煤矿粉尘监测相关制度及执行情况，粉尘监测点的布设、数量、监测周期及监测方法是否符合要求；是否存在粉尘超标情况；运输道路、破碎站、转载点、储煤场、钻机采取的降尘措施是否符合要求，明确给出粉尘防治单元是否满足安全生产要求的总体结论。

【原文】 4.8.10　爆炸物品贮存运输与使用单元

应包括以下基本内容：

钻孔、爆破设计及安全技术措施与《煤矿安全规程》的符合性；爆炸物品管理、爆破安全警戒、爆破检查及盲炮处置等制度及落实情况；爆炸物品库防爆、防火和危险警示标志设置情况；钻孔作业、装药作业情况；爆破安全设施；高温区的爆破措施及执行情况。

【解读】 本评价单元主要是对露天煤矿爆炸物品贮存运输与使用中应注意的安全技术措施，以及相关管理制度及其落实情况开展现状评价。

1. 钻孔、爆破设计及安全技术措施与《煤矿安全规程》的符合性

钻孔、爆破设计及安全技术措施应满足《煤矿安全规程》第五百二十一条规定，露天煤矿钻孔、爆破作业必须编制钻孔、爆破设计及安全技术措施，并经矿总工程师批准。钻孔、爆破作业必须按设计进行。爆破前应当绘制爆破警戒范围图，并实地标出警戒点的位置。

钻孔设计应明确隔离挡墙（警示作用）、警示标志、安全出口设置情况；爆破设计应明确爆破技术参数、装药方法、起爆方式、布孔方式、连接方式、孔位坐标、爆破指挥人员位置、警戒位置和区域、起爆人员位置及安全警示标志设置。

【现场勘查主要要求】

（1）查资料，检查露天煤矿钻孔、爆破设计及安全技术措施，是否由相应资质的工程技术人员编制、审核；是否经矿总工程师批准后实施。

（2）查资料，钻孔设计是否包括警示挡墙、警示标志、安全出口等；爆破设计是否明确孔位坐标、爆破指挥人员位置、警戒位置和区域、起爆人员位置及安全警示标志设置等。

（3）查现场，核实爆破技术参数、装药方法、起爆方式、布孔方式和连接方式等是否符合煤矿爆破设计要求。

（4）查资料，检查钻孔、爆破设计的安全技术措施，当钻孔、爆破设计中的技术参数、作业环境、地质结构等发生变化时，是否制定安全技术措施，措施是否符合煤矿实际，措施是否落实到位。

2. 爆炸物品管理、爆破安全警戒、爆破检查及盲炮处置等制度及落实情况

1）爆炸物品管理

《煤矿安全规程》第五百二十五条规定，爆炸物品的领用、保管和使用必须严格执行账、卡、物一致的管理制度。严禁发放和使用变质失效以及过期的爆炸物品。爆破后剩余的爆炸物品，必须当天退回爆炸物品库，严禁私自存放和销毁。第五百二十六条规定，爆炸物品车到达爆破地点后，爆破区域负责人应当对爆炸物品进行检查验收，无误后双方签字。在爆破区域内放置和使用爆炸物品的地点，20 m 以内严禁烟火，10 m 以内严禁非工作人员进入。加工起爆药卷必须距放置炸药的地点 5 m 以外，加工好的起爆药卷必须放在距炮孔炸药 2 m 以外。

《民用爆炸物品安全管理条例》第四十二条规定，在爆破作业现场临时存放民用爆炸物品的，应当具备临时存放民用爆炸物品的条件，并设专人管理、看护，不得在不具备安全存放条件的场所存放民用爆炸物品。

2）爆破安全警戒

《煤矿安全规程》第五百二十八条规定，爆破安全警戒必须有安全警戒负责人，并向爆破区周围派出警戒人员。爆破区域负责人与警戒人员之间实行“三联系制”。因爆破中断生产时，立即报告矿调度室，采取措施后方可解除警戒。

安全警戒距离应符合《煤矿安全规程》第五百二十九条规定，抛掷爆破（孔深小于45 m）爆破区正向不得小于1000 m，其余方向不得小于600 m。深孔松动爆破（孔深大于5 m）距爆破区边缘，软岩不得小于100 m、硬岩不得小于200 m。浅孔爆破（孔深小于5 m）无充填预裂爆破，不得小于300 m。二次爆破炮眼爆破不得小于200 m。

3）爆破安全检查

爆破后检查必须遵守《煤矿安全规程》第五百三十七条规定，爆破后5 min内，严禁检查。发现拒爆，必须向爆破区负责人报告。发现残余爆炸物品必须收集上缴，集中销毁。

根据《爆破安全规程》（GB 6722）中6.8.1.2规定，露天爆破经检查确认爆破点安全后，经当班爆破班长同意，方准许作业人员进入爆区。

发生拒爆和熄爆时，应当分析原因，采取措施，并遵守《煤矿安全规程》第五百三十八条规定，在危险区边界设警戒，严禁非作业人员进入警戒区。因地面网路连接错误或者地面网路断爆出现拒爆，可以再次连线起爆。严禁在原钻孔位钻孔，必须在距拒爆孔10倍孔径处重新钻与原孔同样的炮孔装药爆破。上述方法不能处理时，应当报告矿调度室，并指定专业人员研究处理。

4）盲炮处理

盲炮处理应符合《爆破安全规程》中6.9规定，处理盲炮前应由爆破技术负责人定出警戒范围，并在该区域边界设置警戒，处理盲炮时无关人员不许进入警戒区。应派有经验的爆破员处理盲炮，硐室爆破的盲炮处理应由爆破工程技术人员提出方案并经单位技术负责人批准。电力起爆网路发生盲炮时，应立即切断电源，及时将盲炮电路短路。导爆索和导爆管起爆网路发生盲炮时，应首先检查导爆索和导爆管是否有破损或断裂，发现有破损或断裂的可修复后重新起爆。严禁强行拉出炮孔中的起爆药包和雷管盲炮处理后，应再次仔细检查爆堆，将残余的爆破器材收集起来统一销毁；在不能确认爆堆无残留的爆破器材之前，应采取预防措施并派专人监督爆堆挖运作业。盲炮处理后应由处理者填写登记卡片或提交报告，说明产生盲炮的原因、处理的方法。当怀疑有盲炮时，应设置明显标识并对爆后挖运作业进行监督和指挥，防止挖掘机盲目作业引发爆炸事故。

【现场勘查主要要求】

（1）查资料，查阅爆炸品安全管理台账，爆炸物品储存、领取、运输、使用、清退是否符合《煤矿安全规程》要求；爆炸物品现场使用管理，爆炸物品规格、型号及数量是否当面交接、清点；是否设专人管理；爆炸物品及加工药包现场放置是否符合《煤矿安全规程》要求。

（2）查现场，检查爆破安全警戒距离是否符合《煤矿安全规程》要求。

（3）查资料，起爆后检查，检查时间是否符合《煤矿安全规程》要求；出现拒爆、熄爆、盲炮的处理措施是否符合《煤矿安全规程》要求，措施是否落实到位。

3. 爆炸物品库防爆、防火和危险警示标志设置情况

《煤矿安全规程》第五百一十四条规定，炸药厂、爆炸物品库等易燃易爆场所，必须设置防爆、防火和危险警示标志。

《民用爆炸物品储存库治安防范要求》（GA 837）中4.4.2规定，储存库房的门应为双层门，内层门为加金属网的通风栅栏门，外层门为防盗门，两层门均应向外开启。内、外两层门锁钥匙应由双人分别保管，开启门时两人应同时在场。库窗应设置铁栅栏、金属网，库区应设置符合有关技术标准规定的围墙。4.4.3规定，应设报警值班室，确保对以技术手段为主的防范设施实施统一控制；报警值班室应安装防盗门和防盗窗，其结构应坚固并具备防破坏能力；报警值班室应有防侵犯设施和自卫器具；报警值班室严禁设置床铺；报警值班室应安装值班报警电话并保持24 h畅通。4.5.1规定，库区应配备2条（含）以上看护犬。

【现场勘查主要要求】

（1）查现场，检查炸药厂、爆炸物品库等场所，核实设置的防爆、防火和危险警示标志是否齐全。

(2) 查现场，检查爆炸物品库是否设置防爆、防火、防雷、防盗管控装置及设施，是否符合《爆破安全规程》《民用爆炸物品储存库治安防范要求》等规定。

4. 钻孔作业、装药作业、爆破作业

(1) 钻孔作业。钻孔设备进行钻孔作业和走行时，履带边缘与坡顶线的距离应当符合《煤矿安全规程》第五百二十三条规定，详见表 2-11。钻凿坡顶线第一排孔时，钻孔设备应当垂直于台阶坡顶线或者调角布置（夹角应当不小于45°）；有顺层滑坡危险区的，必须压碴钻孔；钻凿坡底线第一排孔时，应当有专人监护。《煤矿安全规程》第五百二十四条规定，钻孔设备在有采空区的工作面钻孔时，必须制定安全技术措施，并在专业人员指挥下进行。

表 2-11　钻孔设备履带边缘与坡顶线的安全距离　　m

台阶高度	<4	4~10	10~15	≥15
安全距离	1~2	2~2.5	2.5~3.5	3.5~6

(2) 装药作业。《煤矿安全规程》第五百二十一条规定，露天煤矿钻孔、爆破作业必须编制钻孔、爆破设计及安全技术措施，并经矿总工程师批准。钻孔、爆破作业必须按设计进行。爆破前应当绘制爆破警戒范围图，并实地标出警戒点的位置。第五百二十七条规定，炮孔装药和充填必须遵守下列规定：①装药前在爆破区边界设置明显标志，严禁与工作无关的人员和车辆进入爆破区。②装药时，每个炮孔同时操作的人员不得超过 3 人；严禁向炮孔内投掷起爆具和受冲击易爆的炸药；严禁使用塑料、金属或者带金属包头的炮杆。③炮孔卡堵或者雷管脚线、导爆管及导爆索损坏时应当及时处理；无法处理时必须插上标志，按拒爆处理。④机械化装药时由专人现场指挥。⑤预装药炮孔在当班进行充填。预装药期间严禁连接起爆网络。⑥装药完成撤出人员后方可连接起爆网络。《爆破安全规程》中 7.2.3 规定，爆破工程技术人员在装药前应对第一排各钻孔的最小抵抗线进行测定，对形成反坡或有大裂隙的部位应考虑调整药量或间隔填塞。底盘抵抗线过大的部位，应进行处理，使其符合爆破要求。孔口抵抗线过小者，应适当加大填塞长度。

（3）爆破作业。《爆破安全规程》中7.1.1规定，露天爆破作业时，应建立避炮掩体，避炮掩体应设在冲击波危险范围之外；掩体结构应坚固紧密，位置和方向应能防止飞石和有害气体的危害；通达避炮掩体的道路不应有任何障碍。7.1.3规定，露天爆破时，起爆前应将机械设备撤至安全地点或采用就地保护措施。7.1.9规定，露天岩土爆破严禁采用裸露药包。

【现场勘查主要要求】

（1）查现场，布孔、钻孔作业布孔是否符合设计要求；钻机钻孔是否符合钻孔设计；钻机行走距离台阶坡底线、坡顶线是否保证足够的安全距离；长距离行走是否放平钻架；调角作业是否严格执行《煤矿安全规程》；有顺层滑坡危险区的，是否压碴钻孔；钻凿坡底线第一排孔时，是否设置专人监护；采空区上方作业，是否制定安全技术措施，措施是否符合实际。

（2）查现场，装药作业前是否设置安全警戒标志；装药作业程序是否符合要求；边眼距小于设计、钻孔卡堵等异常现象处理是否制定安全技术措施；连线检查是否符合设计要求等。

（3）查现场，爆破作业时，警戒人员设置是否符合设计要求；起爆器管理、连接是否符合相关规定要求；炮区负责人、起爆人员、警戒人员“三联系制”执行是否符合《煤矿安全规程》。

5. 高温区的爆破措施及执行情况

（1）在高温区、自然发火区进行爆破作业时，必须遵守《煤矿安全规程》第五百三十六条规定，测试孔内温度。有明火的炮孔或者孔内温度在80 ℃以上的高温炮孔采取灭火、降温措施。高温孔经降温处理合格后方可装药起爆。高温孔应当采用热感度低的炸药，或者将炸药、雷管作隔热包装。

（2）高温爆破人员应符合《爆破安全规程》（GB 6722）中9.1.1规定，高温爆破作业人员应经过专门培训，且形成固定搭配。9.1.4规定，高温爆破作业面附近的非爆破工作人员，应在装药前全部撤离。9.1.7规定，装药时，应安排专人监督，发现炮孔逸出棕色浓烟等异常现象时，应迅速组织撤离。

【现场勘查主要要求】

（1）查资料，露天煤矿对高温区、自然发火区、高温孔爆破作业是否制定安全技术措施，安全技术措施是否符合生产实际。

（2）查资料和现场，查炮孔测温记录、降温措施，高温孔装药前，是否按《煤矿安全规程》要求测量炮孔温度；当炮孔温度超过 80℃时，是否采取降温措施。

（3）查现场，询问装药人员，炮孔降温过程中，是否掌握孔温变化规律；是否确定准确的炮区装药作业时间。

（4）查现场，查炮孔测温记录，装药作业过程，炮孔温度是否符合《煤矿安全规程》要求。

（5）查资料和现场，查阅高温孔爆破人员的培训资料，核实高温爆破人员培训是否符合《爆破安全规程》要求。

【评价报告编制要求】

（1）报告应明确爆炸物品贮存运输与使用单元的评价范围，应至少包括：钻孔、爆破设计及安全技术措施；爆炸物品管理，爆破安全警戒线布置、爆破检查情况及盲炮处置；爆炸物品库防爆、防火和危险警示标志设置；钻孔作业、装药作业、爆破作业情况，高温区、自然发火区爆破等内容。

（2）报告应准确描述露天煤矿钻孔、爆破生产运营模式，爆破参数、爆破方法、起爆方式、布孔方式、连接方式和爆破材料等内容；爆炸物品管理、爆破警戒线布置、爆破安全检查、盲炮处置等内容；爆炸物品库防爆、防火和危险警示标志设置情况；高温区、自然发火区的爆破措施及落实情况等。

（3）报告应将《细则》附录 G 中，表 G.1 涉及的爆炸物品贮存运输与使用单元安全检查表列入，编制人员可根据煤矿实际情况适当增加检查内容，但检查内容不应少于检查表要求内容，不涉及项填写“不涉及”，涉及项逐项填写现状描述，对照检查内容提出存在的问题，明确整改措施建议。

（4）报告应明确给出露天煤矿爆破参数、爆破方法、起爆方式、布孔方式和连接方式是否符合爆破设计、《煤矿安全规程》要求；爆炸物品管理、爆破警戒线设置、爆破安全检查、盲炮处置等是否符合《煤矿安全规程》《爆破安全规程》要求；爆炸物品库防爆、防火和危险警示标志设置是否齐全，是否符合《煤矿安全规程》要求；高温区、自然发火区爆破措施是否落实到位的结论，明确给出爆炸物品贮存运输与使用单元是否满足安全生产要求的总体结论。

【原文】4.8.11 电气单元

应包括以下基本内容：

a）设备设施。评价采场内主排水泵备用电源设置情况；移动变电站安全警示标志、保护接地等；防雷电装置及检验情况。临时设置的变压器围栏、防触电标志等。无线对讲系统、应急通信系统可靠性，调度室与附近急救中心、消防机构、上级生产指挥中心的通信联系。是否有国家明令禁止使用或淘汰的危及生产安全的电气产品。

b）停送电操作。评价高压变配电和线路的检修及停送电制度及落实情况；采场内（变电站、所及以下）配电线路的停送电制度及落实情况；非计划停送电制度、记录等。

【解读】本评价单元主要是对露天煤矿供电系统的安全保护、安全设施装设和安全运行可靠性开展现状评价。

1. 采场内主排水泵备用电源设置情况

《煤矿安全规程》第五百九十八条规定，采场内的主排水泵站必须设置备用电源，当供电线路发生故障时，备用电源必须能担负最大排水负荷。露天煤矿采场应实现双电源线路供电，双电源可一用一备。如果采场没有形成双电源线路的条件，可以采用柴油发电机组作为采场排水泵的备用电源。柴油发电机组容量必须能担负最大排水负荷，并且能够保证最大排水量的水泵的启动。柴油发电机组应有安全操作规程，定期试运行，实现双电源自动切换。

【现场勘查主要要求】

（1）查现场，主排水泵站是否有双电源；核实工作泵、暴雨泵功率，按水泵功率确定供电电源配置是否满足最大排水负荷要求。

（2）查现场，采用柴油发电机组作为备用电源的，发动机功率是否满足主排水泵站最大用电负荷。柴油发电机组是否有定期试运行记录，是否有安全操作规程，是否实现双电源自动切换。

（3）查资料和现场，查阅备用电源运行资料，备用电源状态是否良好，是否能正常运行；备用电源定期检查和试运记录是否齐全、真实，是否符合煤矿生产实际。

（4）查资料和现场，是否绘制防排水系统图和供配电系统图；图纸是否与实际相符。

2. 移动变电站安全警示标志、保护接地等；临时设置的变压器围栏、防触电标志等

《煤矿安全规程》第六百零一条规定，采场变电站、非全封闭式移动变电站，四周应当设有围墙或者栅栏。必须对变电站、移动变电站、开关箱、分支箱统一编号，门必须加锁，并设安全警示标志。变电站内的设备应当编号，并注明负荷名称，必须设有停、送电标志。第六百零二条规定，移动变电站进线户外主隔离开关必须上锁，馈出侧隔离开关与断路器之间必须有可靠的机械或者电气闭锁。

露天煤矿高压配电线路过负荷、短路、漏电保护应当齐全、完好，低压配电线路装设短路和单相接地（漏电）保护，向采场内的移动式高压电动设备供电的变压器严禁中性点直接接地。

【现场勘查主要要求】

（1）查现场，检查采场变电站、非全封闭式移动变电站，是否有围墙或者栅栏；围墙或者栅栏高度是否不低于 1.7 m，是否悬挂“高压危险，禁止攀爬”字样的警示牌，是否设明显的防触电标志。

（2）查现场，变电站门口处是否悬挂“非工作人员，禁止入内”安全警示牌；变电站、移动变电站、开关箱、分支箱是否统一编号，门是否加锁；变电站内的设备是否编号，是否注明负荷名称，是否设有停、送电标志。

（3）查现场，移动变电站进线户外主隔离开关是否上锁；查设备设施检修和运行巡查记录，记录是否齐全、真实；查供配电系统图，馈出侧隔离开关与断路器之间是否有可靠的机械或者电气闭锁。

（4）查资料，核实保护接地电阻测试记录是否齐全，测试地点是否有遗漏，接地电阻阻值是否有超规定现象。

（5）查现场，变电所、箱式变电站各种过电流、过电压、过电流速断、接地保护装置是否齐全；查继电保护整定计算书定值是否合理，现场实验动作是否可靠；“五防”功能是否可靠。

3. 防雷电装置及检验情况

《煤矿安全规程》第六百一十一条规定，变（配）电设施、油库、爆炸物品库、高大或者易受雷击的建筑，必须装设防雷电装置，每年雨季前检验1次。

（1）变（配）电设施（包括：35 kV及以上变电所、箱式变电站或杆式变电亭）的防雷应符合《建筑物防雷设计规范》（GB 50057）中3.0.3要求，按二类防雷建筑物设防。

（2）高大建筑（建筑物高度在20 m及以上、原煤储煤棚或筒仓）防雷应按照《建筑物防雷设计规范》中3.0.4要求，按三类防雷建筑物设防。

（3）供配电线路、配电柜柜内避雷装置和接地电阻应符合《低压配电设计规范》（GB 50054）、《电气装置安装工程 接地装置施工及验收规范》（GB 50169）要求。

【现场勘查主要要求】

（1）查现场，露天煤矿变（配）电设施、油库、爆炸物品库、高大或者易受雷击的建筑，防雷电装置是否齐全，是否符合标准、规程、规范要求。

（2）查资料和现场，查阅防雷检测报告，报告是否在有效期；检测范围是否全面，是否有应检未检项；是否在每年雨季前进行检测；是否委托具备相关资质的单位进行检测。

（3）查资料，查供配电线路、配电柜柜内避雷装置和接地电阻测试记录，查图纸和测试记录，图纸是否与实际相符，是否及时更新；记录是否齐全、真实。

4. 无线对讲系统、应急通信系统可靠性，调度室与附近急救中心、消防机构、上级生产指挥中心的通信联系

《煤矿安全规程》第六百二十八条规定，必须配置能够覆盖整个开采范围的无线对讲系统，有基站的必须配备不间断电源，同时配置其他的有线或者无线应急通信系统；调度室与附近急救中心、消防机构、上级生产指挥中心的通信联系必须装设有线电话。

【现场勘查主要要求】

（1）查资料和现场，查通信系统图，核实通信设备是否覆盖整个开采范

围；无线对讲系统是否完好，通话是否畅通清晰无干扰。

（2）查现场，调度室与附近急救中心、消防机构、上级生产指挥中心是否装设有线电话，是否畅通清晰无干扰。

（3）查现场，查无线基站，是否有备用电源，是否保证不间断供电。

5. 是否有国家明令禁止使用或淘汰的危及生产安全的电气产品

按照《关于印发〈淘汰落后安全技术装备目录（2015 年第一批）〉的通知》（安监总科技〔2015〕75 号）、《关于印发〈淘汰落后安全技术工艺、设备目录（2016 年）〉的通知》（安监总科技〔2016〕137 号），露天煤矿不能使用国家明令禁止使用或淘汰的危及生产安全的电气产品。

【现场勘查主要要求】

查资料和现场，查阅设备档案、台账和变配电设备，逐项排查是否有露天煤矿涉及的淘汰设备，如：S_7动力变压器、继电器式过流保护装置（6kV 及以上开关柜使用）、电磁式继电保护装置、阀式避雷器等。

6. 停送电操作

《煤矿安全规程》第六百条规定，执行电气检修作业，必须停电、验电、放电，挂接三相短路接地线，装设遮拦并悬挂标示牌。第六百二十条规定，采场内（变电站、所及以下）配电线路的停送电作业应当遵守下列规定：①计划停送电严格执行工作票、操作票制度。②非计划停送电，应当经调度同意后执行，并双方做好停送电记录。③事故停电，执行先停电，后履行停电手续，采取安全措施做好记录。④严禁约时停送电。《煤矿安全规程》第六百二十一条规定，高压变配电设备和线路的检修及停送电，必须严格执行停电申请和工作票制度。停电线路维修作业必须遵守：①必须由负责人统一指挥。②必须有明显的断开点，该线路断开的电源开关把手，必须专人看管或者加锁，并悬挂警示牌。③停电后必须验电，并挂好接地线。④作业时必须有专人监护。⑤确认所有作业完毕后，摘除接地线和警示牌，由负责人检查无误后通知调度恢复送电。

【现场勘查主要要求】

（1）查资料，是否建立停送电作业制度，工作票、操作票制度；制度内容是否符合国家有关标准、规范要求，是否符合煤矿实际，是否有可操作性；制度宣贯和学习是否到位，操作人员是否能熟练掌握停送电流程。

（2）查资料，是否有现场检查维修作业记录和工作票、操作票记录，办理流程、内容是否符合标准；内容填写是否齐全、正确，执行是否规范。

【评价报告编制要求】

（1）报告应明确露天煤矿电气单元的评价范围，应至少包括：供电系统、采场供配电、工业场地供配电、变电所、防雷、保护接地、通信、电气检修等内容。

（2）报告应准确描述露天煤矿供电电源、变电所、采场供配电、主排水泵备用电源设置、防雷电装置及检验、通信、电气检修、停送电制度建立和执行情况等内容。

（3）报告应将《细则》附录 G 中，表 G. 1 涉及的电气单元安全检查表列入，编制人员可根据煤矿实际情况适当增加检查内容，但检查内容不应少于检查表要求内容，不涉及项填写“不涉及”，涉及项逐项填写现状描述，对照检查内容提出存在的问题，明确整改措施建议。

（4）报告应明确给出露天煤矿供电能力是否符合安全生产要求，供电电源是否符合设计、采场主排水泵供电是否符合要求、防雷电装置及检验是否符合要求、变电站是否符合要求、通信系统是否符合要求、是否有国家明令禁止使用或淘汰的危及生产安全的电气产品、电气检修及停送电是否符合要求的结论，明确给出电气单元是否满足安全生产要求的总体结论。

【原文】 4. 8. 12　设备检修单元

应包括以下基本内容：

检修制度、安全措施执行情况，安全标志设置情况；起重、高空、焊接作业情况，起重机等特种设备检修、检测检验和更换情况。

【解读】 本评价单元主要是对露天煤矿使用的特种设备的检修、检测检验和更换情况开展现状评价。

1. 检修制度、安全措施执行情况

《煤矿安全规程》第四条规定，煤矿企业必须建立各种设备、设施检查维修制度，定期进行检查维修，并做好记录。

露天煤矿必须制定设备检修维护制度，安全操作规程、检修作业规程和检修安全技术措施。

【现场勘查主要要求】

（1）查资料，是否制定设备检修维护制度，是否以正式文件下发；制度内容是否符合国家法律法规、规程规范要求，是否符合煤矿实际，是否有针对性、可操作性；是否有检修记录，记录是否齐全、真实。

（2）查资料，是否制定检修作业规程、安全操作规程；内容是否符合煤矿实际，是否有针对性、可操作性。

2. 安全标志设置情况

《煤矿安全规程》第六百三十条规定，设备检修时必须执行挂牌制度，在控制位置悬挂“正在检修，严禁启动”警示牌。

【现场勘查主要要求】

（1）查资料和现场，是否制定检修挂牌制度；作业现场是否在控制位置或醒目位置悬挂“正在检修，严禁启动”警示牌。

（2）查现场，设备停放场、检修物资材料仓库是否设置防爆、防火和危险警示标志。

（3）查现场，矿用卡车检修、吊装作业区域是否设置警示标志。

3. 起重、高空、焊接作业情况

（1）高空作业。《煤矿安全规程》第五百二十条规定，作业人员在 2 m 及以上的高处作业时，必须系安全带或者设置安全网。第六百三十五条规定，高空作业必须遵守下列规定：①使用登高工具和安全用具。②使用梯子时，支承必须牢固，并有防滑措施，严禁垫高使用。③采取可靠的防止人员坠落措施，有条件时应当设置防护网或者防护围栏。④人员站立位置及扶手采取防滑措施。⑤防止物体坠落，严禁抛掷工具和器材。⑥在有坠落危险的下方严禁其他人员停留或者作业。

（2）起重。《煤矿安全规程》第六百三十四条规定，吊装作业必须遵守下列规定：①吊装作业区四周设置明显标志，夜间作业有足够的照明。②严禁超载吊装和起吊重量不明的物体；严禁使用一根绳索挂 2 个吊点；严禁绳索与棱角直接接触。③2 台及以上起重机起吊同一物体时，负载分配应当合理，单机载荷不得超过额定起重量的 80%。

起重吊装作业前，必须编制吊装作业的专项施工方案，并应进行安全技术交底；作业中，未经技术负责人批准，不得随意更改。

（3）焊接作业。《煤矿防灭火细则》第一百一十八条规定，焊割作业场所应当确保通风良好，无易燃、易爆物品。《煤矿安全规程》第六百三十三条规定，各类气瓶要距明火 10 m 以上，氧气瓶距乙炔瓶 5 m 以上。在重点防火、防爆区焊接作业时，办理用火审批单，并制定防火、防爆措施。

【现场勘查主要要求】

（1）查现场，是否设有登高工具和安全用具；工具、用具是否完好；是否有防坠措施，措施是否可靠；有条件时是否设防护网或防护围栏等。

（2）查现场，吊装区域四周是否有明显标志及照明设施，吊装作业是否有专项吊装作业施工方案，起重机作业人员是否持证上岗。

（3）查现场，各类气瓶摆放距离是否符合要求；各种气瓶及相关连接件是否沾染油脂；电焊机及用具是否绝缘；焊接作业人员是否持证上岗。

（4）查资料和现场，是否有在重点防火、防爆区动火作业审批单，是否有防火、防爆安全措施，现场作业时是否落实安全措施。

4. 起重机等特种设备检修、检测检验和更换情况

（1）露天煤矿特种设备包括锅炉、压力容器（含气瓶）、电梯、起重机械、场（厂）内专用机动车辆等，应该定期进行检测检验；使用特种设备须按照规定办理使用登记。不得使用未取得许可生产，或者国家明令淘汰、已经报废的特种设备。

（2）特种设备的检修、检测检验和改造、更换应符合国家有关要求，须由设备使用部门提出相关申请，经所在地市级负责特种设备的监督管理部门批准后，委托设备制造厂家或由具有专业检修资质的单位进行。

（3）露天煤矿应按照《特种设备安全监察条例》第二十六条要求，建立特种设备安全技术档案。

（4）露天煤矿应当对在用特种设备进行经常性日常维护保养，定期至少每月进行一次自行检查，并作出记录。对在用特种设备进行自行检查和日常维护保养时发现异常情况的，应当及时处理和消除事故隐患，并作出记录。

（5）露天煤矿须对在用特种设备的安全附件、安全保护装置、测量调控装置及有关附属仪器仪表进行定期校验、检修，并作出记录。

（6）露天煤矿应当按照安全技术规范的定期检验要求，在安全检验合格有效期届满前1个月向特种设备检验检测机构提出定期检验要求；要求将定期检验标志置于该特种设备的显著位置。

（7）特种设备操作、维护和管理人员必须经培训合格取得由安全监督管理部门发放的特种设备作业证，持证上岗。

【现场勘查主要要求】

（1）查资料，锅炉、压力容器（含气瓶）、电梯、起重机械、场（厂）内专用机动车辆等特种设备是否有检测检验报告，报告是否在有效期；是否委托相应资质的机构进行定期检测检验。

（2）查资料，锅炉、压力容器（含气瓶）、电梯、起重机械、场（厂）内专用机动车辆等特种设备，是否进行经常性日常维护保养，是否定期自行检查；异常情况是否及时处理。

（3）查资料，特种设备的安全附件、安全保护装置、测量调控装置及有关附属仪器仪表是否进行定期校验、检修，是否有记录，记录是否齐全、真实。

（4）查资料，是否具有特种设备安全技术资料档案，档案是否齐全，是否包括：①特种设备的设计文件、产品质量合格证明、安装及使用维护保养说明、监督检验证明等相关技术资料和文件。②特种设备的定期检验和定期自行检查记录。③特种设备的日常使用状况记录。④特种设备及其附属仪器仪表的维护保养记录。⑤特种设备的运行故障和事故记录。

（5）查资料和现场，是否制定特种设备检修维护管理制度及操作规程，相关操作、维护及安全管理人员是否掌握制度及操作规程，现场检修作业是否有安全技术措施且符合实际。

（6）现场，是否将定期检验标志置于该特种设备的显著位置。

（7）查资料和现场。特种设备操作、维护人员和安全管理人员是否全部经过专业培训并持证上岗，证件是否在有效期内并定期复审。

【评价报告编制要求】

（1）报告应明确露天煤矿设备检修单元的评价范围，应至少包括：检修制度及安全措施，检修作业、高处作业、焊接作业、吊装、安全标识设置及特种设备等内容。

（2）报告应准确描述露天煤矿设备检修规模（种类）、检修场地面积、位置；设备、设施检查维修制度的制定情况，各类安全标志的设置，特种设备及检测检验情况。

（3）报告应将《细则》附录G中，表G.1涉及的设备检修单元安全检查表列入，编制人员可根据煤矿实际情况适当增加检查内容，但检查内容不应少于检查表要求内容，不涉及项填写“不涉及”，涉及项逐项填写现状描述，对照检查内容提出存在的问题，明确整改措施建议。

（4）报告应明确给出露天煤矿制定设备检修维护制度，检修作业规程、安全操作规程和安全措施是否符合《煤矿安全规程》要求，是否落实到位，安全标志设置是否齐全、符合《煤矿安全规程》要求，起重、高空、焊接作业是否符合《煤矿安全规程》要求，特种设备是否按规定进行检测检验，操作人员是否持证上岗的结论，报告应明确给出设备检修单元是否满足安全生产要求的评价结论。

【原文】 4.8.13　总平面布置单元

应包括以下基本内容：

永久性建（构）筑物位置合理性，爆破材料库、选煤厂、变电所（站）、机电维修设施位置与露天煤矿采掘场、排土场的安全距离；工业场地边坡、护坡安全加固措施；生产系统储装运使用管理情况；各建筑物的火灾危险性、耐火等级、防火距离、厂区内消防通道设置与国家有关防火规定的符合性。

【解读】 本评价单元主要是对露天煤矿矿场整体布局的合理性，采矿相关场所设置的安全距离、安全防护设施开展现状评价。

1. 永久性建（构）筑物位置及安全距离

（1）《煤炭工业露天矿设计规范》10.1.6规定，爆破器材库应与外部运输道路及爆破现场联系方便，炸药运输应避免穿越城镇、居住区和经过其他重要设施；库址选择应符合现行国家标准，并应得到当地公安部门的批准。10.2.2.9规定，爆破器材库距露天煤矿工业场地、居住区、变电所及高压输电线路、铁路专用线、公路、村庄及城镇、企业等地面建筑设施的安全距离，应符合《民用爆炸物品工程设计安全标准》（GB 50089）有关规定。

（2）储煤场与室外变配电装置、机电设备维修车间、矿本部、化验室等建筑物距离应满足《煤炭工业露天矿设计规范》中 10.2.5 要求，间距不小于 30 m，在不利风向位置时，不小于 50 m。

（3）《煤炭工业露天矿设计规范》中 6.0.6 规定，机修车间、选煤厂或其他重要建（构）筑物与采掘场地表境界的安全距离，应经采掘场边坡稳定验算后确定。当开采深度小于 200 m 时，安全距离不宜小于最大开采深度；当开采深度大于 200 m 时，安全距离不宜小于 200 m。6.0.7 规定，机修车间、选煤厂或其他重要建（构）筑物与排土场境界的安全距离，宜大于排土场边坡高度的 1.5 倍。必要时，安全距离应经排土场边坡稳定验算后确定。

（4）《煤矿安全规程》第五百一十五条规定，距采场最终境界的安全距离以内不得建永久性建（构）筑物；爆炸物品库爆炸危险区内、不稳定的排土场内以及爆破、岩体变形、塌陷、滑坡危险区域内不得建永久性建（构）筑物。

【现场勘查主要要求】

（1）查资料，爆破材料库是否有设计和安全现状评价报告，是否取得当地公安部门批准；现场实地查看爆破材料库，库址是否与设计一致；实测爆破材料库相关安全距离是否符合要求。

（2）查资料和现场，查阅采剥、排土工程平面图、总平面布置图、初步设计、安全设施设计等资料，现场实测机修车间、选煤厂和其他重要建（构）筑物与采掘场、排土场之间的安全距离，是否符合要求。安全距离不足时，是否开展边坡稳定验算，是否采取措施，措施是否落实到位。

（3）查资料和现场，查阅总平面布置图，核实采场最终境界的安全距离以内，爆炸物品库爆炸危险区内、不稳定的排土场内以及爆破、岩体变形、塌陷、滑坡危险区域内，是否有永久性建（构）筑物。

2. 工业场地边坡、护坡安全加固措施

《煤炭工业露天矿设计规范》10.3.2 规定，当改变场地自然地形时，应使填挖方和建（构）筑物基础、挡墙、护坡等工程量最少，并应对工业场地可能引起的滑坡、塌方、地下水位上升采取防治措施。10.3.3.5 规定，台阶的划分应与地形及总平面布置相适应，在满足生产运输、管线敷设等要求的条件下，宜减少台阶数量；台阶高度不宜低于 1 m，宜为 3 m~6 m，当工业场地存在高差，为保证安全需要，工业场地应有防坠措施。

【现场勘查主要要求】

（1）查现场，工业场地可能引起的滑坡、塌方、地下水位上升等情况的地方是否采取护坡、加固等防治措施，措施是否符合设计要求。

（2）查现场，工业场地台阶划分是否符合设计要求，当工业场地高差较大时，是否采取防坠措施。

3. 生产系统储装运使用管理情况

《煤炭工业露天矿设计规范》中 9.3.3 规定，采用圆筒仓、槽型仓等仓式储煤或自溜式卸煤时，应采取防止物料堵仓、起拱措施。严寒地区有预防煤的冻结、堵仓措施。9.3.4 规定，露天储煤场应采取防尘和抑尘措施，多暴雨地区应设置排水设施。露天或室内储煤场及仓式储煤型式，当储存褐煤等易自燃煤种，应采取预防及消除煤自燃的措施。露天储煤场和储存容易自燃煤种的室内储煤场，煤堆四周应设置移动设备和消防通道。9.3.6 规定，储煤场布置应设储煤设备检修场地和检修车辆的通道。当室内储煤场设有大型设备时，室内场地布置应便于起重检修车辆的通行，并应有足够的检修作业空间和场地。

【现场勘查主要要求】

（1）查资料和现场，是否制定控制产品水分、合理控制仓位、严禁将筒仓完全放空等防止物料堵仓、起拱的措施，严寒地区是否制定有预防煤的冻结、堵仓等措施，措施是否落实到位。

（2）查现场，多暴雨地区露天储煤场排水设施是否符合设计要求、煤堆四周是否设置移动设备和消防通道、储煤场是否留有设备检修场地和检修车辆的通道等，储存褐煤等易自燃煤种是否有预防及消除煤自燃的措施。

4. 各建筑物的火灾危险性、耐火等级、防火距离、厂区内消防通道设置与国家有关防火规定的符合性

（1）露天煤矿各建筑物的防火间距、消防通道设置应符合《建筑设计防火规范》（2018 版）规定。

（2）消防车道应符合以下要求：①消防车道的净宽度和净高度均不得小于 4.0 m；②车道的转弯半径应不小于消防车的转弯半径；③消防车道与建筑物

之间不应设置妨碍消防车操作的树木、架空管线等障碍物。

（3）露天煤矿的爆炸物品库、油库、加油站和物资仓库等易燃易爆场所必须按照《煤矿安全规程》第五百一十四条规定要求设置防爆、防火和危险警示标志。

【现场勘查主要要求】

（1）查资料和现场，各建筑物是否有设计；查现场，各建筑物防火距离、消防通道是否符合设计要求，消防通道是否畅通。

（2）查现场，查看爆炸物品库、油库、加油站和物资仓库等场所，是否按照规程要求设置防爆、防火和危险警示标志。

【评价报告编制要求】

（1）评价报告应明确总平面布置单元的评价范围，至少应包括：各类建（构）筑物位置、储煤场、建筑防火、工业场地安全措施、场地安全标志等内容。

（2）报告应准确描述露天煤矿各类永久性建（构）筑物位置，描述工业场地位置及护坡加固措施，描述生产系统储装运使用管理情况，描述各建筑物的火灾危险性、耐火等级、防火距离、厂区内消防通道设置情况。

（3）报告应将《细则》附录G中，表G.1涉及的总平面布置单元安全检查表列入，编制人员可根据煤矿实际情况适当增加检查内容，但检查内容不应少于检查表要求内容，不涉及项填写“不涉及”，涉及项逐项填写现状描述，对照检查内容提出存在的问题，明确整改措施建议。

（4）报告应明确给出露天煤矿地面永久性建（构）筑物位置是否与批复的初步设计一致、位置是否合理，爆炸物品库、选煤厂、变电所（站）、机电维修设施位置与露天煤矿采掘场、排土场的安全距离是否符合要求，工业场地边坡、护坡安全加固措施是否落实到位，生产系统储装运使用管理是否符合要求，各建筑物的防火距离、厂区内消防通道设置是否符合设计要求的结论，报告应明确给出总平面布置单元是否满足安全生产的要求的评价结论。

【原文】4.8.14　应急救援单元

应急救援组织建立，应急管理制度及落实情况，应急预案、应急演练情况，应急物资储备情况，矿山救护情况，赋予现场作业人员、班队长、值班调度人员发现险情第一时间撤人的权利落实情况。

【解读】 本评价单元主要是对露天煤矿应急救援组织建设及制度落实情况开展现状评价。

1. 应急救援组织建立、矿山救护情况

《煤矿安全规程》第十七条规定，煤矿企业必须建立应急救援组织。第六百七十六条规定，所有煤矿必须有矿山救护队为其服务。不具备设立矿山救护队条件的煤矿企业，所属煤矿应当设立兼职救护队，并与就近的救护队签订救护协议；否则，不得生产。矿山救护队到达服务煤矿的时间不超过 30 min。

《矿山救护规程》规定，兼职矿山救护队应由 2 个以上小队组成，每个小队由 9 人以上组成；设专职队长及仪器装备管理人员；兼职矿山救护队及个人配备装备齐全；兼职矿山救护队有电话接警值班室、夜间值班休息室、办公室、学习室、装备室、修理室、氧气充填室、战备器材库等；兼职矿山救护队指战员经过救护理论及技术、技能培训，并经考核取得合格证；兼职救护队每季度至少进行一次佩用呼吸器的单项演习训练。

【现场勘查主要要求】

（1）查资料，是否设置兼职矿山救护队，是否下发应急救援组织成立的正式文件。

（2）查现场，现场检查兼职救护队，是否由 2 个以上小队且每个小队由 9 人以上组成；是否设专职队长及仪器装备管理人员；兼职矿山救护队及个人配备装备是否符合规定；兼职矿山救护队是否配备电话接警值班室、夜间值班休息室、办公室、学习室、装备室、修理室、氧气充填室、战备器材库等；兼职矿山救护队员是否培训合格；兼职救护队佩用呼吸器的单项演习训练是否满足要求。

（3）查资料，查阅矿山救护协议是否合法有效，是否为正式协议，矿山救护队到达服务煤矿的时间是否满足《煤矿安全规程》要求。

2. 应急管理制度及落实情况

《煤矿安全规程》规定，煤矿企业应当落实应急管理主体责任，建立健全事故预警、应急值守、信息报告、现场处置、应急投入、救援装备和物资储备、安全避险设施管理和使用以及应急救援装备和物资储存、维护保养和应急调用等管理制度。煤矿企业必须建立应急演练制度。

【现场勘查主要要求】

（1）查资料，是否制定应急管理制度并以正式文件下发；制度是否包括事故预警、应急值守、信息报告、现场处置、应急投入、救援装备和物资储备、安全避险设施管理和使用、应急演练等内容；制度内容是否符合国家有关法律法规、规程规范要求，是否符合实际，是否具有针对性和可操作性。

（2）查现场，对照应急管理制度，逐项检查制度是否落实到位。

3. 应急预案

生产安全事故应急预案的编制应符合《生产经营单位安全生产事故应急预案编制导则》（GB/T 29639）相关要求，应急预案编制组织方式、评审、修订、备案、发布及评估应符合《生产安全事故应急预案管理办法》（应急管理部令第2号修正）相关要求。煤矿应每3年按照《生产经营单位生产安全事故应急预案评估指南》（AQ/T 9011）进行1次应急预案评估。

（1）《煤矿安全规程》第六百七十四条规定，煤矿企业必须编制应急救援预案并组织评审，由本单位主要负责人批准后实施。

（2）应急预案评审应符合《生产安全事故应急预案管理办法》第二十一条规定，应当对本单位编制的应急预案进行评审，并形成书面评审纪要。第二十二条规定，参加应急预案评审的人员应当包括有关安全生产及应急管理方面的专家。评审人员与所评审应急预案的生产经营单位有利害关系的，应当回避。第二十三条规定，应急预案的评审或者论证应当注重基本要素的完整性、组织体系的合理性、应急处置程序和措施的针对性、应急保障措施的可行性、应急预案的衔接性等内容。

（3）应急预案备案应符合《生产安全事故应急预案管理办法》第二十六条规定，煤矿企业应当在应急预案公布之日起20个工作日内，按照分级属地原则，向县级以上人民政府应急管理部门和其他负有安全生产监督管理职责的部门进行备案，并依法向社会公布。

（4）应急预案修订应符合《生产安全事故应急预案管理办法》第三十六条规定，有下列情形之一的，应急预案应当及时修订并归档：①依据的法律、法规、规章、标准及上位预案中的有关规定发生重大变化的；②应急指挥机构及其职责发生调整的；③安全生产面临的风险发生重大变化的；④重要应急资源发生重大变化的；⑤在应急演练和事故应急救援中发现需要修订预案的重大问题的；⑥编制单位认为应当修订的其他情况。

【现场勘查主要要求】

（1）查资料，查阅煤矿应急预案，内容是否符合本矿安全生产实际；是否符合《生产经营单位生产安全事故应急预案编制导则》的有关要求；预案是否及时修订。

（2）查资料，应急预案是否履行评审程序，评审是否符合国家有关规定；预案是否由主要负责人批准；是否按规定时限备案。

4. 应急演练

（1）煤矿每年应至少组织一次综合应急预案演练或者专项应急预案演练，每半年至少组织一次现场处置方案演练，并将演练情况报送所在地县级以上地方人民政府负有安全生产监督管理职责的部门。应急演练应按照《生产安全事故应急演练基本规范》组织开展。应急预案演练结束后，煤矿应当对应急预案演练效果进行评估，应急演练评估应符合《生产安全事故应急演练评估规范》要求，撰写应急预案演练评估报告，分析存在的问题，并对应急预案提出修订意见。应急演练计划、方案、记录和总结评估报告等资料保存期限符合《煤矿安全规程》第六百七十五条规定，不少于2年。

（2）露天煤矿每年开展的应急预案演练至少应包括：煤矿每年应至少组织开展1次火灾应急预案演练，每年雨季前至少组织开展1次水害应急预案演练。

【现场勘查主要要求】

（1）查资料，是否制定应急演练年度计划，计划是否以正式文件下发。

（2）查资料，是否按照应急演练制度、演练计划内容开展应急演练；演练周期、频次是否符合国家有关规定；是否每年开展火灾事故应急预案和水害应急预案演练；水害应急预案演练是否在雨季前组织开展。

（3）查资料，查阅应急演练记录，演练是否由主要负责人组织；演练方案、记录和总结报告、评估报告等资料是否齐全、真实，保存期限是否符合要求。

（4）查资料，应急演练情况是否报送所在地县级以上地方人民政府负有安全生产监督管理职责的部门，是否有回执。

5. 应急物资储备情况

《煤矿安全规程》第十七条规定，煤矿企业必须储备应急救援物资、装备并定期检查补充。第七百零一条规定，煤矿企业应当根据灾害特点，结合所在区域实际情况，储备必要的应急救援装备及物资，由主要负责人审批。煤矿企业应当建立应急救援装备和物资台账。第七百零二条规定，救援装备、器材、物资、防护用品和安全检测仪器、仪表，必须符合国家标准或者行业标准，满足应急救援工作的特殊需要。

【现场勘查主要要求】

（1）查资料，是否建立应急物资装备台账，应急物资种类、数量是否满足煤矿应急救援实际需要；应急救援物资及装备是否由主要负责人审批。

（2）查资料和现场，查看煤矿应急物资库，核实应急物资是否与台账一致。

（3）查资料和现场，查阅应急物资储存、维护保养和应急调用管理制度，制度内容是否符合实际；查阅应急物资检查记录，是否按制度要求定期检查补充。

6. 赋予现场作业人员、班队长、值班调度人员发现险情第一时间撤人的权利落实情况

《煤矿安全规程》第六百八十条规定，煤矿发生险情或者事故后，现场人员应当进行自救、互救，并报矿调度室；煤矿应当立即按照应急救援预案启动应急响应，组织涉险人员撤离险区，通知应急指挥人员、矿山救护队和医疗救护人员等到现场救援，并上报事故信息。

《国家矿山安全监察局关于〈做好煤矿灾害情况发生重大变化及时报告和出现事故征兆等紧急情况及时撤人工作〉的通知》（矿安〔2023〕26号）要求，煤矿要建立灾害情况发生重大变化及时报告和出现事故征兆等紧急情况及时撤人奖惩机制。露天煤矿台阶有滑动迹象，工作面有伞檐或者有塌陷危险的老空区，发现拒爆、熄爆的，现场作业人员应当及时向煤矿分管负责人或带班值班矿领导报告；情况严重的，及时向煤矿主要负责人报告。露天煤矿遇到暴雨、8级及以上大风等特殊天气，以及边坡出现明显沉降、变形加速、裂缝增

大或贯通、大面积滚石滑落等滑坡征兆时，必须及时撤出危险区域作业人员。煤矿主要负责人是第一责任人，必须赋予所有现场作业人员、带班值班人员出现事故征兆等紧急情况及时撤人的权力。

【现场勘查主要要求】

(1) 查资料，煤矿主要负责人是否签发赋予所有现场作业人员、带班值班人员出现事故征兆等紧急情况及时撤人的权力的正式文件。

(2) 查资料，煤矿是否建立灾害情况发生重大变化及时报告制度、出现事故征兆等紧急情况及时撤人制度，制度内容是否符合国家有关要求；是否符合煤矿实际。

(3) 查资料和现场，查阅交接班记录、调度记录台账等资料，现场核实制度落实情况，灾害情况发生重大变化是否及时报告，出现事故征兆等紧急情况是否及时撤人。

【评价报告编制要求】

(1) 报告应明确露天煤矿应急救援单元的评价范围，应至少包括：应急救援组织建立，应急管理制度及落实情况；应急预案、应急演练情况，应急物资储备情况，矿山救护情况，赋予现场作业人员、班队长、值班调度人员发现险情第一时间撤人的权利落实情况。

(2) 报告应准确描述露天煤矿应急救援组织，救护协议签订情况，兼职救护队成立情况；应急管理制度制定和落实情况；应急救援预案编制及评审、备案、修订情况；应急演练制度和计划、应急演练情况；应急救援物资储备情况；露天煤矿现场作业人员、带班值班人员出现事故征兆等紧急情况及时撤人情况。

(3) 报告应将《细则》附录 G 中，表 G.1 涉及的应急救援单元安全检查表列入，编制人员可根据煤矿实际情况适当增加检查内容，但检查内容不应少于检查表要求内容，不涉及项填写“不涉及”，涉及项逐项填写现状描述，对照检查内容提出存在的问题，明确整改措施建议。

(4) 报告应明确给出露天煤矿应急救援组织、矿山救护队是否符合《煤矿安全规程》要求；应急管理制度是否齐全、是否落实到位，应急救援预案制定、评审备案、应急演练是否符合要求，应急救援物资储备是否符合要求，灾害情况发生重大变化及时报告制度和出现事故征兆等紧急情况及时撤人制度是否落实到位的结论，报告应明确给出应急救援单元是否满足安全生产的要求的评价结论。

【原文】 4.8.15 职业病危害防治单元

应包括以下基本内容：

职业病防治机构及人员配备，职业危害防治制度制定及落实情况，个体防护用品的发放和使用情况，职业卫生档案建立，定期报告职业病危害因素，职业病危害因素日常监测，监测人员和设备配备情况。职业危害防治措施制定与落实情况。定期对从业人员进行健康检查，建立职业健康监护档案情况，职业病诊断、治疗和病人安置情况等。

【解读】 本单元是对露天煤矿企业职业病防治机构设置、人员配备、个体防护用品发放使用、健康检查、档案建立等情况开展现状评价。

1. 职业病防治机构及人员配备

《煤矿作业场所职业病危害防治规定》（国家安全生产监督管理总局令第73号）第六条规定，煤矿应当建立健全职业病危害防治领导机构，制定职业病危害防治规划，明确职责分工和落实工作经费。职业病危害防治领导机构、防治规划、职责分工应当以煤矿正式文件下发，应当有年度经费计划，有支出凭证。第七条规定，煤矿应当设置或者指定职业病危害防治的管理机构，配备专职职业卫生管理人员，负责职业病危害防治日常管理工作。职业病危害防治管理机构可设置专职机构，也可与其他管理机构合并，应当明确专职职业病危害防治管理人员，不得兼任其他工作。

《煤矿安全规程》第五条规定，煤矿企业必须设置专门机构负责煤矿安全生产与职业病危害防治管理工作，配备满足工作需要的人员及装备。

【现场勘查主要要求】

（1）查资料，是否下发设置职业病危害防治领导机构和管理机构的正式文件；职责分工是否明确，是否有交叉；查阅专职职业卫生管理人员的任命文件或聘书、安全生产责任制等相关资料，核实是否为专职职业卫生管理人员。

（2）查资料，查阅是否建立职业病危害防治规划，是否以正式文件下发，内容是否符合实际，是否按规划有效实施。

（3）查资料，查阅职业病危害防治经费使用相关资料，是否以正式文件下发年度经费使用计划，内容是否符合实际；是否建立经费使用凭证台账，经费使用范围是否合理。

2. 职业危害防治制度、措施制定与落实

《中华人民共和国职业病防治法》第二十条规定，煤矿应当制定职业病防治计划和实施方案；建立健全职业卫生管理制度和操作规程。

《煤矿作业场所职业病危害防治规定》第八条规定，煤矿应当制定职业病危害防治年度计划和实施方案，并建立健全下列制度：①职业病危害防治责任制度；②职业病危害警示与告知制度；③职业病危害项目申报制度；④职业病防治宣传、教育和培训制度；⑤职业病防护设施管理制度；⑥职业病个体防护用品管理制度；⑦职业病危害日常监测及检测、评价管理制度；⑧建设项目职业病防护设施与主体工程同时设计、同时施工、同时投入生产和使用的制度；⑨劳动者职业健康监护及其档案管理制度；⑩职业病诊断、鉴定及报告制度；⑪职业病危害防治经费保障及使用管理制度；⑫职业卫生档案管理制度；⑬职业病危害事故应急管理制度；⑭法律、法规、规章规定的其他职业病危害防治制度。

《煤矿安全规程》第十条规定，煤矿严禁使用国家明令禁止使用或者淘汰的危及生产安全和可能产生职业病危害的技术、工艺、材料和设备。《国家安全生产监督管理总局关于印发〈淘汰落后安全技术装备目录（2015 年第一批）〉的通知》（安监总科技〔2015〕75 号）相关要求。

【现场勘查主要要求】

（1）查资料和现场，查阅煤矿职业病危害防治制度，是否以正式文件下发；制度是否全面，内容是否符合国家有关法律法规、规程规范要求，是否符合煤矿实际生产情况；对照煤矿现场，核实职业病危害防治制度是否落实到位。

（2）查资料，查阅是否以正式文件下发职业病防治年度计划和实施方案；内容是否符合实际，计划项目是否按期完成，方案是否有效实施，未完成或未实施的是否有合理原因；职业卫生操作规程是否由主要负责人组织制定，是否符合煤矿实际，是否包含全部职业病危害防治设备设施，是否具有可操作性。

（3）查资料和现场，查阅煤矿各类设备设施清单，核实是否有职业健康领域的淘汰设备。

3. 个体防护用品的发放和使用情况

《煤矿作业场所职业病危害防治规定》第十三条规定，煤矿应当按照《煤矿职业安全卫生个体防护用品配备标准》规定，为接触职业病危害因素的从业人员提供符合标准的个体防护用品，并指导和督促其正确使用。

常见职业健康个人防护用品，根据防护人体器官或部位的不同，一般可分为以下9类：

（1）头部防护类：如安全帽、防寒帽等。

（2）呼吸器官防护类：如防毒口罩、防尘口罩、滤毒护具等。

（3）防护服类：如防机械外伤服、防静电服、防酸碱服、阻燃服、防寒服等。

（4）听觉器官防护类：如耳塞、耳罩等。

（5）眼、面防护类：如防护眼镜、焊接护目镜及面罩、炉窑护目镜及面罩等。

（6）手防护类：如绝缘手套、防酸碱手套、防寒手套等。

（7）足防护类：如绝缘鞋、防酸碱鞋、防寒鞋、防砸鞋等。

（8）防坠落类：如安全带、安全绳等。

（9）护肤用品类：如护肤膏、防护霜等。

【现场勘查主要要求】

（1）查资料和现场，查阅职业病个体防护用品管理制度等资料，煤矿是否建立个体劳动防护用品的发放台账、使用记录、销毁台账等，核实各类台账内容是否真实；煤矿是否根据工种按期发放，品种是否齐全。

（2）查现场，现场查验职工是否正确佩戴和使用劳动防护用品。

4. 职业卫生档案建立，定期报告职业病危害因素

《煤矿安全规程》第六百三十七条规定，煤矿企业必须建立健全职业卫生档案，定期报告职业病危害因素。

《煤矿作业场所职业病危害防治规定》第十七条规定，煤矿应当建立健全企业职业卫生档案，企业职业卫生档案应当包括下列内容：①职业病防治责任制文件；②职业卫生管理规章制度；③作业场所职业病危害因素种类清单、岗位分布以及作业人员接触情况等资料；④职业病防护设施、应急救援设施基本信息及其配置、使用、维护、检修与更换等记录；⑤作业场所职业病危害因素检测、评价报告与记录；⑥职业病个体防护用品配备、发放、维护与更换等记录；⑦煤矿企业主要负责人、职业卫生管理人员和劳动者的职业卫生培训资料；⑧职业病危害事故报告与应急处置记录；⑨劳动者职业健康检查结果汇总资料，存在职业禁忌证、职业健康损害或者职业病的劳动者处理和安置情况记录；⑩建设项目职业卫生“三同时”有关技术资料；⑪职业病危害项目申报情况记录；⑫其他有关职业卫生管理的资料或者文件。

《中华人民共和国职业病防治法》第十六条规定，用人单位工作场所存在职业病目录所列职业病的危害因素的，应当及时、如实向所在地卫生行政部门申报危害项目，接受监督。

【现场勘查主要要求】

（1）查资料和现场，煤矿是否建立职业卫生档案；档案内容是否包括《煤矿作业场所职业病危害防治规定》第十七条规定的 12 方面的内容，核实资料档案内容是否真实、符合煤矿实际。

（2）查资料，查阅职业危害项目申报资料，是否有当地卫生健康主管部门出具的申报回执或回复文书。

5. 职业病危害因素日常监测，监测人员和设备配备情况

《煤矿作业场所职业病危害防治规定》第十条规定，煤矿应当以矿井为单位开展职业病危害因素日常监测，并委托具有资质的职业卫生技术服务机构，每年进行一次作业场所职业病危害因素检测，每三年进行一次职业病危害现状评价。根据监测、检测、评价结果，落实整改措施，同时将日常监测、检测、评价、落实整改情况存入本单位职业卫生档案。检测、评价结果向所在地安全生产监督管理部门和驻地煤矿安全监察机构报告，并向劳动者公布。

《工作场所职业卫生管理规定》（国家卫生健康委员会令第 5 号）第十五条规定，产生职业病危害的用人单位，应当在醒目位置设置公告栏，公布有关职业病防治的规章制度、操作规程、职业病危害事故应急救援措施和工作场所职业病危害因素检测结果。

《煤矿安全规程》第六百三十八规定，煤矿企业应当配备监测人员及设备。第六百五十八条规定，每半年至少监测 1 次噪声。露天煤矿噪声监测点应当布置在钻机、挖掘机、破碎机等设备使用地点。

【现场勘查主要要求】

（1）查资料和现场，查阅安全生产责任制等资料，煤矿是否配备监测人员；查阅设备台账，是否有噪声、粉尘监测设备，设备状态是否完好，设备是否按周期检测。

（2）查资料和现场，是否有监测记录，记录是否真实、符合煤矿实际；周期频次是否符合要求；查看噪声监测点布置是否符合要求。

（3）查资料，查阅煤矿职业病危害因素检测报告，是否每年 1 次，是否超期；查阅作业场所职业危害现状评价报告，是否 3 年评价 1 次，是否在有效期内；核实评价单位资质是否符合要求。查阅报告中的不合格项，是否制定了整改措施并进行落实整改。

（4）查现场，公告栏设置情况，是否在办公场所和生产现场设置了职业卫生公告栏，公告的内容是否包含职业卫生管理制度、操作规程、职业病危害因素及岗位、健康危害、接触限值、应急救援措施，以及工作场所职业病危害因素检测结果、检测日期、检测机构名称等内容。

6. 定期对从业人员进行健康检查，建立职业健康监护档案情况，职业病诊断、治疗和病人安置情况等

1）定期对从业人员进行健康检查

《煤矿安全规程》第六百六十三条规定，煤矿企业必须按照国家有关规定，对从业人员上岗前、在岗期间和离岗时进行职业健康检查，建立职业健康档案，并将检查结果书面告知从业人员。

《煤矿作业场所职业病危害防治规定》第二十九条规定，劳动者接受职业健康检查应当视同正常出勤，煤矿企业不得以常规健康检查代替职业健康检查。接触职业病危害作业的劳动者的职业健康检查周期按照表 2-12 执行。

《煤矿作业场所职业病危害防治规定》第三十条规定，煤矿不得以劳动者上岗前职业健康检查代替在岗期间定期的职业健康检查，也不得以劳动者在岗期间职业健康检查代替离岗时职业健康检查，但最后一次在岗期间的职业健康检查在离岗前的 90 日内的，可以视为离岗时检查。对未进行离岗前职业健康检查的劳动者，煤矿不得解除或者终止与其订立的劳动合同。

根据《用人单位职业健康监护监督管理办法》第九条规定，用人单位应当选择由省级以上人民政府卫生行政部门批准的医疗卫生机构承担职业健康检查工作，并确保参加职业健康检查的劳动者身份的真实性。

表2-12 职业健康检查周期

<table>
<tr><th>接触有害物质</th><th>体 检 对 象</th><th>检查周期</th></tr>
<tr><td rowspan="2">煤尘（以煤尘为主）</td><td>在岗人员</td><td>2年1次</td></tr>
<tr><td>观察对象、Ⅰ期煤工尘肺患者</td><td rowspan="4">每年1次</td></tr>
<tr><td>岩尘（以岩尘为主）</td><td>在岗人员、观察对象、Ⅰ期矽肺患者</td></tr>
<tr><td>噪声</td><td>在岗人员</td></tr>
<tr><td>高温</td><td>在岗人员</td></tr>
<tr><td>化学毒物</td><td>在岗人员</td><td>根据所接触的化学毒物确定检查周期</td></tr>
<tr><td colspan="3">接触粉尘危害作业退休人员的职业健康检查周期按照有关规定执行</td></tr>
</table>

2）职业健康监护档案

《煤矿安全规程》第六百七十一条规定，煤矿企业应当为从业人员建立职业健康监护档案，并按照规定的期限妥善保存。从业人员离开煤矿企业时，有权索取本人职业健康监护档案复印件，煤矿企业必须如实、无偿提供，并在所提供的复印件上签章。

职业健康监护档案应当包括劳动者个人基本情况、劳动者职业史和职业病危害接触史，历次职业健康检查结果及处理情况，职业病诊疗等资料。

3）职业病诊断、治疗和病人安置情况等

《煤矿安全规程》第六百六十五条规定，对检查出职业禁忌症和职业相关健康损害的从业人员，必须调离接害岗位，妥善安置；对已确诊的职业病人，及时给予治疗、康复和定期检查，做好职业病报告工作。

《煤矿作业场所职业病危害防治规定》（总局令第73号）第二十八条规定，煤矿不得安排未经上岗前职业健康检查的人员从事接触职业病危害的作业；不得安排有职业禁忌的人员从事其所禁忌的作业；不得安排未成年工从事接触职业病危害的作业；不得安排孕期、哺乳期的女职工从事对本人和胎儿、婴儿有危害的作业。第三十一条规定，煤矿应当根据职业健康检查报告，采取下列措施：①对有职业禁忌的劳动者，调离或者暂时脱离原工作岗位；②对健康损害可能与所从事的职业相关的劳动者，进行妥善安置；③对需要复查的劳动者，按照职业健康检查机构要求的时间安排复查和医学观察；④对疑似职业病病人，按照职业健康检查机构的建议安排其进行医学观察或者职业病诊断；⑤对存在职业病危害的岗位，改善劳动条件，完善职业病防护设施。

【现场勘查主要要求】

（1）查资料，查阅从业人员上岗前、在岗期间和离岗时职业健康检查资料，周期是否符合要求；职业健康检查内容是否符合《职业健康监护技术规范》（GB/Z 188）的要求，是否有具备资质的卫生机构出具职业健康检查报告；检查结果通知本人后，本人是否签字确认；离岗人员解除劳动合同前是否进行离岗职业健康检查；健康检查人数是否包含所有接触职业危害因素的人员。

（2）查资料，查阅劳动者个人职业健康监护档案，档案中是否包括下列内容：①劳动者个人信息卡；②工作场所职业病危害因素检测结果；③历次职业健康检查结果及处理情况；④历次职业健康体检报告、职业病诊疗等资料；⑤其他职业健康监护资料。

（3）查资料和现场，煤矿是否按要求及时如实提供有关资料并对有关职工进行职业病诊断；查阅职业病人统计资料，对职业病人（疑似职业病病人）是否及时告知本人，是否按程序进行了报告，是否按规定进行诊断、治疗、康复和定期检查；职业病人在诊断、医学观察期间的费用，是否由用人单位承担；是否调离原岗位并妥善安置；在疑似职业病病人诊断或者医学观察期间，单位是否解除或者终止与其订立的劳动合同；职业病人是否享有工伤保险待遇。

【评价报告编制要求】

（1）评价报告应明确露天煤矿职业病危害防治单元的评价范围，至少应包括职业病防治机构及人员配备，职业危害防治制度、措施制定及落实情况，个体防护用品，职业卫生档案职业病危害因素报告和监测，从业人员定期健康检查、职业健康监护等内容。

（2）报告应描述职业病防治机构及人员配备，职业危害防治制度和措施的制定，个体防护用品的发放和使用，职业卫生档案建立，职业病危害因素定期报告，职业病危害因素日常监测，监测人员和设备配备，从业人员定期健康检查、职业健康监护档案，职业病诊断、治疗和病人安置等情况。

(3) 报告应将《细则》附录 G 中，表 G.1 涉及的职业病危害防治单元安全检查表列入，编制人员可根据煤矿实际情况适当增加检查内容，但检查内容不应少于检查表要求内容，不涉及项填写“不涉及”，涉及项逐项填写现状描述，对照检查内容提出存在的问题，明确整改措施建议。

(4) 报告应明确给出露天煤矿职业病防治机构及人员配备、职业危害防治制度和措施的制定及落实、个体防护用品的发放和使用、职业卫生档案建立、职业病危害因素报告和日常监测、监测人员和设备配备、职业危害防治措施制定与落实、从业人员的健康检查、健康监护档案、职业病诊断、治疗和病人安置等内容是否符合法律法规要求、各项措施是否落实到位的结论，报告应明确给出职业病危害防治单元是否满足安全生产的要求的评价结论。

2.4.9 煤矿事故统计分析

【原文】 4.9.1 根据煤矿生产实际情况，收集被评价煤矿建设及生产过程中事故统计的相关资料，结合典型事故案例，分析事故经过、致因因素、影响因素，提出防范措施。

【解读】 事故统计分析就是运用数理统计方法，对大量的事故资料进行加工、整理和分析，从中揭示出事故发生的某些必然规律，为防止事故指明方向。事故统计分析是事故管理工作的重要内容。做好该项工作，能及时掌握准确的统计资料，如实反映煤矿的安全状况和事故发展趋势，为各级领导决策，指导煤矿安全生产、制订计划提供依据。

《细则》此条款主要针对上一年度至今发生过事故的煤矿而言，包括轻伤、重伤和死亡事故。《煤矿安全评价导则》中 H.6 要求对被评价煤矿生产事故统计分析，被评价煤矿生产事故的致因因素、影响因素及其事故危险度评价。《细则》中增加了发生过事故的煤矿应结合典型事故案例，不仅要分析事故经过、致因因素、影响因素，还需要针对事故原因提出防范措施，更加突出事故统计分析的目的和意义，吸取事故教训，防范事故再次发生。

煤矿应建立事故统计相关台账资料，对本矿发生的轻伤、重伤、死亡事故进行统计分析，提出防范和整改措施。

【现场勘查主要要求】

（1）查资料，查阅煤矿是否建立事故统计台账，对本矿发生的轻伤、重伤、死亡事故进行统计，是否有分析，是否制定防范和整改措施。

（2）查现场，核实防范措施和整改措施是否落实到位。

（3）查资料，核实煤矿是否针对事故开展警示教育。

【原文】 4.9.2 未发生过事故的煤矿，应收集类似或相邻煤矿生产过程中的事故统计资料，进行类似煤矿安全生产对被评价煤矿的借鉴分析，重点是主要危险、有害因素的控制防范。

【解读】 此条款主要针对上一年度至今未发生过轻伤、重伤、死亡事故的煤矿。《煤矿安全评价导则》中 H.6 仅要求对同类矿山生产事故统计分析；《细则》中不仅要求对类似或相邻煤矿事故进行统计分析，还需要进行类似煤矿安全生产的借鉴分析，重点是借鉴主要危险、有害因素的控制防范。

通过对类似或相邻煤矿进行对比、分析、研究，从而得出其有机关联，做到从已知事故推测未知事物的发展趋势，这既是类比工程和借鉴分析的理论依据，也是类比工程的基本做法。类比工程借鉴分析的前提是评价项目与类比项目条件的相似性，相似条件越多，越相近，类比的可信度越高。根据煤矿的特点，相似条件主要有以下方面：

（1）行政辖区、地理位置相近或相邻，交通运输条件相似。

（2）气候条件相似，地形、地貌基本相似。

（3）开采条件（地层、煤层、煤质、开采条件等）、水文地质条件、工程地质条件基本相似。

（4）存在的危险、有害因素具有相似性或可比性。

（5）生产规模大体相同。

（6）开采工艺和生产装备相同或相似。

（7）企业性质一致，安全管理体系相近，尤其是隶属于同一上级公司的煤矿，可相互借鉴。

【现场勘查主要要求】

（1）查资料，被评价煤矿是否收集类似或相邻煤矿的事故统计资料，是否开展借鉴分析，是否提出主要危险、有害因素的控制防范措施。

（2）查现场，核实防范措施是否落实到位。

（3）查资料，核实煤矿是否开展事故警示教育。

【评价报告编制要求】

（1）针对发生过事故的煤矿，评价报告应明确煤矿上年度至今的伤亡事故统计情况，按照伤亡事故的性质，分类别描述煤矿事故发生的原因、经过、整改措施和整改情况，查找事故发生规律，总结事故经验教训，提出防范措施和建议，防止同类事故的再次发生。

（2）针对未发生过事故的煤矿，评价报告应明确收集的类似或者相邻煤矿的事故信息，说明所选类似或者相邻煤矿的合理性，进行类似煤矿安全生产对被评价煤矿的借鉴分析，重点是主要危险、有害因素的控制防范，提出防范措施建议。

2.4.10 安全对策措施建议

【原文】4.10.1 根据煤矿生产情况、现场安全检查和各单元评价结果，对不满足安全生产法律法规、标准、规章、规范要求的生产系统、工艺、场所、设施和设备等情形，提出消除、减弱或降低危险、危害的对策措施及建议。

【解读】本条款主要是对煤矿现场安全技术方面的对策措施建议。《安全评价通则》（AQ/T 8001）中6.5.1要求，依据危险、有害因素辨识结果与定性、定量评价结果，遵循针对性、技术可行性、经济合理性的原则，提出消除或减弱危险、危害的技术和管理对策措施建议。

与《煤矿安全评价导则》5.6要求相比，《细则》中明确了提出的对策措施和建议要满足的要求，即消除、减弱或降低危险和危害。

对于评价出的不满足安全生产有关要求的情形，评价报告编制单位应采取如下对策措施建议：

（1）能消除的采取消除的对策措施，彻底解决。

（2）不能消除的采取减弱或降低危险、危害的对策措施，使危险、危害降低的可接受程度。

《矿山安全评价检测检验监督管理办法（试行）》规定，对策措施建议与被评价项目存在问题不符的，属失实报告。评价人员一定要注意所提出的对策措施建议的针对性，针对存在的问题提出针对性措施建议。

【评价报告编制要求】

(1) 评价报告应根据现场各生产系统及辅助系统的安全检查和定性、定量评价的结果，按划分的评价单元，逐单元对不符合要求的生产系统、工艺、场所、设施和设备提出消除、减弱或降低危险、危害的技术措施和建议。

(2) 评价报告提出的措施和建议应具体且有相关依据，应紧密结合现场安全检查和各单元评价结果，具有可操作性和针对性，要技术可行，经济合理，达到消除、减弱或降低危险和危害的目的。

【原文】 4.10.2　对不符合有关规定要求或不适合的安全管理制度、机构设置与人员配置，存在的管理漏洞和不安全的管理行为，提出对策措施及建议。

【解读】 此条款要求对安全管理制度、机构设置与人员配置，存在的管理漏洞和不安全的管理行为，提出对策措施及建议。与《细则》4.10.1 相比，本条款属于安全管理方面的对策措施建议。

与《煤矿安全评价导则》5.6 要求相比，《细则》明确提出了要针对存在的管理漏洞和不安全的管理行为，提出对策措施建议。

【评价报告编制要求】

(1) 评价报告应根据安全管理单元检查情况，对不符合有关要求或不适合的安全管理制度、机构设置与人员配置，提出管理措施和建议。

(2) 评价报告应结合现场安全检查和各单元评价结果，对发现的管理漏洞和不安全的管理行为，提出管理措施和建议。

(3) 评价报告提出的措施和建议应具体且有相关依据，应紧密结合安全管理方面存在的问题，应具有可操作性和针对性，能够将危险和危害达到消除、减弱或降低的目的。

2.4.11　评价结论

【原文】 4.11.1　安全评价报告编制单位应根据客观、公正、真实的原则，严谨、明确的作出评价结论。

【解读】 此条款要求报告结论应客观、公正、真实、严谨、明确。

客观就是不依赖参与评价人员的主观意识，要求评价报告编制单位按照煤矿实际情况进行检查、评价，评价结论不应添加个人想法，没有个人主观偏见。

公正就是公平正直，没有偏私，要求评价报告编制单位按照有关法律法规、标准、规章、规范的要求做出评价结论。

真实就是与客观事实相符合，要求评价报告编制单位了解煤矿的实际情况，在掌握各生产系统、辅助生产系统、安全管理等情况基础上，如实做出评价结论。

严谨就是严肃谨慎、严密，要求评价报告编制单位做出的评价结论严肃谨慎。

明确是清晰明白，要求评价报告编制单位做出的评价结论清晰、明了。

【原文】 4.11.2　评价结论应概括评价结果，提出煤矿在评价条件下与国家有关法律法规、标准规范符合与否的结论；从风险管理角度，对危险有害因素进行排序，明确煤矿应重点防范的风险。

【解读】 本条款规定了评价结论的内容要求。要概括评价结果，根据各评价单元的评价结果，总结概括总的评价结果，有两方面要求，一是回答煤矿在评价条件下与国家有关法律法规、标准规范符合与否的评价结论；二是从风险管理角度，对辨识与分析出的危险有害因素，按危险度进行排序，明确煤矿应重点防范的风险。

《安全评价通则》6.6.2 要求，安全评价结论的内容应包括高度概括评价结果，从风险管理角度给出评价对象在评价时与国家有关安全生产的法律法规、标准、规章、规范的符合性结论。《细则》除了要求给出符合结论以外，还提出要对危险有害因素的排序，找出重点应防范的风险，更具有针对性。

【原文】 4.11.3　给出煤矿是否具备安全生产条件的明确意见。对暂达不到安全生产要求的煤矿，提出整改意见。

【解读】 本条款要求对煤矿是否具备安全生产条件下明确结论，即具备或者不具备安全生产条件；对评价条件下不具备安全生产条件的，提出整改意见；煤矿按整改意见确定整改后，经复查确实整改合格的，可以下具备安全生产条件的结论；实在因条件不具备、难度太大或者不能在短期内整改合格的，提出不具备安全生产条件的结论。

煤矿安全生产条件主要是指《煤矿企业安全生产许可证实施办法》第二章安全生产条件中规定的内容。

《矿山安全评价检测检验监督管理办法（试行）》规定，评价期间，矿山存在不符合国家和行业规定的安全生产条件项，评价报告未做评价的，属于失实报告。存在不符合《煤矿企业安全生产许可证实施办法》规定的安全生产条件项，故意隐瞒且影响评价结论的，属于虚假报告。因此，安全评价单位在编制评价报告时，一定要高度重视安全生产条件评价，根据煤矿安全生产实际情况，给出客观评价结论。

【评价报告编制要求】

(1) 评价报告应说明煤矿主要危险、有害因素的评价结果，并对危险有害因素进行排序，明确危险有害因素是否已经采取措施，是否得到了有效控制，明确煤矿需要重点防范的风险。

(2) 评价报告应说明煤矿开拓方式、开采方法、生产工艺与系统、辅助系统、安全管理等是否满足有关安全生产法律法规和技术标准要求以及安全管理模式是否符合安全生产要求的结论。

(3) 评价报告应对照《煤矿企业安全生产许可证实施办法》第二章安全生产条件，逐项评价煤矿是否具备安全生产条件，给出明确结论。对暂达不到安全生产要求的煤矿，提出整改意见。安全生产条件对照检查表作为报告附件列出。

2.5 安全现状评价报告

【原文】5.1 评价报告应全面、系统、概括地反映安全评价过程的全部工作，文字应简洁、准确，内容全面，条理清楚，提出的对策措施具体、合理、可行，附必要的反映煤矿生产情况等有关图表或照片。

【解读】此条款具体细致地提出了安全现状评价报告的内容要求、文字表达要求、对策措施要求和附件要求。

（1）内容要求：全面、系统、概括地反映安全评价过程的全部工作，从接受委托到完成评价报告的全过程、全方面工作，在报告中均要有所体现。

（2）文字表达要求：文字应简洁、准确，内容全面，条理清楚；要求评价报告编制人员具备较好的文字表达能力和业务水平，熟悉评价报告编制要求。

（3）对策措施要求：评价报告编制人员能够根据煤矿的实际情况，提出具体、合理、可行的对策措施，措施能够指导煤矿提高安全生产管理水平。

（4）附件要求：评价报告附件要结合《细则》附录B、附录C、附录F、附录G、附录H、附录J，附反映煤矿生产情况等有关图表或照片，如各类图纸。

【原文】 5.2 评价报告应准确、清晰描述评价对象、目的、依据、方法和过程，获得的评价结果，提出的安全对策措施及建议，给出的评价结论等，并简要描述煤矿生产及管理状况。

【解读】《煤矿安全评价导则》5.8要求，评价报告真实描述煤矿安全评价的过程，简要描述煤矿生产及管理状况，阐明安全对策措施及安全评价结果。《安全评价通则》7.2要求，安全评价报告应全面、概括地反映安全评价过程的全部工作，文字应简洁、准确，提出的资料应清楚可靠，论点明确，利于阅读和审查。

《细则》中在《导则》和《通则》的基础上，明确提出了安全现状评价报告的框架结构，便于进一步规范煤矿安全现状评价工作。安全现状评价报告在结构上应至少包括：评价对象、评价目的、评价依据、评价方法、评价过程及结果、安全对策措施建议、评价结论等内容，在煤矿概况中简要描述煤矿生产及管理状况。煤矿安全现状评价报告框架结构应符合《细则》附录H要求。

【原文】 5.3 评价报告应附实施安全现状评价人员名单、报告完成时间等相关情况及附件。

【解读】 此条款是对评价报告编制人员名单、完成时间等的要求。安全现状评价人员名单、报告完成时间在评价报告的著录项体现，应符合《细则》附录J的要求。

《矿山安全评价检测检验监督管理办法（试行）》规定，伪造矿山安全评价机构公章，冒用他人名义或者允许他人冒用本人名义在安全评价报告或者原始记录中签名的，属于虚假报告。

【原文】5.4　现状评价的数据、资料、现场勘查记录、检查结果记录和影像资料等可编入附录。

【解读】此条款是对安全现状评价报告附录内容的要求。《细则》规定，安全现状评价的数据、资料、现场勘查记录、检查结果记录和影像资料等可编入附录，如现场检查结果、煤矿对隐患整改后的结果、评价人员现场照片等。

【原文】5.5　煤矿安全现状评价报告的编制提纲符合附录H。

【解读】此条款为安全现状评价报告的编制提纲，明确了安全现状评价报告各章节的编制要求，评价报告编制单位应按照《细则》附录H要求规范编制安全现状评价报告。煤矿安全现状评价报告总体上要满足以下六点要求：

(1) 依据要充分。报告应依据最新的法律法规、标准规范和要求。

(2) 范围要具体。报告应具体指出煤矿总体、各个评价单元具体评价范围。

(3) 方法要科学。报告应针对评价内容和煤矿实际明确采用的评价方法，并说明采用的理由。

(4) 内容要全面。报告评价内容应符合《细则》附录H要求。

(5) 结论要明确。报告应结合现场勘查及各单元评价结论，综合分析，给出煤矿是否满足安全生产要求的明确结论

(6) 建议要合理。报告应结合评价发现的问题，提出合理化改进要求和对策措施，措施应具有针对性和可操作性。

2.6　安全现状评价报告格式和载体

【原文】6.1　格式内容包括封面（符合附录I）、著录项（符合附录J）、前言、目录、正文、附件、附录。

【解读】此条款提出了安全现状评价报告的格式内容要求，主要包括：封面、著录项、前言、目录、正文、附件、附录7部分。需要说明的是，由煤矿

企业自身编制的安全现状评价报告的格式内容执行《细则》要求的7部分；煤矿企业委托有安全评价资质的安全评价机构编制的安全现状评价报告，除满足《细则》要求的7部分之外，仍需按照《安全评价通则》要求，附安全评价资质证书影印件。

封面应符合《细则》附录I要求，具体样式见表2-13要求。封面布局上部，第一行：煤矿所属企业名称（二号宋体加粗，可换行）；第二行：煤矿名称（二号宋体加粗）；第三行：安全现状评价报告（一号黑体字加粗）。封面布局下部，第一行：评价报告编制单位名称（二号宋体加粗）；第二行：评价报告完成日期（三号宋体加粗）。

著录项应符合《细则》附录J要求，具体样式见表2-14、表2-15要求。著录项一般分两张布置。第一张分上下两部分，上部分为煤矿名称、生产规模，下部分署名安全评价报告编制单位的法定代表人（以营业执照为准）、技术负责人、项目负责人、报告编制完成的日期及公章用印区。第二张为评价人员名单，并手写签名。安全现状评价报告是否有技术专家参与由评价报告编制单位自行决定，若有技术专家参与，著录项次页应有技术专家签字。

前言：主要是以简短的篇幅说明安全现状评价报告编制目的、依据、经过、结果。前言中应简要地说明评价对象的基本情况，编制本次评价报告的目的和依据，概况说明编制评价报告的经过及最终结果。

目录：一般可分2级目录。

正文：按《细则》附录H的编制大纲编写报告。

附件：安全现状评价的数据、资料、现场勘查记录、检查结果记录和影像资料等均可作为报告附件。

附录：可参考《细则》中附录H中的H.9要求。

【原文】6.2　安全评价报告一般采用纸质载体。为适应信息处理需要，安全评价报告可辅助采用电子载体形式。

【解读】此条款规定了安全现状评价报告的载体形式。纸质载体是以纸张为基础，将安全评价报告以A4幅面，左侧装订成册。此外，为适应信息处理需要，安全评价报告还可采用电子载体形式。

表 2-13　安全现状评价报告封面样式

煤矿所属企业名称(二号宋体加粗)

煤矿名称(二号宋体加粗)

安全现状评价报告(一号黑体加粗)

评价报告编制单位名称(二号宋体加粗)

评价报告完成日期(三号宋体加粗)

表 2-14 安全现状评价报告著录项首页样张

煤矿名称(三号宋体加粗) **生产规模**(三号宋体加粗) 安全现状评价报告(二号宋体加粗) 法定代表人：(四号宋体) 技术负责人：(四号宋体) 项目负责人：(四号宋体) **评价报告完成日期**(小四号宋体加粗) (编制单位公章)

表2-15　安全现状评价报告著录项次页样张

评 价 人 员 名 单(三号宋体加粗)

	姓名	专业	签字
项目负责人			
项目组成员			
报告编制人			
报告审核人			
过程控制负责人			
技术负责人			

（此表应根据具体项目实际参与人数编制）

技 术 专 家

姓　名　　　　　　　　签　字

（列出各类技术专家名单）（以上全部小四号宋体）

附录 1　煤矿安全现状评价实施细则

前言

本文件按照 GB/T 1.1—2020《标准化工作导则　第 1 部分：标准化文件的结构和起草规则》的规定起草。

请注意本文件的某些内容可能涉及专利。本文件的发布机构不承担识别专利的责任。

本文件由中华人民共和国应急管理部提出。

本文件由全国安全生产标准化技术委员会煤矿安全分技术委员会（SAC/TC 288/SC 1）归口。

本文件起草单位：应急管理部研究中心、中国煤炭工业协会生产力促进中心。

本文件主要起草人：李大生、杨国栋、王震、赵浩、许鹏飞、蔡稳成、张兆庚、郑厚发、任志成、杨扬、张明。

1　范围

本文件规定了煤矿安全现状评价工作的程序、方法、内容以及评价报告编制等基本要求。

本文件适用于正常生产煤矿安全现状评价的相关工作，建设煤矿可参照执行。

2　规范性引用文件

下列文件中的内容通过文中的规范性引用而构成本文件必不可少的条款。其中：注日期的引用文件，仅该日期对应的版本适用于本文件；不注日期的引用文件，其最新版本（包括所有的修改单）适用于本文件。

GB 6722　爆破安全规程

GB 50187　工业企业总平面设计规范

GB 50197　煤炭工业露天矿设计规范

GB 50215　煤炭工业矿井设计规范

AQ 1028　煤矿井工开采通风技术条件

AQ 1029　煤矿安全监控系统及检测仪器使用管理规范

AQ 1048　煤矿井下作业人员管理系统使用与管理规范

AQ 1050　保护层开采技术规范

AQ 1055　煤矿建设项目安全设施设计审查和竣工验收规范

AQ 6201　煤矿安全监控系统通用技术要求

AQ 6210　煤矿井下作业人员管理系统通用技术条件

AQ/T 8001　安全评价通则

3　术语和定义

GB 6722、GB 50187、GB 50197、GB 50215、AQ 1028、AQ 1029、AQ 1048、AQ 1050、AQ 1055、AQ 6201、AQ 6210、AQ 8001 等界定的以及下列术语和定义适用于本文件。

3.1

煤矿安全现状评价　safety assessment in operation of coal mine

通过对煤矿安全设施、设备、装置实际情况和安全管理状况的调查，辨识与分析其生产活动中存在的危险、有害因素和事故隐患，确定其危险度，对其安全管理状况给予客观的评价，对存在的问题和事故隐患提出科学、合理、可行的安全对策措施及建议，做出安全现状评价结论的活动。

4　安全现状评价工作程序与工作内容

4.1　前期准备

4.1.1　明确煤矿安全现状评价对象、范围和内容，组建评价组，承担安全现状评价工作的技术人员应覆盖煤矿生产所涉及的地质、采矿、通风、机电、安全等专业，并具有中级以上专业技术职称或资格。煤矿安全现状评价工作由企业自身或委托有安全评价资质的安全评价机构承担，每年宜进行一次，企业可根据安全生产条件变化情况适时增加安全现状评价。

4.1.2 收集国内相关法律法规、标准、规章、规范及有关规定。

4.1.3 制订安全现状评价工作方案，进行项目风险分析，按照附录 A 确定工作程序、工作进度计划、评价报告编制提纲及收集资料清单等。

4.2 收集资料与现场勘查

4.2.1 收集并检查煤矿基础资料，包括：营业执照、采矿许可证、安全生产许可证；勘探地质报告；水文地质补充勘探报告；水文地质类型划分报告；矿井建井地质报告、生产地质报告；初步设计和安全设施设计资料；最近一次的安全评价报告；各项安全设施、设备、装置检测检验报告；安全生产规章制度、责任制和各岗位工种操作规程；安全管理机构设置及任命批准文件；各级各类从业人员安全培训和考核情况；应急救援预案及演练记录；安全风险辨识评估资料；事故隐患排查治理记录。井工煤矿安全现状评价参考资料目录见附录 B，露天煤矿安全现状评价参考资料目录见附录 C。

4.2.2 根据煤矿特点，对煤矿各生产系统和辅助系统及其工艺、场所和安全设施、设备、装置等进行实地安全检查，对煤矿安全管理机制和安全生产各项规章制度、安全措施的落实情况进行调查。

4.2.3 现场勘查应明确以下基本问题：

a）对地质构造、水文地质、工程地质、瓦斯地质、井田内及其周边采空区和废弃矿井资料及其他安全参数是否准确掌握，能否满足安全生产需要；

b）生产系统和辅助生产系统、开采程序、方法及其工艺等是否满足安全生产相关法律法规、规范标准的要求，运转是否满足安全生产要求，主要安全设施设备是否按期检测，检测结果是否合格；

c）通风、瓦斯抽采、综合防突、防治水、防灭火、防尘、防冲击地压、供电、运输提升、压风、安全监控、生产指挥调度、安全避险与应急救援、职业危害防护和总平面布置等系统环节是否合理、完善，运转是否可靠；

d）可能造成重大灾害事故的危险、有害因素是否得到了有效控制，对井田内及其周边采空区、废弃巷道（或边坡）是否都进行了有效管理，是否存在事故隐患；

e）安全管理制度、安全管理机构及其人员配置是否符合有关规定要求和实际需要，安全投入、安全培训、安全风险分级管控、事故隐患排查治理、应急救援预案等是否符合要求。

4.3 危险、有害因素辨识与分析

4.3.1 根据煤矿的地质条件、周边环境特点、开拓与开采方式、生产系统和辅助系统，煤矿建设及生产期间积累的安全资料、数据及其他专项研究成果，结合现场勘查情况，辨识煤矿生产中实际存在和潜在的危险、有害因素，分析其危险程度。

4.3.2 分析危险、有害因素可能导致灾害事故的类型、可能的激发条件和主要存在场所。

4.3.3 结合相关实际资料和典型事故案例作进一步分析。

4.3.4 根据《煤矿重大生产安全事故隐患判定标准》（应急管理部令 第4号）对被评价煤矿涉及的重大生产安全事故隐患进行辨识分析，明确是否存在重大生产安全事故隐患。

4.3.5 根据危险、有害因素辨识分析结果，在综合分析的基础上，确定危险有害因素的危险度排序。

4.4 划分评价单元

4.4.1 根据煤矿生产工艺特点及煤矿安全现状评价的需要，以科学、合理、相对独立、具有明显的特征界限、覆盖所有评价范围为原则，合理划分安全评价单元。

4.4.2 井工煤矿按照附录D进行安全现状评价单元划分，露天煤矿按照见附录E进行安全现状评价单元划分。

4.4.3 评价工作中，可根据煤矿实际情况调整评价单元，但调整后的评价单元应覆盖附录D或附录E规定的范围。

4.5 选择评价方法

4.5.1 根据评价的目的、要求和评价对象的特点，选择科学、合理、适用的定性、定量评价方法，以便开展针对性的安全现状评价为基本原则。

4.5.2 煤矿安全现状评价宜采用安全检查表法按照附录F或者附录G进行，以定性评价为主，生产系统复杂、自然灾害严重的煤矿，可增加调查分析法、类比分析法、事故树分析法等评价方法。

4.6 定性、定量评价

4.6.1 根据煤矿生产现状，分单元进行定性、定量安全评价。

4.6.2 评价各生产和辅助系统及其工艺、场所、设施、设备是否满足安全生产法律法规和技术标准的要求，各系统、设备能力是否满足要求，运转是否安全可靠。

4.6.3 评价安全设施、设备、装置与有关规程、标准规范的符合性和完善性，分析存在的不足或缺陷。

4.6.4 根据煤矿生产过程中对危险有害因素的控制情况，评价安全技术措施的合理性、有效性、充分性，分析采取进一步安全技术措施的必要性和可能性。

4.7 井工煤矿各单元评价的基本内容

4.7.1 安全管理单元

应包括以下基本内容：

a）证照情况，安全生产许可证、采矿许可证、营业执照等证照情况；

b）机构和人员设置情况，评价安全生产管理机构和专职安全生产管理人员设置，以总工程师为首的技术管理体系，技术管理职责落实情况；采掘技术管理、“一通三防”、地质防治水等安全技术管理机构设置，专业技术管理人员配置情况；安全生产管理人员培训考核和履职情况；

c）管理制度和责任制落实情况，评价主要负责人、分管负责人、安全生产管理人员、职能部门、各岗位安全生产责任制，安全生产目标管理、安全投入、奖惩、技术措施审批、培训、办公会议制度，安全检查制度，安全风险分级管控制度，事故隐患排查、治理、报告制度，事故报告与责任追究制度，矿级领导带班下井制度等管理制度的有效性、合法性和落实情况；

d）灾害预防及生产组织，评价煤矿年度灾害预防和处理计划的编制及落实，年度、月度生产计划和劳动定员编制及落实，作业规程和操作规程制定及落实等情况；

e）特种作业人员及其他从业人员培训考核情况，特种作业人员培训和持证上岗情况，其他从业人员安全培训考核情况，安全培训档案；

f）安全生产投入，安全生产费用按规定足额提取和使用证明材料等；

g）工伤保险缴纳，全员缴纳工伤保险记录资料；

h）事故防范和整改措施落实情况，评价煤矿上一年度至今发生生产安全事故后，事故防范和整改措施落实情况；事故警示教育开展情况。

4.7.2 地质勘探与地质灾害防治单元

应包括以下基本内容：

煤矿补充地质调查与勘探工作开展情况；揭露煤层、断层、褶皱、岩浆岩体、陷落柱、含水岩层等观测及描述情况，地质预测、预报；隐蔽致灾地质因素普查或探测；揭煤地质说明书、掘进和回采前的地质说明书编制情况；矿井地质报告修编情况。

4.7.3 开拓开采单元

应包括以下基本内容：

a）开拓开采。矿井设计、采（盘）区设计及主要巷道布置、工作面回采与《煤矿安全规程》《防治煤与瓦斯突出细则》《煤矿防治水细则》《煤矿防灭火细则》《防治煤矿冲击地压细则》和 GB 50215 等相关规定符合性。矿井、水平、采（盘）区、工作面等安全生产设备设施完备情况。矿井采掘接续关系，开拓、准备、回采煤量情况；下山采（盘）区生产系统完善性；巷道施工顺序；采掘工作面数量、核定生产能力、井下劳动定员等情况。采掘工程平面图填绘，采掘巷道与相邻矿井边界、安全煤柱关系。采用的采煤方法、回采工艺、作业规程及安全技术措施、工作面回采过程中的灾害防治等。

b）顶板管理。采掘工作面支护体系可靠性。矿压观测仪器设置情况。采掘工作面过地质构造带、应力集中区加强支护措施情况。井下巷道检查维护情况。采煤工作面顶板管理情况。开采有冲击倾向性的煤层，冲击危险性评价开展和综合性防冲措施制定落实情况。

4.7.4 通风单元

应包括以下基本内容：

矿井通风系统完整性、独立性、合理性和可靠性，主要通风机工作能力。生产水平和采（盘）区分区通风情况。采（盘）区、采煤工作面开始生产时通风系统情况。井下风门、风窗、密闭等通风设施的数量、位置、构筑质量和使用管理，能否满足防灾抗灾要求，通风设施的编号建档情况。矿井和采掘工作面等各用风地点风量需求和供风情况。高瓦斯、煤与瓦斯突出矿井的任一采（盘）区，开采容易自燃煤层、低瓦斯矿井开采煤层群和分层开采采用联合布置的采（盘）区专用回风巷设置情况。采掘工作面独立通风情况；在用局部通风机采用“三专两闭锁”，备用风机自动切换情况，局部通风管理情况。主通风机检修和性能测试，通风阻力测定情况，矿井通风能力核定情况。

4.7.5 瓦斯防治单元

应包括以下基本内容：

生产、准备、开拓区域瓦斯地质查明情况。矿井瓦斯等级鉴定、煤层突出危险性鉴定和区域划分情况。矿井抽掘采平衡情况。突出煤层区域突出危险性预测，无突出危险区区域验证和采取的安全防护措施。瓦斯抽采系统设置是否符合规定、布局是否合理，抽采系统正常运行保障措施，瓦斯抽采达标情况。区域防突措施规划和年度实施计划编制落实情况。采掘作业地点地质构造查明情况。瓦斯检查制度和瓦斯管理规定执行情况，专职瓦检员配备及持证上岗情况。瓦斯超限和防突预警分析处置制度落实情况。

4.7.6 防治水单元

应包括以下基本内容：

防排水系统设置及能力匹配情况。隐蔽致灾地质因素普查，生产、准备、开拓区域水文地质查明情况、水害类型和导水通道，查清地表水、顶（底）板含水层、老空水、采空区积水等的分布情况。采掘作业地点地质构造查明情况。受承压水、老空区积水威胁采掘工作面采取的水害防治措施。各类防隔水煤（岩）柱和保安煤柱设置情况。水文地质条件不清区域、突水威胁区域是否存在采掘作业。采掘作业按规定进行探放水情况。暴雨威胁矿井安全等事故紧急情况下及时撤人制度制定情况。主排水泵检修和检测检验情况。

4.7.7 防灭火单元

应包括以下基本内容：

煤层自燃倾向性鉴定，消防管路系统建立情况。评价开采容易自燃和自燃煤层按规定设置火灾监测系统、灌浆系统、注氮系统等情况，编制矿井防灭火专项设计。按规定进行自然发火预报，井下火区管理情况。是否存在使用国家明令淘汰的机电设备和非阻燃电缆、胶带、风筒、瓦斯抽采管路等材料的情况。按规定加强井下施焊、放炮等管理情况。

4.7.8 粉尘防治单元

应包括以下基本内容：

根据所有煤层煤尘爆炸性鉴定结果采取的安全措施合理性。评价综合防尘措施、预防和隔绝煤尘爆炸措施及制度的制定、实施情况。评价防尘效果达标情况、防尘供水系统设置情况。

4.7.9 运输、提升单元

应包括以下基本内容：

运输提升系统各项保护完善性和可靠性，按规定进行检修、检测检验和更换情况。是否存在使用国家明令禁止使用的设备、工艺等。

4.7.10 压风及其输送单元

应包括以下基本内容：

空气压缩机站压力表、安全阀等设备及安全保护装置的完善性和可靠性情况；空气压缩机站储气罐设置情况；压风设备检修和检测检验情况。

4.7.11 爆炸物品贮存运输与使用单元

应包括以下基本内容：

地面爆炸物品库选址、贮存、建筑结构、库存容量和防护措施，井下爆炸物品库位置、巷道布置、结构、支护、通风、通讯及照明设备、贮存、运输与使用情况等。

4.7.12 电气单元

应包括以下基本内容：

矿井两回路供电电源情况。设备检查、维修、调整制度和落实情况。电气作业人员持有效证件上岗情况。防爆电器设备产品合格证、煤矿矿用产品安全标志，入井防爆检查情况。煤矿井下供电系统接地保护、漏电保护、过流保护的可靠性，运行维护管理情况。是否存在中性点接地。是否有国家明令禁止使用或淘汰的危及生产安全的电气产品。

4.7.13 安全监控、人员位置监测与通信单元

应包括以下基本内容：

a）安全监控系统功能与 AQ 6201 的符合性；各类传感器种类、数量、地点、报警门限、断电门限和断电闭锁等与 AQ 1029 及《煤矿安全规程》的符合性；评价安全监控系统运行和管理，监测监控数据记录、填写报表情况；安全监控系统的维修、调校、测试情况；评价安全监控布置图和断电控制图绘制更新及规范性。

b）人员位置监测系统唯一性检测、分站设置位置、携卡数量、报警功能等与 AQ 6210、AQ 1048 及《煤矿安全规程》的符合性，标识卡和读卡分站工作状况，人员位置信息监测情况等。

c）有线调度电话设置地点、有线调度通信系统功能及通信电缆等设施设备的设置情况。

4.7.14 总平面布置单元

应包括以下基本内容：

通风机房、地面瓦斯抽采站、加油站、汽油库、支护材料场等布置情况，相关安全距离与 GB 50215、《煤矿安全规程》的符合性。地面生产系统储装运、矸石山使用管理情况。特种设备检修、检测检验情况。各建筑物火灾危险性、耐火等级、防火距离、厂区内消防通道设置与国家有关防火规定的符合性。

4.7.15 安全避险与应急救援单元

应包括以下基本内容：

安全避险系统设置情况，应急救援组织建立，应急管理制度及落实情况，应急救援预案、应急演练情况，应急物资储备情况，出现瓦斯、水、火等灾害预兆时按规定采取应急处置措施情况，矿山救护情况，赋予现场作业人员、班队长、值班调度人员发现险情第一时间撤人的决策处理权落实情况。

4.7.16 职业病危害防治单元

应包括以下基本内容：

职业病防治机构及人员配备，职业危害防治制度制定及落实情况，个体防护用品的发放和使用情况，职业卫生档案建立，定期报告职业病危害因素，职业病危害因素日常监测，监测人员和设备配备情况。粉尘、热害、噪声和有害气体等防治措施制定与落实情况。定期对从业人员进行职业健康检查，建立职业健康监护档案情况，职业病诊断、治疗和病人安置情况等。

4.8 露天煤矿各单元评价的基本内容

4.8.1 安全管理单元

应包括以下基本内容：

a）证照情况，评价安全生产许可证、采矿许可证、营业执照等证照情况；

b）机构和人员设置情况，评价安全生产管理机构和专职安全生产管理人员设置，以总工程师为首的技术管理体系，技术管理职责落实情况；安全技术管理机构设置，专业技术管理人员配置情况；安全生产管理人员培训考核和履职情况；

c）管理制度和责任制落实情况，评价主要负责人、分管负责人、安全生产管理人员、职能部门、各岗位安全生产责任制，安全生产目标管理、安全投入、奖惩、技术措施审批、培训、办公会议制度，安全检查制度，安全风险分级管控制度，事故隐患排查、治理、报告制度，事故报告与责任追究制度，矿级领导带班制度等管理制度的有效性、合法性和落实情况；

d）灾害预防及生产组织，评价煤矿年度灾害预防和处理计划的编制及落实，年度、月度生产计划和劳动定员编制及落实，作业规程和操作规程制定及落实等情况；

e）特种作业人员及其他从业人员培训考核情况，特种作业人员培训和持证上岗情况，其他从业人员安全培训考核记录存档；

f）安全生产投入，安全生产费用按规定足额提取和使用证明材料等；

g）工伤保险缴纳，全员缴纳工伤保险记录资料；

h）事故防范和整改措施落实情况，评价本矿上一年度至今发生生产安全事故后，事故防范和整改措施落实情况；事故警示教育开展情况。

4.8.2 地质勘探与地质灾害防治单元

应包括以下基本内容：

露天煤矿补充地质勘探工作开展情况，隐蔽致灾地质因素普查或探测情况，地质预测、预报情况；对各种岩石进行力学、其他物理和水理性质试验情况，对滑坡、泥石流预测预报及防范措施情况。

4.8.3 采剥单元

应包括以下基本内容：

露天煤矿长远及年度采矿工程设计、采场工作线长度、采剥工作面参数（平盘宽度、台阶高度、台阶坡面角、采掘带宽度等）与《煤矿安全规程》和 GB 50197 规定符合性；采剥工作面主要安全生产系统和设施；露天煤矿采剥关系、开拓煤量和回采煤量、生产能力情况；采装设备作业的安全措施及落实情况；采掘场内火区、老空区、滑坡区处理方法、警示标志设置情况。

4.8.4 运输单元

应包括以下基本内容：

a）铁路运输。评价铁路区间线路的平面曲线半径、限制坡度等与《煤矿安全规程》的符合性。铁路与公路平交道口的道口警标、鸣笛标、护栏等安全标志和设施完善性、可靠性情况。

b）汽车运输。评价运输道路会车线、缓坡段、安全挡墙等设置情况。卡车制动、转向系统和安全装置的可靠性。非作业人员、车辆进入作业区域的安全管理措施。

c）带式输送机运输。评价带式输送机系统各种闭锁和机械、电气安全保护装置、声光报警装置等的完善性和可靠性。

d）破碎站。评价破碎站安全限位车挡、安全防护挡墙、照明、卸车指示信号等安全设施或装置的完善性和可靠性。破碎站作业时的安全措施。自移式破碎机防护装置完善性及可靠性。

4.8.5 排土单元

应包括以下基本内容：

排土场工程地质、水文地质勘探情况，铁路运输排土、单斗挖掘机排土、推土机排土、排土机排土相关技术要求与《煤矿安全规程》和 GB 50197 等相关规定符合性。排土工作面反向坡度、卸载点安全车挡，排土场底部排渗设施、排水设施，排土场基底处理措施。排土场卸载区通信及照明情况。

4.8.6 边坡稳定单元

应包括以下基本内容：

边坡稳定性分析评价工作开展情况，对重要边坡和不稳定边坡采取的安全措施，边坡参数与最终边坡设计符合性，边坡稳定性验算情况，边坡监测方法、措施、监测点布置，采掘场最终边坡、排土场边坡管理情况。

4.8.7 防治水单元

应包括以下基本内容：

露天煤矿防治水中长期规划、年度防治水计划编制及落实情况；防洪堤、拦水坝、截水沟、排洪沟等防洪设施设置情况；矿坑内排水系统的可靠性；评价露天煤矿水泵状况、排水管路、备用水泵能力等与《煤矿安全规程》和《煤矿防治水细则》的符合性；采场疏干排水情况。

4.8.8 防灭火单元

应包括以下基本内容：

煤堆、排土场、仓库、油库、爆炸物品库、木料厂等防灭火措施和制度及其落实情况；采场内采掘、运输、排土等主要设备灭火器材配备、定期检查、更换情况；有自然发火倾向的煤层或者开采范围内存在火区时的防灭火措施及其落实情况。

4.8.9 粉尘防治单元

应包括以下基本内容：

粉尘监测制度的制定及落实情况，粉尘监测方法及采样点布置的合理性，加水站（池）设置情况，露天煤矿防尘措施及落实情况。

4.8.10 爆炸物品贮存运输与使用单元

应包括以下基本内容：

钻孔、爆破设计及安全技术措施与《煤矿安全规程》的符合性；爆炸物品管理、爆破安全警戒、爆破检查及盲炮处置等制度及落实情况；爆炸物品库防爆、防火和危险警示标志设置情况；钻孔作业、装药作业情况；爆破安全设施；高温区的爆破措施及执行情况。

4.8.11 电气单元

应包括以下基本内容：

a）设备设施。评价采场内主排水泵备用电源设置情况；移动变电站安全警示标志、保护接地等；防雷电装置及检验情况。临时设置的变压器围栏、防触电标志等。无线对讲系统、应急通信系统可靠性，调度室与附近急救中心、消防机构、上级生产指挥中心的通信联系。是否有国家明令禁止使用或淘汰的危及生产安全的电气产品。

b）停送电操作。评价高压变配电和线路的检修及停送电制度及落实情况；采场内（变电站、所及以下）配电线路的停送电制度及落实情况；非计划停送电制度、记录等。

4.8.12 设备检修单元

应包括以下基本内容：

检修制度、安全措施执行情况，安全标志设置情况；起重、高空、焊接作业情况，起重机等特种设备检修、检测检验和更换情况。

4.8.13 总平面布置单元

应包括以下基本内容：

永久性建（构）筑物位置合理性，爆破材料库、选煤厂、变电所（站）、机电维修设施位置与露天煤矿采掘场、排土场的安全距离；工业场地边坡、护坡安全加固措施；生产系统储装运使用管理情况；各建筑物的火灾危险性、耐火等级、防火距离、厂区内消防通道设置与国家有关防火规定的符合性。

4.8.14 应急救援单元

应包括以下基本内容：

应急救援组织建立，应急管理制度及落实情况，应急预案、应急演练情况，应急物资储备情况，矿山救护情况，赋予现场作业人员、班队长、值班调度人员发现险情第一时间撤人的决策处置权落实情况。

4.8.15 职业病危害防治单元

应包括以下基本内容：

职业病防治机构及人员配备，职业危害防治制度制定及落实情况，个体防护用品的发放和使用情况，职业卫生档案建立，定期报告职业病危害因素，职业病危害因素日常监测，监测人员和设备配备情况。职业危害防治措施制定与落实情况。定期对从业人员进行职业健康检查，建立职业健康监护档案情况，职业病诊断、治疗和病人安置情况等。

4.9 煤矿事故统计分析

4.9.1 根据煤矿生产实际情况，收集被评价煤矿建设及生产过程中事故统计的相关资料，结合典型事故案例，分析事故经过、致因因素、影响因素，提出防范措施。

4.9.2 未发生过事故的煤矿，应收集类似或相邻煤矿生产过程中的事故统计资料，进行类似煤矿安全生产对被评价煤矿的借鉴分析，重点是主要危险、有害因素的控制防范。

4.10 安全对策措施建议

4.10.1 根据煤矿生产情况、现场安全检查和各单元评价结果，对不满足安全生产法律法规、标准、规章、规范要求的生产系统、工艺、场所、设施和设备等情形，提出消除、减弱或降低危险、危害的对策措施及建议。

4.10.2 对不符合有关规定要求或不适合的安全管理制度、机构设置与人员配置，存在的管理漏洞和不安全的管理行为，提出对策措施及建议。

4.11 评价结论

4.11.1 安全评价报告编制单位应根据客观、公正、真实的原则，严谨、明确的作出评价结论。

4.11.2 评价结论应概括评价结果，提出煤矿在评价条件下与国家有关法律法规、标准规范符合与否的结论；从风险管理角度，对危险有害因素进行排序，明确煤矿应重点防范的风险。

4.11.3 给出煤矿是否具备安全生产条件的明确意见。对暂达不到安全生产要求的煤矿，提出整改意见。

5 安全现状评价报告

5.1 评价报告应全面、系统、概括地反映安全评价过程的全部工作，文字应简洁、准确，内容全面，条理清楚，提出的对策措施具体、合理、可行，附必要的反映煤矿生产情况等有关图表或照片。

5.2 评价报告应准确、清晰描述评价对象、目的、依据、方法和过程，获得的评价结果，提出的安全对策措施及建议，给出的评价结论等，并简要描述煤矿生产及管理状况。

5.3 评价报告应附实施安全现状评价人员名单、报告完成时间等相关情况及附件。

5.4 现状评价的数据、资料、现场勘查记录、检查结果记录和影像资料等可编入附录。

5.5 煤矿安全现状评价报告的编制提纲符合附录 H。

6 安全现状评价报告格式和载体

6.1 格式内容包括封面（符合附录 I)、著录项（符合附录 J)、前言、目录、正文、附件、附录。

6.2 安全评价报告一般采用纸质载体。为适应信息处理需要，安全评价报告可辅助采用电子载体形式。

附　录　A
(规范性)
煤矿安全现状评价程序框图

煤矿安全现状评价程序框图见图 A.1。

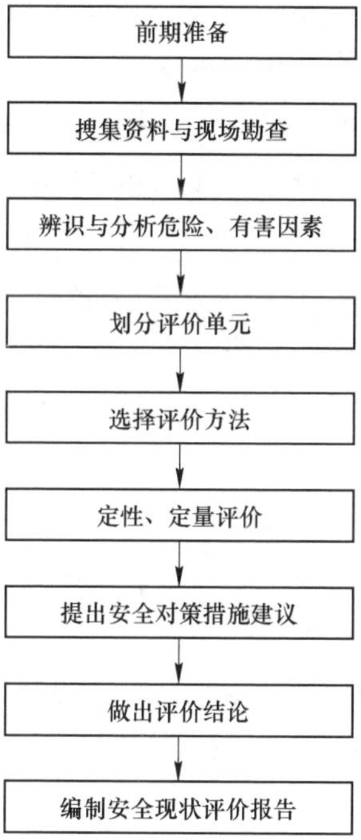

图 A.1　煤矿安全现状评价程序框图

附　录　B

(资料性)

井工煤矿安全现状评价参考资料目录

B.1　煤矿概况

B.1.1　企业基本情况，包括隶属关系、职工人数、所在地区及其交通情况、周边环境及矿区开发情况、煤矿生产规模等。

B.1.2　企业生产活动合法证明材料，包括：采矿许可证、营业执照、安全生产许可证、企业主要负责人安全生产知识和管理能力考核合格证。

B.2　煤矿设计资料

B.2.1　煤矿生产能力核定批准文件。

B.2.2　设计依据的地质勘探报告及其评审意见和备案证明。

B.2.3　设计依据的其他有关煤矿安全基础资料和专项研究成果。

B.2.4　最近一次的安全评价报告。

B.2.5　矿井初步设计文件。

B.2.6　矿井安全设施设计文件。

B.2.7　开采水平、采（盘）区、采掘工作面设计文件。

B.2.8　生产系统和辅助系统设计文件。

B.2.9　瓦斯抽采设计文件。

B.2.10　防灭火设计文件。

B.2.11　反映矿井实际情况的图纸，包括：矿井地质和水文地质图，井上、下对照图，巷道布置图，采掘工程平面图，通风系统图，井下运输系统图，安全监控布置图和断电控制图、人员位置监测系统图，压风、排水、防尘、防火注浆、抽采瓦斯等管路系统图，井下通信系统图，井上、下配电系统图和井下电气设备布置图，井下避灾路线图。

B.3　生产系统及辅助系统说明

B.3.1　矿井实际生产能力、开拓方式、开采水平。

B.3.2　采（盘）区、采掘工作面生产及安全情况。

B.3.3　生产辅助系统安全情况。

B.3.4　安全设施、设备、装置运行情况。

B.3.5　主要生产系统能力和有效性分析校核资料。

B.4　危险、有害因素分析所需资料

B.4.1　建井地质报告或生产地质报告。

B.4.2　地质构造资料。

B.4.3　煤层赋存资料。

B.4.4　工程地质及岩石力学条件。

B.4.5　水文地质及水文资料。

B.4.6　煤层瓦斯赋存资料。

B.4.7　矿井瓦斯等级鉴定资料、煤层突出危险性鉴定资料。

B.4.8　煤层自燃倾向性、煤尘爆炸性鉴定资料。

B.4.9　冲击地压资料。

B.4.10　矿井热害资料。

B.4.11　有毒有害物质组分、放射性物质含量、辐射类型及强度等。

B.4.12　地震资料。

B.4.13　气象条件。

B.4.14　井田四邻情况和采空区及废弃巷道情况。

B.4.15　生产过程有害因素资料（主要生产环节或者生产工艺的危害因素分析）。

B.4.16　附属生产单位或附属设施危险、有害因素资料。

B.4.17　煤层开采的其他特殊危险、有害因素的说明。

B.5　安全技术措施资料

B.5.1　煤层开采可能冒落区地面范围资料。

B.5.2　矿井、水平、采（盘）区的安全出口布置、开采顺序、开采方法和工艺、采空区处理方法和预防冒顶、片帮的措施。

B.5.3　采（盘）区设计、采掘工作面作业规程。

B. 5. 4　保障矿井通风系统安全可靠的措施。

B. 5. 5　预防冲击地压（岩爆）的安全措施。

B. 5. 6　防治瓦斯、煤尘爆炸的安全措施。

B. 5. 7　防治煤与瓦斯突出的安全措施。

B. 5. 8　防治煤层自然发火的安全措施。

B. 5. 9　防治矿井外因火灾的安全措施。

B. 5. 10　防治地面洪水的安全措施。

B. 5. 11　防治井下突水、涌水的安全措施。

B. 5. 12　提升、运输及机械设备防护装置及安全运行保障措施。

B. 5. 13　供电系统及电气设备运行安全保障措施。

B. 5. 14　爆炸物品贮存、运输安全措施，爆破安全措施。

B. 5. 15　防噪声、有害振动安全措施。

B. 5. 16　煤矿安全监测设备、仪器仪表资料。

B. 5. 17　煤矿安全监控系统、人员位置监测系统、应急广播系统、有线调度通信系统资料。

B. 5. 18　煤矿井下通风系统资料。

B. 5. 19　职业危害防治措施、综合防尘措施、防热害措施。

B. 5. 20　其他安全技术措施。

B. 6　安全管理制度、机构设置及人员配置

B. 6. 1　安全生产责任制及落实情况。

B. 6. 2　安全生产管理规章制度及落实。

B. 6. 3　各工种、岗位操作规程。

B. 6. 4　煤矿矿用产品安全标志及其使用情况资料。

B. 6. 5　安全风险辨识评估记录、事故隐患排查治理记录，地质灾害普查记录。

B. 6. 6　矿井年度灾害预防和处理计划，应急救援预案管理及相关资料。

B. 6. 7　安全办公会议记录。

B. 6. 8　安全管理、“一通三防”、防治水管理等机构的设置及人员配置情况。

B. 6. 9　职业卫生、应急救援和创伤急救组织设置及人员配置情况。

B. 6. 10 主要负责人及安全生产管理人员任命情况。

B. 6. 11 从业人员安全教育、培训和考核情况。

B. 6. 12 主要负责人和安全生产管理人员的安全生产知识和管理能力考核合格证。

B. 6. 13 特殊工种培训、考核记录及其操作资格证书。

B. 6. 14 岗位工种及其设计定员。

B. 7 安全专项投资及其使用情况

B. 8 安全检验、检测和测定的数据资料

B. 8. 1 特种设备检验合格证。

B. 8. 2 主要通风机系统检测检验报告。

B. 8. 3 主提升机（绞车）系统检测检验报告及提升钢丝绳检验报告。

B. 8. 4 主排水系统检测检验报告。

B. 8. 5 空气压缩机检测检验报告。

B. 8. 6 主提升带式输送机检测检验报告。

B. 8. 7 防爆无轨胶轮车检测检验报告。

B. 8. 8 单轨吊、架空乘人装置检测检验报告。

B. 8. 9 矿井通风能力核定报告。

B. 8. 10 矿井通风阻力测定报告。

B. 8. 11 矿井反风演习报告。

B. 8. 12 矿井通风测定数据。

B. 8. 13 矿井瓦斯测定数据。

B. 8. 14 矿井涌水量数据。

B. 8. 15 矿井束管监测记录。

B. 8. 16 矿井自然发火区记录及自燃情况的数据。

B. 8. 17 职业健康监护档案。

B. 8. 18 粉尘监测数据。

B. 8. 19 矿井通风安全监控仪器、仪表和安全监测传感器的计量检定资料。

B. 8. 20 矿井主要供（配）电设备和井下接地网检测试验资料。

B. 8. 21　架线式电机车牵引网络杂散电流测试资料。

B. 8. 22　其他安全检验、检测和测定的数据资料。

B. 9　其他资料和数据

安全现状评价所需的其他资料和数据。

附 录 C
(资料性)
露天煤矿安全现状评价参考资料目录

C.1 煤矿概况

C.1.1 企业基本情况，包括隶属关系、职工人数、所在地区及其交通情况、周边环境及矿区开发情况、露天煤矿生产规模等。

C.1.2 企业生产活动合法证明材料，包括：采矿许可证、安全生产许可证、营业执照、企业主要负责人安全生产知识和管理能力考核合格证。

C.2 煤矿设计资料

C.2.1 露天煤矿生产能力核定文件。

C.2.2 设计依据的地质勘探报告及其评审意见和备案证明。

C.2.3 设计依据的其他有关煤矿安全基础资料。

C.2.4 最近一次的安全评价报告。

C.2.5 露天煤矿初步设计文件。

C.2.6 露天煤矿安全设施设计文件。

C.2.7 生产系统和辅助系统设计文件。

C.2.8 反映露天煤矿实际情况的图纸，包括：地形地质图，工程地质平面图、断面图，综合水文地质平面图，采剥、排土工程平面图和运输系统图，供配电系统图，通信系统图，防排水系统平面图，边坡监测系统平面图，井工老空区与露天矿平面对照图等。

C.3 生产系统及辅助系统说明

C.3.1 煤矿实际生产能力、开采工艺、开采程序、开拓运输系统等情况。

C.3.2 采剥台阶、钻孔爆破、煤岩采装、破碎站、运输、排土、边坡稳定、防治水、防灭火及电气等安全情况。

C.3.3 生产辅助系统安全情况。

C. 3. 4　安全设施、设备、装置运行情况。

C. 4　危险、有害因素分析所需资料

C. 4. 1　建矿地质报告或生产地质报告。

C. 4. 2　地质构造资料。

C. 4. 3　工程地质及对开采不利的岩石力学条件。

C. 4. 4　水文地质及水文资料。

C. 4. 5　内因火灾倾向性资料。

C. 4. 6　有毒有害物质组分和放射性物质含量、辐射类型及强度。

C. 4. 7　地震资料。

C. 4. 8　气象条件资料。

C. 4. 9　生产过程危害因素分析（主要生产环节或者生产工艺的危害因素分析）。

C. 4. 10　附属生产单位或附属设施危害因素分析。

C. 4. 11　煤矿四邻情况和废弃采场情况及其危害因素。

C. 4. 12　煤矿开采的其他特殊危险因素的说明。

C. 5　安全技术措施资料

C. 5. 1　煤层开采可能滑坡区地面范围资料。

C. 5. 2　采场排土场上下平盘的安全通道布置，开采程序、采煤方法。

C. 5. 3　边坡稳定及防治滑坡的措施。

C. 5. 4　防治煤、岩尘危害的措施。

C. 5. 5　防治自然发火的安全措施。

C. 5. 6　防治采场火灾的安全措施。

C. 5. 7　防治地面洪水的安全措施。

C. 5. 8　防治采场涌水的安全措施。

C. 5. 9　运输及机械设备防护装置及安全运行保障措施。

C. 5. 10　供电系统安全保障措施。

C. 5. 11　爆破安全措施，爆炸物品加工、贮存、运输安全措施。

C. 5. 12　防噪声、有害振动的安全措施。

C. 5. 13　其他安全技术措施。

C.6 安全管理制度、机构设置及人员配置

C.6.1 安全标志及其使用情况资料。

C.6.2 安全生产责任制及落实情况。

C.6.3 安全生产管理规章制度及落实情况。

C.6.4 安全作业规程。

C.6.5 各工种、岗位操作规程。

C.6.6 安全办公会议记录。

C.6.7 安全风险辨识评估记录、事故隐患排查治理记录、地质灾害普查记录。

C.6.8 煤矿灾害预防处理计划，应急预案管理及相关资料。

C.6.9 安全管理、灾害监测机构及人员配置。

C.6.10 职业卫生、应急救援和创伤急救组织及人员配置。

C.6.11 主要负责人及安全生产管理人员任命情况。

C.6.12 从业人员安全教育、培训和考核情况。

C.6.13 主要负责人和安全生产管理人员的安全生产知识和管理能力考核合格证。

C.6.14 特殊工种培训、考核记录及其上岗证。

C.6.15 劳动定员。

C.7 安全专项投资及其使用情况

C.8 安全检验、检测和测定的数据资料

C.8.1 特种设备检验合格证。

C.8.2 边坡稳定情况测定数据。

C.8.3 采场空气、防尘测定数据。

C.8.4 采场涌水量记录。

C.8.5 采场自然发火区记录及自燃情况的数据。

C.8.6 职业健康监护档案。

C.8.7 其他安全检验、检测和测定的数据资料。

C.9 其他资料和数据

安全现状评价所需的其他资料和数据。

附 录 D

(规范性)

井工煤矿安全现状评价单元划分

D.1 安全管理单元。

D.2 地质勘探与地质灾害防治单元。

D.3 开拓开采单元（含顶板管理）。

D.4 通风单元。

D.5 瓦斯防治单元。

D.6 防治水单元。

D.7 防灭火单元。

D.8 粉尘防治单元。

D.9 运输、提升单元。

D.10 压风及其输送单元。

D.11 爆炸物品贮存运输与使用单元。

D.12 电气单元。

D.13 安全监控、人员位置监测与通信单元。

D.14 总平面布置单元（含地面生产系统）。

D.15 安全避险与应急救援单元。

D.16 职业病危害防治单元。

附　录　E
（规范性）
露天煤矿安全现状评价单元划分

E.1　安全管理单元。

E.2　地质勘探与地质灾害防治单元。

E.3　采剥单元。

E.4　运输单元。

E.5　排土单元。

E.6　边坡稳定单元。

E.7　防治水单元。

E.8　防灭火单元。

E.9　粉尘防治单元。

E.10　爆炸物品贮存运输与使用单元。

E.11　电气单元（含通信）。

E.12　设备检修单元。

E.13　总平面布置单元（含生产系统）。

E.14　应急救援单元。

E.15　职业病危害防治单元。

附 录 F

(规范性)

井工煤矿安全现状评价检查表

井工煤矿安全现状评价检查表见表 F.1。

表 F.1 井工煤矿安全现状评价检查表

序号	项目	检查内容	检查依据	现状描述	存在问题	整改措施
一、安全管理单元						
1	证照	采矿许可证、安全生产许可证、营业执照齐全、有效	《煤矿安全规程》第 3 条，《煤矿企业安全生产许可证实施办法》第 2、7 条			
2	机构人员	设置安全生产管理机构，配齐专职安全生产管理人员。 建立总工程师为首的技术管理体系，落实技术管理职责；设置采掘技术管理、“一通三防”、地质防治水等安全技术管理机构，配齐专业技术管理人员；煤与瓦斯突出、水文地质类型复杂、有冲击地压的矿井设置专门防治管理机构	《煤矿安全规程》第 194、228、283 条，《防治煤与瓦斯突出细则》第 4 条，《煤矿重大生产安全事故隐患判定标准》第 18 条			
3		煤矿企业设立地质测量部门，配备所需的相关专业技术人员和仪器设备，及时编绘反映煤矿实际的地质资料和图件，建立健全煤矿地质测量工作规章制度	《煤矿安全规程》第 22 条			

表 F.1 (续)

序号	项目	检查内容	检查依据	现状描述	存在问题	整改措施
4	责任落实	建立健全各级负责人、各部门、各岗位安全生产与职业病危害防治责任制，并落实	《煤矿安全规程》第4条			
5	管理制度	建立健全安全生产与职业病危害防治目标管理、投入、奖惩、技术措施审批、培训、办公会议制度，安全检查制度，安全风险分级管控工作制度，事故隐患排查、治理、报告制度，事故报告与责任追究制度等；制定重要设备材料的查验制度，做好检查验收和记录；建立各种设备、设施检查维修制度，定期维修检查记录；制定本单位的作业规程和操作规程	《煤矿安全规程》第4条			
6	托管煤矿管理	托管煤矿严格安全管理，落实安全责任	《国家安全监管总局 国家煤矿安监局关于加强托管煤矿安全监管监察工作的通知》（安监总煤监〔2015〕15号）			
7	灾害防治	煤矿编制年度灾害预防和处理计划，并根据具体情况及时修改；灾害预防和处理计划由矿长负责组织实施	《煤矿安全规程》第12条			
8	安全培训	对从业人员进行安全教育和培训，合格后上岗作业。 主要负责人和安全生产管理人员具备煤矿安全生产知识和管理能力，并经考核合格；特种作业人员按国家有关规定培训合格，取得资格证书，方可上岗作业	《煤矿安全规程》第9条			

表 F.1（续）

序号	项目	检查内容	检查依据	现状描述	存在问题	整改措施
9	安全投入	按国家规定足额提取和按国家规定范围使用安全生产费用	《煤矿重大生产安全事故隐患判定标准》第18条			
10	工伤保险	为从业人员缴纳工伤保险费	《安全生产法》第51条			
11	生产组织	矿井年度、月度生产计划及实际产量、劳动定员符合要求，严禁超能力、超强度或超定员组织生产	《煤矿重大生产安全事故隐患判定标准》第4条			
12	事故防范整改	事故发生单位认真吸取事故教训，落实防范和整改措施，防止事故再次发生；防范和整改措施的落实情况接受工会和职工监督	《生产安全事故报告和调查处理条例》第33条			
二、地质勘探与地质灾害防治单元						
13	地质补充调查勘探	当煤矿地质资料不能满足建设和生产需要时，应针对存在的问题进行补充调查与勘探，收集相关地质资料，重点调查煤矿内或周边煤矿开采情况，并将老窑、采空区标绘在采掘工程平面图和井上下对照图等相关图件上	《煤矿地质工作规定》第21、22条			
14		煤矿存在下列情况之一的，应进行地质补充调查与勘探：（1）原勘探程度不足，或遗留有瓦斯地质、水文地质或重大工程地质等问题；（2）在建矿和生产过程中，构造、煤层、瓦斯、水文地质或工程地质等条件发生重大变化；（3）煤矿内老窑或周边相邻煤矿采空区未查清；（4）资源整合、水平延深或煤矿范围扩大时，原地质勘探报告不能满足煤矿建设和安全生产要求；（5）提高资源/储量级别或新增资源/储量；（6）其他专项安全工程要求	《煤矿地质工作规定》第22条			

表 F.1 (续)

序号	项目	检查内容	检查依据	现状描述	存在问题	整改措施
15	地质观测预报	煤矿建设、生产阶段，对揭露的煤层、断层、褶皱、岩浆岩体、陷落柱、含水岩层，矿井涌水量及主要出水点等进行观测及描述，综合分析，实施地质预测、预报	《煤矿安全规程》第28条，《煤矿地质工作规定》第39、53、58条			
16	地质说明书	井巷揭煤前，探明煤层厚度、地质构造、瓦斯地质、水文地质及顶底板等地质条件，编制揭煤地质说明书	《煤矿安全规程》第29条			
17		掘进和回采前，编制地质说明书，掌握地质构造、岩浆岩体、陷落柱、煤层及其顶底板岩性、煤（岩）与瓦斯（二氧化碳）突出危险区、受水威胁区、技术边界、采空区、地质钻孔等情况	《煤矿安全规程》第31条			
18	隐蔽致灾因素普查	结合实际情况开展隐蔽致灾地质因素普查或探测工作，并提出报告，由矿总工程师组织审定	《煤矿安全规程》第32条，《煤矿地质工作规定》第29条			
19	地质报告	每5年修编矿井地质报告。地质条件变化影响地质类型划分时，在1年内重新进行地质类型划分	《煤矿安全规程》第33条			
三、开拓开采单元						
20	图档管理	填绘反映实际的矿井地质图、水文地质图、井上下对照图、巷道布置图、采掘工程平面图、井下避灾路线图等图纸	《煤矿安全规程》第14条			
21	开采范围	采掘作业布置在采矿许可证规定的范围之内，严禁超层越界开采	《煤矿重大生产安全事故隐患判定标准》第10条			

表 F.1 (续)

序号	项目	检查内容	检查依据	现状描述	存在问题	整改措施
22	开拓布置	矿井开拓系统巷道布置满足矿井生产、安全和抗灾的要求	GB50215—2015 中 3.3.1			
23	矿井接续	矿井开拓、准备、回采煤量可采期符合有关标准规定。 下山采区工作面开始回采前采区通风、排水、运输等系统必须完整	AQ 1055—2018 中 5.2.2.3，《煤矿重大生产安全事故隐患判定标准》第 4 条			
24	安全出口	生产矿井至少有 2 个能行人的通达地面的安全出口，各出口间距不小于 30 m；新建、扩建矿井的回风井不兼作提升和行人通道，紧急情况下可作为安全出口	《煤矿安全规程》第 87 条			
25		井下每一个水平到上一个水平和各个采（盘）区都至少有 2 个便于行人的安全出口，并与通达地面的安全出口相连	《煤矿安全规程》第 88 条			
26		采煤工作面至少有 2 个畅通的安全出口，一个通到进风巷道，另一个通到回风巷道；采煤工作面所有安全出口与巷道连接处超前压力影响范围内加强支护，且加强支护的巷道长度不小于 20 m；综合机械化采煤工作面，此范围内的巷道高度不低于 1.8 m，其他采煤工作面，此范围内巷道高度不低于 1.6 m；安全出口和与之相连接的巷道发生支架断梁折柱、巷道底鼓变形时，及时更换、清挖	《煤矿安全规程》第 97 条			

表 F.1（续）

序号	项目	检查内容	检查依据	现状描述	存在问题	整改措施
27	采区布置	一个采（盘）区内同一煤层的一翼最多只能布置1个采煤工作面和2个煤（半煤岩）巷掘进工作面同时作业；一个采（盘）区内同一煤层双翼开采或者多煤层开采的，该采（盘）区最多只能布置2个采煤工作面和4个煤（半煤岩）巷掘进工作面同时作业。 在采动影响范围内不得布置2个采煤工作面同时回采。 下山采区未形成完整的通风、排水等生产系统前，严禁掘进回采巷道	《煤矿安全规程》第95条			
28	采区布置	巷道净断面满足行人、运输、通风和安全设施及设备安装、检修、施工需要	《煤矿安全规程》第90条			
29	采煤方法	采煤工作面必须正规开采，严禁采用国家明令禁止的采煤方法。 高瓦斯、突出、有容易自燃或者自燃煤层的矿井，不采用前进式采煤方法	《煤矿安全规程》第97条			
30	专项设计	一个矿井同时回采的采煤工作面个数不超过3个，煤（半煤岩）巷掘进工作面个数不超过9个，严禁以掘代采。 采（盘）区开采前必须按照生产布局和资源回收合理的要求编制采（盘）区设计，并严格按照采（盘）区设计组织施工，情况发生变化时及时修改设计	《煤矿安全规程》第95条			
31	专项设计	采用综合机械化采煤时，必须编制工作面设计	《煤矿安全规程》第114条			
32	专项设计	矿井第一次采用放顶煤开采，或者在煤层（瓦斯）赋存条件变化较大的区域采用放顶煤开采时，必须进行可行性论证和设计	《煤矿安全规程》第115条			

表 F.1(续)

序号	项目	检查内容	检查依据	现状描述	存在问题	整改措施
33	作业规程	单项工程、单位工程开工前，编制施工组织设计和作业规程。 采掘作业前编制作业规程；情况发生变化时，及时修改作业规程或者补充安全措施	《煤矿安全规程》第 38、96 条			
34	制度措施	掘进巷道在揭露老空区前，制定探查老空区安全措施	《煤矿安全规程》第 93 条			
35		使用滚筒式采煤机采煤，工作面倾角在 15°以上时，有可靠的防滑装置	《煤矿安全规程》第 117 条			
36		倾角在 25°以上的小眼、煤仓、溜煤(矸)眼、人行道、上山和下山的上口，设防止人员、物料坠落的设施	《煤矿安全规程》第 133 条			
37		制定井巷维修制度，加强井巷维修，保证通风、运输畅通和行人安全	《煤矿安全规程》第 125 条			
38		报废的巷道进行封闭；报废的暗井和倾斜巷道下口的密闭墙留设泄水孔	《煤矿安全规程》第 129 条			
39		报废的井巷进行隐蔽工程记录，并在井上、下对照图上标明，归档备查	《煤矿安全规程》第 130 条			
40	顶板管理	采煤工作面用垮落法管理顶板时，必须及时放顶；顶板不垮落、悬顶距离超过作业规程规定的，停止采煤，采取人工强制放顶或者其他措施进行处理，并在作业规程中明确规定。 采煤工作面初次放顶及收尾时，制定安全措施	《煤矿安全规程》第 105 条			
41		近距离煤层群开采下一煤层时，必须制定控制顶板的安全措施	《煤矿安全规程》第 110 条			

表F.1（续）

序号	项目	检查内容	检查依据	现状描述	存在问题	整改措施
42	顶板管理	采掘工作面及时支护，严禁空顶作业	《煤矿安全规程》第58、101条			
43	顶板管理	采用分层垮落法回采时，下一分层的采煤工作面必须在上一分层顶板垮落的稳定区域内进行回采	《煤矿安全规程》第111条			
44	巷道支护	采用锚杆、锚索、锚喷、锚网喷等支护形式时应符合要求；锚杆（索）的形式、规格、安设角度，混凝土强度等级、喷体厚度，挂网规格、搭接方式，以及围岩涌水的处理等，必须在施工组织设计或者作业规程中明确；煤巷、半煤岩巷支护必须进行顶板离层监测；遇顶板破碎、淋水，过断层、老空区、高应力区等情况时，应加强支护	《煤矿安全规程》第102条			
45	矿压监测	采煤工作面应进行矿压观测，配备必要的矿压观测仪器和设备	《煤矿安全规程》第114条，AQ 1055—2018中4.2.3.3			
46	冲击地压防治	矿井有冲击地压相关征兆时，进行煤岩冲击倾向性鉴定；开采具有冲击倾向性煤层，进行冲击危险性评价	《煤矿安全规程》第226、227条，《防治煤矿冲击地压细则》第10条			
47	冲击地压防治	冲击地压矿井的新水平、新采区、新煤层有冲击地压危险的，编制防冲设计	《煤矿安全规程》第229条			
48	冲击地压防治	开采冲击地压煤层，设专门的机构与人员，采取冲击地压危险性预测、监测预警、防范治理、效果检验、安全防护等综合性防治措施。 建立冲击危险区人员准入制度，实行限员管理；建立生产矿长（总工程师）日分析制度和日生产进度通知单制度，建立防冲工程措施实施与验收记录台账	《煤矿安全规程》第228条			

表 F.1（续）

序号	项目	检查内容	检查依据	现状描述	存在问题	整改措施
49	冲击地压防治	建立冲击地压防治安全技术管理制度、防治岗位安全责任制度、防治培训制度、事故报告制度等工作规范	《防治煤矿冲击地压细则》第 6 条			
50		冲击地压生产矿井应按照采掘工作面的防冲要求进行矿井生产能力核定；矿井改建和水平延深时，必须进行防冲安全性论证。 非冲击地压矿井升级为冲击地压矿井时，应当编制矿井防冲设计，并按照防冲要求进行矿井生产能力核定	《煤矿安全规程》第 230 条			
51		冲击地压矿井巷道布置与采掘作业应满足防冲要求	《煤矿安全规程》第 231 条			
52		具有冲击地压危险的高瓦斯、突出煤层的矿井，应当根据本矿井条件，制定专门技术措施；开采具有冲击地压危险的急倾斜、特厚等煤层时，制定专项防冲措施，并由企业技术负责人审批	《煤矿安全规程》第 232、233 条			
53		建立区域与局部相结合的冲击地压危险性监测制度，根据现场实际资料和积累数据确定冲击危险性预警临界指标	《煤矿安全规程》第 235 条			
54		冲击地压矿井应当选择合理的开拓方式、采掘部署、开采顺序、采煤工艺及开采保护层等区域防冲措施；冲击地压煤层采煤方法与工艺确定应当遵守下列规定：（1）采用长壁综合机械化开采方法；（2）缓倾斜、倾斜厚及特厚煤层采用综采放顶煤工艺开采时，直接顶不能随采随冒的，预先对顶板进行弱化处理	《煤矿安全规程》第 237、239 条			

表 F.1 (续)

序号	项目	检查内容	检查依据	现状描述	存在问题	整改措施
55		有冲击地压危险的采掘工作面，供电、供液等设备放置在采动应力集中影响区外；对危险区域内的设备、管线、物品等采取固定措施	《煤矿安全规程》第 243 条			
56	冲击地压防治	冲击地压危险区域的巷道加强支护；采煤工作面必须加大上下出口和巷道的超前支护范围与强度，弱冲击危险区域的工作面超前支护长度不小于 70 m；厚煤层放顶煤工作面、中等及以上冲击危险区域的工作面超前支护长度不小于 120 m，超前支护应满足支护强度和支护整体稳定性要求；严重（强）冲击地压危险区域，采取防底鼓措施	《煤矿安全规程》第 244 条			
57		有冲击地压危险的采掘工作面设置压风自救系统，明确发生冲击地压时的避灾路线	《煤矿安全规程》第 245 条，《防治煤矿冲击地压细则》第 85 条			
四、通风单元						
58	通风系统	矿井、采区和采掘工作面的供风量满足安全生产要求，矿井每年安排采掘作业计划时核定矿井生产和通风能力，严禁超通风能力生产	《煤矿安全规程》第 138、139 条，《煤矿重大生产安全事故隐患判定标准》第 8 条			
59		填绘反映实际情况的通风系统图	《煤矿安全规程》第 14 条			

表 F.1（续）

序号	项目	检查内容	检查依据	现状描述	存在问题	整改措施
60	通风系统	生产水平和采（盘）区实行分区通风；准备采区，必须在采区构成通风系统后，方可开掘其他巷道；采用倾斜长壁布置的，大巷必须至少超前2个区段，并构成通风系统后，方可开掘其他巷道；采煤工作面必须在采（盘）区构成完整的通风、排水系统后，方可回采。 高瓦斯、突出矿井的每个采（盘）区和开采容易自燃煤层的采（盘）区、低瓦斯矿井开采煤层群和分层开采采用联合布置的采（盘）区，设置专用回风巷，采区进、回风巷必须贯穿整个采区，无一段为进风巷、一段为回风巷情况	《煤矿安全规程》第149条			
61		采、掘工作面实行独立通风，严禁2个采煤工作面之间串联通风；开采有瓦斯喷出、有突出危险的煤层或者在距离突出煤层垂距小于10 m的区域掘进施工时，严禁任何2个工作面之间串联通风	《煤矿安全规程》第150条			
62		采煤工作面必须采用矿井全风压通风，禁止采用局部通风机稀释瓦斯；采掘工作面的进风和回风不得经过采空区或者冒顶区；无煤柱开采沿空送巷和沿空留巷时，应当采取防止从巷道的两帮和顶部向采空区漏风的措施；矿井在同一煤层、同翼、同一采区相邻正在开采的采煤工作面沿空送巷时，采掘工作面严禁同时作业	《煤矿安全规程》第153条			

表 F.1 (续)

序号	项目	检查内容	检查依据	现状描述	存在问题	整改措施
63	通风系统	煤层倾角大于 12°的采煤工作面采用下行通风时，应当报矿总工程师批准，并遵守：采煤工作面风速不低于 1 m/s，在进、回风巷中设置消防供水管路，有突出危险的采煤工作面不采用下行通风	《煤矿安全规程》第 152 条			
64		井下爆炸物品库、井下充电室、采区变电所及实现采区变电所功能的中央变电所有独立的通风系统	《煤矿安全规程》第 166、167、168 条			
65		井巷中的风速符合有关规定要求	《煤矿安全规程》第 136 条			
66	局部通风	压入式局部通风机和启动装置安装在进风巷道中，距掘进巷道回风口不小于 10 m。 高瓦斯、突出矿井的煤巷、半煤岩巷和有瓦斯涌出的岩巷掘进工作面正常工作的局部通风机配备安装同等能力的备用局部通风机，并能自动切换；正常工作的局部通风机必须采用三专（专用开关、专用电缆、专用变压器）供电，专用变压器最多可向 4 个不同掘进工作面的局部通风机供电；备用局部通风机电源必须取自同时带电的另一电源。 使用局部通风机供风的地点实行风电闭锁和甲烷电闭锁，保证当正常工作的局部通风机停止运转或者停风后能切断停风区内全部非本质安全型电气设备电源。 严禁使用 3 台及以上局部通风机同时向 1 个采掘工作面供风；不得使用 1 台局部通风机同时向 2 个及以上作业的掘进工作面供风	《煤矿安全规程》第 164 条			

表 F.1（续）

序号	项目	检查内容	检查依据	现状描述	存在问题	整改措施
67	通风设施	控制风流的风门、风桥、风墙、风窗等设施必须可靠。开采突出煤层时，工作面回风侧不设置调节风量的设施。井下所有永久性密闭墙都应当编号，并在火区位置关系图中注明	《煤矿安全规程》第155、278条			
68	风阻测定	矿井每3年至少进行1次通风阻力测定；生产矿井转入新水平生产、改变一翼或者全矿井通风系统后，重新进行矿井通风阻力测定；矿井通风阻力符合要求。	《煤矿安全规程》第156条，AQ 1028—2006中5.1.9			
69	矿井测风	建立测风制度，每10天至少进行1次全面测风；对采掘工作面和其他用风地点，应当根据实际需要随时测风，每次测风结果应记录并写在测风地点的记录牌上	《煤矿安全规程》第140条			
70	气体浓度	采掘工作面的进风流中，氧气浓度不低于20%，二氧化碳浓度不超过0.5%；有害气体的浓度不超标；甲烷、二氧化碳和氢气的浓度符合《煤矿安全规程》有关规定	《煤矿安全规程》第135、171、172、173、174条			
71	通风仪表	矿井必须有足够数量的通风安全检测仪表。仪表必须由具备相应资质的检验单位进行检验	《煤矿安全规程》第141条			

表F.1(续)

序号	项目	检查内容	检查依据	现状描述	存在问题	整改措施
72	通风设备	矿井安装2套同等能力的主要通风机装置，其中1套作备用，备用通风机必须能在10 min内开动；装有主要通风机的出风井口安装防爆门，防爆门每6个月检查维修1次；至少每月检查1次主要通风机；新安装的主要通风机投入使用前，必须进行试运转和通风机性能测定，以后每5年至少进行1次性能测定主要通风机经有资质的部门检测检验，并出具检验合格报告。井下严禁安设辅助通风机	《煤矿安全规程》第158条，AQ1055—2018中5.1.5			
73	矿井反风	主要通风机装有反风设施，能在10 min内改变巷道风流方向；风流方向改变后，主要通风机的供给风量不小于正常供风量的40%；每年进行1次反风演习；矿井通风系统有较大变化时，应进行1次反风演习	《煤矿安全规程》第159条			
五、瓦斯防治单元						
74	瓦斯地质	井巷揭煤前，应当探明瓦斯地质	《煤矿安全规程》第29条			
75		突出矿井编制并及时更新矿井瓦斯地质图，更新周期不超过1年。 突出矿井开采的非突出煤层和高瓦斯矿井的开采煤层，在延深达到或超过50 m或开拓新采区时，须测定煤层瓦斯压力、瓦斯含量以及其他与突出危险性相关的参数，符合《防治煤与瓦斯突出细则》的要求。 开采保护层的应对保护范围及保护效果进行考察，符合AQ 1050要求	《煤矿安全规程》第200条，《防治煤与瓦斯突出细则》第26条，AQ 1050—2008中8.1、8.2			

表 F.1（续）

序号	项目	检查内容	检查依据	现状描述	存在问题	整改措施
76	瓦斯鉴定	矿井中只要有一个煤（岩）层发现瓦斯，该矿井即为瓦斯矿井；瓦斯矿井必须依照矿井瓦斯等级进行管理	《煤矿安全规程》第 169 条			
77		低瓦斯矿井必须每 2 年进行瓦斯等级和二氧化碳涌出量鉴定，鉴定结果报省级煤炭行业管理部门和省级煤矿安全监察机构。 高瓦斯、突出矿井不再进行周期性瓦斯等级鉴定工作，但应每年测定和计算矿井、采区、工作面瓦斯和二氧化碳涌出量，并报省级煤炭行业管理部门和煤矿安全监察机构	《煤矿安全规程》第 170 条			
78	瓦斯防治	建立甲烷、二氧化碳和其他有害气体检查制度。 通风瓦斯日报必须送矿长、矿总工程师审阅，一矿多井的矿必须同时送井长、井技术负责人审阅。对重大的通风、瓦斯问题，应当制定措施，进行处理	《煤矿安全规程》第 180 条			
79		矿井瓦斯超限达到断电浓度时，班组长、瓦斯检查工、矿调度员有权责令现场作业人员停止作业，停电撤人。矿井必须有因停电和检修主要通风机停止运转或者通风系统遭到破坏以后恢复通风、排除瓦斯和送电的安全措施。临时停工的地点，不停风；否则必须切断电源，设置栅栏、警标，禁止人员进入，并向矿调度室报告。恢复已封闭的停工区或者采掘工作接近这些地点时，必须事先排除其中积聚的瓦斯。排除瓦斯工作必须制定安全技术措施。严禁在停风或者瓦斯超限的区域内作业	《煤矿重大生产安全事故隐患判定标准》第 5 条，《煤矿安全规程》第 175 条			

表 F.1(续)

序号	项目	检查内容	检查依据	现状描述	存在问题	整改措施
80	瓦斯抽采	突出矿井必须建立地面永久抽采瓦斯系统。地面永久抽采瓦斯系统或者井下临时抽采瓦斯系统及其设施符合《煤矿安全规程》有关规定。 抽采应按规定进行计量，并对抽采效果进行评判，实现抽采达标。绘制与实际相符的抽采瓦斯管路系统图	《煤矿安全规程》第14、181、182条，《煤矿重大生产安全事故隐患判定标准》第7条			
81	瓦斯抽采	泵站的装机能力和管网能力应当满足瓦斯抽采达标的要求。备用泵能力不小于运行泵中最大一台单泵的能力；运行泵的装机能力不小于瓦斯抽采达标时应抽采瓦斯量对应工况流量的2倍	《煤矿瓦斯抽采达标暂行规定》第15条			
82	瓦斯抽采	瓦斯抽采矿井应配备瓦斯抽采监控系统，实时监控管网瓦斯浓度、压力或压差、流量、温度参数及设备开停状态等	《煤矿瓦斯抽采达标暂行规定》第16条			
83	瓦斯抽采	瓦斯抽采效果应当满足《煤矿瓦斯抽采达标暂行规定》	《煤矿瓦斯抽采达标暂行规定》第27、28、29、30条			
84	突出鉴定	出现瓦斯动力现象的，瓦斯压力达到或者超过0.74 MPa的，相邻矿井开采的同一煤层发生突出事故或者被鉴定、认定为突出煤层的，有上述情况之一的煤层应当在规定时限内进行煤层突出危险性鉴定，否则直接认定为突出煤层，鉴定未完成前，应当按照突出煤层管理，并采取区域或局部综合防突措施，矿井按突出矿井管理，设置防突机构、专业人员，进行防突知识培训，及时测定、收集瓦斯突出相关参数，绘制矿井瓦斯地质图。编制防突专项设计等。 建立健全并严格落实防突预警分析处置制度。 突出矿井应当对突出煤层进行区域突出危险性预测。经区域预测后，突出煤层划分为突出危险区和无突出危险区，未预测的视为突出危险区	《煤矿安全规程》第189条，《煤矿重大生产安全事故隐患判定标准》第18条，《防治煤与瓦斯突出细则》第51条			

表 F.1(续)

序号	项目	检查内容	检查依据	现状描述	存在问题	整改措施
85	防突措施	突出矿井防突工作必须坚持区域综合防突措施先行、局部综合防突措施补充的原则	《煤矿重大生产安全事故隐患判定标准》第6条，《煤矿安全规程》第191条			
86		突出矿井的新采区和新水平进行开拓设计前，应当对开拓采区或者开拓水平内平均厚度在0.3 m以上的煤层进行突出危险性评估，评估结论作为开拓采区或者开拓水平设计的依据。对评估为无突出危险的煤层，所有井巷揭煤作业还必须采取区域或者局部综合防突措施；对评估为有突出危险的煤层，按突出煤层进行设计	《煤矿重大生产安全事故隐患判定标准》第6条，《煤矿安全规程》第191条			
87		突出煤层突出危险区必须采取区域防突措施，严禁在区域防突措施效果未达到要求的区域进行采掘作业。按突出煤层管理的煤层，必须采取区域或者局部综合防突措施。在突出煤层进行采掘作业期间必须采取安全防护措施	《煤矿重大生产安全事故隐患判定标准》第6条，《煤矿安全规程》第191条			
88		突出矿井在编制生产发展规划和年度生产计划时，同时编制相应的区域防突措施规划和年度实施计划。 突出矿井的新水平、新采区的设计，有防突设计篇章。非突出矿井升级为突出矿井时，必须编制防突专项设计	《煤矿安全规程》第192、193条			

表 F.1(续)

序号	项目	检查内容	检查依据	现状描述	存在问题	整改措施
89	防突措施	井巷揭穿突出煤层必须编制防突专项设计，并报企业技术负责人审批。突出煤层采掘工作面必须编制防突专项设计。矿井必须对防突措施的技术参数和效果进行实际考察确定	《煤矿安全规程》第 194 条			
90		突出矿井的采掘布置应当遵守：主要巷道应当布置在岩层或者无突出危险煤层内。突出煤层的巷道优先布置在被保护区域或者其他无突出危险区域内。减少井巷揭开（穿）突出煤层的次数，揭开（穿）突出煤层的地点应当合理避开地质构造带。同一突出煤层的集中应力影响范围内，不得布置 2 个工作面相向回采或者掘进	《煤矿安全规程》第 195 条			
91		具备开采保护层条件的突出危险区，必须开采保护层	《煤矿安全规程》第 204 条			
92		开采保护层时，应当不留设煤（岩）柱。特殊情况需留煤（岩）柱时，必须将煤（岩）柱的位置和尺寸准确标注在采掘工程平面图和瓦斯地质图上，在瓦斯地质图上还应当标出煤（岩）柱的影响范围。在煤（岩）柱及其影响范围内采掘作业前，必须采取区域预抽煤层瓦斯防突措施	《煤矿安全规程》第 207 条			
93		开采保护层时，应同时抽采被保护层和邻近层的瓦斯。开采近距离保护层时，必须采取防止误穿突出煤层和被保护层卸压瓦斯突然涌入保护层工作面措施	《煤矿安全规程》第 208 条			

表 F.1（续）

序号	项目	检查内容	检查依据	现状描述	存在问题	整改措施
94	防突措施	工作面执行防突措施后，必须对防突措施效果进行检验。如果工作面措施效果检验结果均小于指标临界值，且未发现其他异常情况，则措施有效；否则必须重新执行区域综合防突措施或者局部综合防突措施	《煤矿安全规程》第 218 条			
95		突出煤层采掘工作面附近、爆破撤离人员集中地点、起爆地点必须设有直通矿调度室的电话，并设置有供给压缩空气的避险设施或者压风自救装置。工作面回风系统中有人作业的地点，也应当设置压风自救装置	《煤矿安全规程》第 223 条			
六、防治水单元						
96	制度人员	建立健全水害防治岗位责任制、水害防治技术管理制度、水害预测预报制度、水害隐患排查治理制度、探放水制度、重大水患停产撤人制度以及应急处置制度等	《煤矿防治水细则》第 6 条			
97		煤矿应当根据本单位的水害情况，配备满足工作需要的防治水专业技术人员，配齐专用的探放水设备，建立专门的探放水作业队伍，储备必要的水害抢险救灾设备和物资。 水文地质类型复杂、极复杂的煤矿，还应当设立专门的防治水机构、配备防治水副总工程师	《煤矿防治水细则》第 5 条			
98	防治规划	编制本单位防治水中长期规划（5～10 年）和年度计划，并组织实施。 矿井水文地质类型每 3 年修订一次，水文地质条件复杂、极复杂矿井每月至少开展 1 次水害隐患排查，其他矿井每季度至少开展 1 次	《煤矿防治水细则》第 7 条，《煤矿安全规程》第 284 条			

表 F.1（续）

序号	项目	检查内容	检查依据	现状描述	存在问题	整改措施
99	图档管理	填绘反映实际情况的排水系统图，编制与实际相符的矿井充水性图、矿井涌水量与相关因素动态曲线图、矿井综合水文地质图、矿井综合水文地质柱状图、矿井水文地质剖面图等防治水图件，并至少每半年修订1次	《煤矿安全规程》第14、287条			
100	地面防治水	矿井井口和工业场地内建筑物的地面标高，应当高于当地历史最高洪水位；否则，应当修筑堤坝、沟渠或者采取其他可靠防御洪水的措施。 加强与周边相邻矿井信息沟通，发现矿井水害可能影响相邻矿井时，立即向周边相邻矿井发出预警	《煤矿防治水细则》第53、59条			
101	地面防治水	煤矿每年雨季前对防治水工作进行全面检查。受雨季降水威胁的矿井，制定雨季防治水措施，建立雨季巡视制度并组织抢险队伍，储备足够的防洪抢险物资	《煤矿安全规程》第289条			
102	地面防治水	当矿井井口附近或者开采塌陷波及区域的地表有水体或者积水时，采取安全防范措施	《煤矿安全规程》第292条			
103	防隔水煤柱	相邻矿井的分界处，应当留防隔水煤（岩）柱；矿井以断层分界的，应当在断层两侧留有防隔水煤（岩）柱。矿井防隔水煤（岩）柱一经确定，不得随意变动，并通报相邻矿井。严禁在设计确定的各类防隔水煤（岩）柱中进行采掘活动	《煤矿安全规程》第297条			
104	防隔水煤柱	井田内有与河流、湖泊、充水溶洞、强或者极强含水层等存在水力联系的导水断层、裂隙（带）、陷落柱和封闭不良钻孔等通道时，应查明其确切位置，并采取留设防隔水煤（岩）柱等防治水措施	《煤矿安全规程》第302条			

表 F.1（续）

序号	项目	检查内容	检查依据	现状描述	存在问题	整改措施
105	井下防治水	煤层顶、底板分布有强岩溶承压含水层时，主要运输巷、轨道巷和回风巷应当布置在不受水害威胁的层位中，并以石门分区隔离开采。对已经不具备石门隔离开采条件的应当制定防突水安全技术措施，并报矿总工程师审批	《煤矿安全规程》第 307 条			
106		顶、底板存在强富水含水层且有突水危险的采掘工作面，应当提前编制防治水设计，制定并落实水害防治措施。开采底板有承压含水层的煤层，隔水层能够承受的水头值应当大于实际水头值；当承压含水层与开采煤层之间隔水层能够承受的水头值小于实际水头值时，应当采取疏水降压、注浆加固底板改造含水层或充填开采等措施，并进行效果检验，制定专项安全技术措施，报企业技术负责人审批。严禁开采地表水体、强含水层、采空区水淹区域下且水患威胁未消除的急倾斜煤层	《煤矿安全规程》第 299、303、305 条，《煤矿防治水细则》第 70、71 条			
107		煤层顶板存在富水性中等及以上含水层或者其他水体威胁时，应当实测垮落带、导水裂隙带发育高度，进行专项设计，确定防隔水煤（岩）柱尺寸。当导水裂隙带范围内的含水层或者老空积水等水体影响采掘安全时，应当超前进行钻探疏放或者注浆改造含水层，待疏放水完毕或者注浆改造等工程结束、消除突水威胁后，方可进行采掘活动	《煤矿安全规程》第 304 条			

表 F.1（续）

序号	项目	检查内容	检查依据	现状描述	存在问题	整改措施
108	井下防治水	水文地质类型复杂、极复杂或者有突水淹井危险的矿井，应当在井底车场周围设置防水闸门或者在正常排水系统基础上另外安设由地面直接供电控制，且排水能力不小于最大涌水量的潜水泵排水系统。不具备形成独立潜水泵排水系统条件，与正常排水系统共用排水管路的老矿井，必须安装控制阀门，实现管路间的快速切换	《煤矿防治水细则》第96条			
109	水体下采煤	水体下采煤，应编制专项开采方案设计，经有关专家论证，煤炭企业主要负责人审批后，方可试采。采煤过程中，应当严格按照批准的设计要求，控制开采范围、开采高度和防隔水煤（岩）柱尺寸	《煤矿防治水细则》第85条			
110		进行水体下采煤，应当对开采煤层上覆岩层进行专门水文地质工程地质勘探	《煤矿防治水细则》第86条			
111	探放水	井巷揭穿含水层或者地质构造带等可能突水地段前，必须编制探放水设计，并制定相应的防治水措施	《煤矿安全规程》第310条			
112		地面无法查明水文地质条件时，应在采掘前采用物探、钻探或者化探等方法查清采掘工作面及其周围水文地质条件。严格执行井下探放水“三专”要求。由专业技术人员编制探放水设计，采用专用钻机进行探放水，由专业人员和专职探放水队伍施工。严禁使用非专用钻机探放水	《煤矿安全规程》第317、318条，《煤矿防治水细则》第39条			

表 F.1（续）

序号	项目	检查内容	检查依据	现状描述	存在问题	整改措施
113	排水设施	主要泵房至少有 2 个出口，一个出口用斜巷通到井筒，并高出泵房底板 7 m 以上；另一个出口通到井底车场，在此出口通路内，应当设置易于关闭的既能防水又能防火的密闭门。泵房和水仓的连接通道，应当设置控制闸门。 下山开采的采区排水泵房供电线路，不得少于两回路	《煤矿安全规程》第 312、438 条			
114	排水设备	矿井配备与矿井涌水量相匹配的水泵、排水管路、配电设备和主副水仓等。水泵、水管、闸阀、配电设备和线路，必须经常检查和维护。在每年雨季之前，必须全面检修 1 次，并对全部工作水泵和备用水泵进行 1 次联合排水试验，提交联合排水试验报告。水泵经有资质的部门检测检验，并出具检验合格报告	《煤矿安全规程》第 311、313、314 条，AQ 1055—2018 中 5.1.5			
七、防灭火单元						
115	煤层鉴定	矿井应当将所有煤层的自燃倾向性鉴定结果报省级煤炭行业管理部门及省级煤矿安全监察机构。 生产矿井延深新水平时，必须对揭露的平均厚度为 0.3 m 以上煤层的自燃倾向性进行鉴定。 煤的自燃倾向性鉴定工作应当由具备鉴定能力的机构承担，承担单位对鉴定结果负责	《煤矿安全规程》第 260 条，《煤矿防灭火细则》第 12 条			

表F.1(续)

序号	项目	检查内容	检查依据	现状描述	存在问题	整改措施
116	图档管理	绘制与实际相符的防火注浆管路系统图	《煤矿安全规程》第14条			
117		绘制火区位置关系图，注明所有火区和曾经发火的地点。每处火区按形成先后顺序进行编号，建立火区管理卡片	《煤矿安全规程》第277条			
118	消防设施	矿井设地面消防水池和井下消防管路系统。井下消防管路系统敷设到采掘工作面	《煤矿安全规程》第249条			
119		井上、下消防材料库设置符合《煤矿安全规程》《煤矿防灭火细则》有关要求	《煤矿安全规程》第256条，《煤矿防灭火细则》第43条			
120	外因火灾防治	井口房和通风机房附近20 m内，不得有烟火或者用火炉取暖。通风机房位于工业广场以外时，除开采有瓦斯喷出的矿井和突出矿井外，可用隔焰式火炉或者防爆式电热器取暖。 暖风道和压入式通风的风硐必须用不燃性材料砌筑，并至少装设2道防火门。 在井下和井口房，严禁采用可燃性材料搭设临时操作间、休息间	《煤矿安全规程》第251条，《煤矿防灭火细则》第36条			
121		井筒与各水平连接处及井底车场，主要绞车道与主要运输巷、回风巷连接处，井下机电设备硐室，主要巷道内带式输送机机头前后两端各20 m范围内用不燃性材料支护	《煤矿安全规程》第252条			
122		井下和井口房内不得电焊、气焊和喷灯焊接作业。如果必须在井下主要硐室、主要进风井巷和井口房内进行电焊、气焊和喷灯焊接等工作，每次必须制定安全措施，由矿长批准并遵守规定要求。严禁在采掘工作面进行电焊、气割等动火作业	《煤矿安全规程》第254条，《煤矿防灭火细则》第38条			
123		采用全部充填采煤法时，严禁采用可燃物作充填材料	《煤矿安全规程》第272条			

表 F.1（续）

序号	项目	检查内容	检查依据	现状描述	存在问题	整改措施
124	检测预报	开采容易自燃和自燃煤层时，开展自然发火监测工作，建立自然发火监测系统，确定煤层自然发火标志气体及临界值，健全自然发火预测预报及管理制度。 定期检测注浆防火区域采空区的出水温度和气体成分变化情况，并建立注浆防火区域管理台账	《煤矿安全规程》第 261 条，《煤矿重大生产安全事故隐患判定标准》第 12 条，《煤矿防灭火细则》第 65 条			
125	井下火灾防治	开采容易自燃和自燃煤层的矿井，必须编制矿井防灭火专项设计，采取综合预防煤层自然发火的措施	《煤矿安全规程》第 260 条，《煤矿重大生产安全事故隐患判定标准》第 12 条			
126		开采容易自燃和自燃的单一厚煤层或者煤层群的矿井，集中运输大巷和总回风巷应当布置在岩层内或者不易自燃的煤层内；布置在容易自燃和自燃的煤层内时，必须锚喷或者砌碹，碹后的空隙和冒落处必须用不燃性材料充填密实，或者用无腐蚀性、无毒性的材料进行处理	《煤矿安全规程》第 262 条			
127		开采容易自燃和自燃煤层时，采煤工作面采用后退式开采，根据防火措施确定采（盘）区开采期限。 回采过程中不得任意留设设计外的煤柱和顶、底煤。采煤工作面采到终采线时，必须采取措施使顶板冒落严实	《煤矿安全规程》第 263 条，《煤矿防灭火细则》第 19 条			
128		容易自燃和自燃煤层采（盘）区开采设计中，预先选定构筑防火门的位置。当采煤工作面通风系统形成后，按设计构筑防火门墙，储备足够数量的封闭防火门的材料	《煤矿安全规程》第 273 条			

表 F.1（续）

序号	项目	检查内容	检查依据	现状描述	存在问题	整改措施
129	井下火灾防治	矿井必须制定防止采空区自然发火的封闭及管理专项措施。采煤工作面回采结束后，必须在 45 天内进行永久性封闭，每周 1 次抽取封闭采空区内气样进行分析，并建立台账。 与封闭采空区连通的各类废弃钻孔必须永久封闭。构筑、维修采空区密闭时必须编制设计和制定专项安全措施	《煤矿安全规程》第 274 条			
八、粉尘防治单元						
130	煤尘鉴定	新建矿井或者生产矿井每延深一个新水平，应当进行 1 次煤尘爆炸性鉴定工作，鉴定结果必须报省级煤炭行业管理部门和煤矿安全监察机构	《煤矿安全规程》第 185 条			
131	图档管理	填绘反映实际情况的防尘管路系统图	《煤矿安全规程》第 14 条			
132	防尘措施	每年制定综合防尘措施、预防和隔绝煤尘爆炸措施及管理制度，并组织实施。每周至少检查 1 次隔爆设施的安装地点、数量、水量或者岩粉量及安装质量情况	《煤矿安全规程》第 187 条			
133	消防系统	建立消防防尘供水系统，在地面建永久性消防防尘储水池，保持不少于 200 m^3 的水量。备用水池贮水量不小于储水池的一半。 主要运输巷、带式输送机斜井与平巷、上山与下山、采区运输巷与回风巷、采煤工作面运输巷与回风巷、掘进巷道、煤仓放煤口、溜煤眼放煤口、卸载点等地点必须敷设防尘供水管路，并安设支管和阀门	《煤矿安全规程》第 644 条			

表 F.1（续）

序号	项目	检查内容	检查依据	现状描述	存在问题	整改措施
134	井下防尘	采煤工作面采取煤层注水防尘措施，特殊情况除外	《煤矿安全规程》第 645 条			
135		采煤机安装内、外喷雾装置。液压支架和放顶煤工作面的放煤口，安装喷雾装置，降柱、移架或者放煤时同步喷雾。破碎机安装防尘罩和喷雾装置或者除尘器	《煤矿安全规程》第 647 条			
136		采煤工作面回风巷安设风流净化水幕	《煤矿安全规程》第 648 条			
137		掘进井巷和硐室时，必须采取湿式钻眼、冲洗井壁巷帮、水炮泥、爆破喷雾、装岩（煤）洒水和净化风流等综合防尘措施	《煤矿安全规程》第 649 条			
138		掘进机作业，采用内、外喷雾及通风除尘等综合措施	《煤矿安全规程》第 650 条			
139		井下煤仓（溜煤眼）放煤口、输送机转载点和卸载点及地面筛分厂、破碎车间、带式输送机走廊、转载点等地点，安设喷雾装置或者除尘器	《煤矿安全规程》第 652 条			
140	隔爆措施	开采有煤尘爆炸危险煤层的矿井，必须有预防和隔绝煤尘爆炸的措施。矿井的两翼、相邻的采区、相邻的煤层、相邻的采煤工作面间，掘进煤巷同与其相连的巷道间，煤仓同与其相连的巷道间，采用独立通风并有煤尘爆炸危险的其他地点同与其相连的巷道间，必须用水棚或者岩粉棚隔开。必须及时清除巷道中的浮煤，清扫、冲洗沉积煤尘或者定期撒布岩粉；应当定期对主要大巷刷浆	《煤矿安全规程》第 186 条			
141		高瓦斯矿井、突出矿井和有煤尘爆炸危险的矿井，煤巷和半煤岩巷掘进工作面安设隔爆设施	《煤矿安全规程》第 188 条			

表 F.1（续）

序号	项目	检查内容	检查依据	现状描述	存在问题	整改措施
九、运输、提升单元						
142	图档管理	填绘反映实际情况的井下运输系统图	《煤矿安全规程》第 14 条			
143	带式输送机	滚筒驱动带式输送机阻燃性能和抗静电性能必须符合有关标准的规定。装设防打滑、跑偏、堆煤、撕裂等保护装置，同时装设温度、烟雾监测装置和自动洒水装置。机头、机尾及搭接处，有照明。具备沿线急停闭锁功能。 主要运输巷道中使用的带式输送机，必须装设输送带张紧力下降保护装置。倾斜井巷中的带式输送机，上运时装设防逆转装置和制动装置；下运时装设软制动装置和防超速保护装置。 大于 16°的倾斜井巷中使用带式输送机，设置防护网，并采取防止物料下滑、滚落等的安全措施。机头、机尾、驱动滚筒和改向滚筒处，设防护栏及警示牌。行人跨越带式输送机处，设过桥	《煤矿安全规程》第 374 条			
144	电机车	列车和单独机车前有照明、后有红灯。机车的闸、灯、警铃（喇叭）、连接器和撒砂装置符合要求。架线的悬挂高度、轨道质量符合规定	《煤矿安全规程》第 376、377、381 条			
145	平巷运人	人员上下车地点有照明、架空线设分段开关或自动停送电开关，人员上下车时切断该区段架空线电源	《煤矿安全规程》第 385 条			

表 F.1（续）

序号	项目	检查内容	检查依据	现状描述	存在问题	整改措施
146	提升	立井升降人员或升降人员和物料的单绳提升罐笼装设可靠的防坠器。罐笼和箕斗的最大提升载荷和最大提升载荷差在井口公布，不超载和超最大载荷差运行	《煤矿安全规程》第 393 条			
147		立井提升系统设置过卷（放）的安全保护装置。井口过卷距离范围内设过卷缓冲装置和托罐装置，在井底过放距离范围内设置过放缓冲装置	GB 50215—2015 中 9.2.5			
148		立井提升速度大于 3 m/s 的提升系统，设防撞梁和托罐装置	《煤矿安全规程》第 406 条			
149		立井井口用栅栏或者金属网围住，进出口设置栅栏门。井筒与各水平的连接处设栅栏。立井井筒与各水平车场的连接处，设专用的人行道。罐笼提升的立井井口和井底、井筒与各水平的连接处，设置阻车器	《煤矿安全规程》第 132 条			
150		提升装置装设的安全保护符合《煤矿安全规程》有关规定	《煤矿安全规程》第 423 条			
151		提升机装设可靠的提升容器位置指示器、减速声光示警装置，设置机械制动和电气制动装置	《煤矿安全规程》第 424 条			
152		专门升降人员及混合提升的系统每年进行 1 次性能检测，其他提升系统每 3 年进行 1 次性能检测	《煤矿安全规程》第 429 条			
153		矿车提升的斜井上部平车场入口、接近变坡点处设置阻车装置，斜井内设置跑车防护装置	GB 50215—2015 中 9.2.2			

表 F.1（续）

序号	项目	检查内容	检查依据	现状描述	存在问题	整改措施
154	无轨胶轮车	建立无轨胶轮车入井运行和检查制度。设置车前照明灯和尾部红色信号灯，配备灭火器和警示牌。设置随车通信系统或者车辆位置监测系统。 巷道路面、坡度、质量满足车辆安全运行要求。巷道和路面设置行车标识和交通管控信号。长坡段巷道内必须采取车辆失速安全措施。巷道转弯处设置防撞装置。人员躲避硐室、车辆躲避硐室附近设置标识。井下行驶特殊车辆或者运送超长、超宽物料时，制定安全措施	《煤矿安全规程》第 392 条			
155	单轨吊	单轨吊车运行中应设跟车工。采用柴油机、蓄电池单轨吊车运送人员时，必须使用人车车厢；两端必须设制动装置，两侧必须设防护装置。采用钢丝绳牵引单轨吊车运输时，严禁在巷道弯道内侧设人行道。有防止淋水侵蚀轨道的措施	《煤矿安全规程》第 391 条			
156	架空乘人装置	采用架空乘人装置运送人员时，应有专项设计。各类间距符合要求。架空乘人装置必须装设超速、打滑、全程急停、防脱绳、变坡点防掉绳、张紧力下降、越位等保护，安全保护装置发生保护动作后，需经人工复位，方可重新启动。应当有断轴保护措施。减速器应当设置油温检测装置，当油温异常时能发出报警信号。沿线应当设置延时启动声光预警信号。各上下人地点应当设置信号通信装置。倾斜巷道中架空乘人装置与轨道提升系统同巷布置时，必须设置电气闭锁，2 种设备不得同时运行。倾斜巷道中架空乘人装置与带式输送机同巷布置时，必须采取可靠的隔离措施。每日至少对整个装置进行 1 次检查，每年至少对整个装置进行 1 次安全检测检验	《煤矿安全规程》第 383 条			

表 F.1（续）

序号	项目	检查内容	检查依据	现状描述	存在问题	整改措施
157	斜巷运输	新建、扩建矿井严禁采用普通轨斜井人车运输。 生产矿井在用的普通轨斜井人车运输，车辆必须设置可靠的制动装置；断绳时，制动装置既能自动发生作用，也能人工操纵；必须设置使跟车工在运行途中任何地点都能发送紧急停车信号的装置；多水平运输时，从各水平发出的信号必须有区别；人员上下地点应悬挂信号牌；任一区段行车时，各水平必须有信号显示；应有跟车工，跟车工必须坐在设有手动制动装置把手的位置。 每班运送人员前，必须检查人车的连接装置、保险链和制动装置，并先空载运行一次。运行坡度、速度和载重不超过设计规定。 对使用中的斜井人车防坠器，每班进行1次手动落闸试验、每月进行1次静止松绳落闸试验、每年进行1次重载全速脱钩试验。 连接装置的安全系数不小于13	《煤矿安全规程》第384、415、416条			
158		倾斜井巷内使用串车提升时，在倾斜井巷内安设能够将运行中断绳、脱钩的车辆阻止住的跑车防护装置；在各车场安设能够防止带绳车辆误入非运行车场或者区段的阻车器；在上部平车场入口安设能够控制车辆进入摘挂钩地点的阻车器；在上部平车场接近变坡点处，安设能够阻止未连挂的车辆滑入斜巷的阻车器；在变坡点下方略大于1列车长度的地点，设置能够防止未连挂的车辆继续往下跑车的挡车栏；挡车装置必须经常关闭，放车时方准打开；兼作行驶人车的倾斜井巷，在提升人员时，倾斜井巷中的挡车装置和跑车防护装置必须是常开状态并闭锁	《煤矿安全规程》第387条			

表 F.1 (续)

序号	项目	检查内容	检查依据	现状描述	存在问题	整改措施
159	斜巷运输	倾斜井巷使用提升机或者绞车提升时，必须采取轨道防滑措施；按设计要求设置托绳轮（辊），并保持转动灵活；井巷上端的过卷距离，应当根据巷道倾角、设计载荷、最大提升速度和实际制动力等参量计算确定，并有1.5倍的备用系数；串车提升的各车场设有信号硐室及躲避硐；运人斜井各车场设有信号和候车硐室，候车硐室具有足够的空间；提升信号符合《煤矿安全规程》有关规定	《煤矿安全规程》第388、403、404条			
160	设备检验	矿井提升机及提升绞车、提升钢丝绳、提升容器及连接装置、主要带式输送机、架空乘人装置等大型固定设备经有资质的部门检测检验，并出具检验合格报告	AQ 1055—2018 中 5.1.5			
十、压风及其输送单元						
161	空气压缩机	矿井应在地面集中设置空气压缩机站。在井下设置空气压缩设备时，应选用螺杆式空气压缩机，不使用滑片式空气压缩机；井下固定式空气压缩机和储气罐分别设在2个独立硐室内，独立通风；井下移动式空气压缩机设在采用不燃性材料支护且具有新鲜风流的巷道中，设自动灭火装置，运行时有人值守	《煤矿安全规程》第431条			
162	空气压缩机	空气压缩机站设备设有压力表和安全阀。使用油润滑的空气压缩机设断油保护装置或断油信号显示装置。水冷式空气压缩机设断水保护装置或断水信号显示装置	《煤矿安全规程》第432条			

表 F.1（续）

序号	项目	检查内容	检查依据	现状描述	存在问题	整改措施
163	空气压缩机	空气压缩机站的储气罐符合《煤矿安全规程》要求，避免阳光直晒储气罐	《煤矿安全规程》第 433 条			
164	保护装置	空气压缩机装设温度保护装置，在超温时能自动切断电源并报警。储气罐装有超温保护装置，在超温时能自动切断电源并报警	《煤矿安全规程》第 434 条			
165	设备检验	空气压缩机经有资质的部门检测检验，并出具检验合格报告	AQ 1055—2018 中 5.1.5			
166	图档管理	填绘反映实际情况的压风管路系统图	《煤矿安全规程》第 14 条			
十一、爆炸物品贮存运输与使用单元						
167	爆炸物品贮存	地面爆炸材料库、井下爆炸材料库、井下爆炸材料发放硐室等设置符合《煤矿安全规程》相关要求。	《煤矿安全规程》第 327、332、335 条			
168		地面爆炸物品库有发放爆炸物品的专用套间或者单独房间	《煤矿安全规程》第 330 条			
169		井下爆炸物品库采用矿用防爆型（矿用增安型除外）照明设备，照明线用阻燃电缆，电压不超过 127 V。贮存爆炸物品的硐室或壁槽内无照明设备	《煤矿安全规程》第 336 条			
170	爆炸物品运输	矿井爆破材料运输满足《煤矿安全规程》有关要求	《煤矿安全规程》第 339、340、342 条			
171	爆炸物品使用	建立爆炸物品领退制度和爆炸物品丢失处理办法	《煤矿安全规程》第 337 条			
172		井下爆破工作由专职爆破工担任，突出煤层采掘工作面爆破工作由固定的专职爆破工担任。爆破作业执行“一炮三检”和“三人连锁爆破”制度	《煤矿安全规程》第 347 条			

表 F.1(续)

序号	项目	检查内容	检查依据	现状描述	存在问题	整改措施
173	爆炸物品使用	爆破作业必须编制爆破作业说明书，并符合《煤矿安全规程》要求。钻眼、爆破人员必须依照说明书进行作业	《煤矿安全规程》第348条			
174		井下爆破作业，使用煤矿许用炸药和煤矿许用电雷管，按瓦斯等级选用相应的煤矿许用炸药和电雷管	《煤矿安全规程》第350条			
175		各种爆炸物品的每一品种都应专库贮存；当条件限制时，按国家有关同库贮存的规定贮存	《煤矿安全规程》第329条			
十二、电气单元						
176	双电源	矿井有两回路电源线路（即来自两个不同变电站或者来自不同电源进线的同一变电站的两段母线）。当任一回路发生故障停止供电时，另一回路担负矿井全部用电负荷。矿井的两回路电源线路上都不得分接任何负荷。10 kV及以下的矿井架空电源线路不得共杆架设。矿井电源线路上严禁装设负荷定量器等各种限电断电装置。 采用单回路供电时，必须有备用电源，其容量满足通风、排水、提升等要求，并保证主要通风机在10 min内可靠启动和运行	《煤矿安全规程》第436条，《煤矿重大生产安全事故隐患判定标准》第14条			
177	供电线路	地面固定式架空高压电力线路符合《煤矿安全规程》有关要求，架空线不得跨越易燃易爆仓储区	《煤矿安全规程》第461条			
178	图档管理	填绘反映实际情况的井上、下配电系统图和井下电气设备布置图	《煤矿安全规程》第14条			

表 F.1（续）

序号	项目	检查内容	检查依据	现状描述	存在问题	整改措施
179	供配电	井下各水平中央变（配）电所和采（盘）区变（配）电所、主排水泵房和下山开采的采区排水泵房供电线路，不少于两回路。当任一回路停止供电时，其余回路应承担全部用电负荷。向局部通风机供电的井下变（配）电所采用分列运行方式。 主要通风机、提升人员的提升机、抽采瓦斯泵、地面安全监控中心等主要设备房，应各有两回路直接由变（配）电所馈出的供电线路；条件限制时，其中的一回路可引自上述设备房的配电装置。向突出矿井自救系统供风的压风机、井下移动瓦斯抽采泵应各有两回路直接由变（配）电所馈出的供电线路。 上述供电线路应当来自各自的变压器或者母线段，线路上不应分接任何负荷。 上述设备的控制回路和辅助设备，必须有与主要设备同等可靠的备用电源。 向采区供电的同一电源线路上，串接的采区变电所数量不超过 3 个	《煤矿安全规程》第 438 条			
180		井下配电变压器中性点无直接接地，地面中性点直接接地的变压器或者发电机不得直接向井下供电	《煤矿安全规程》440 条			
181		井下各级配电电压和各种电气设备的额定电压等级，高压不超过 10 kV，低压不超过 1140 V。采掘工作面用电设备电压超过 3300 V 时，制定专门的安全措施	《煤矿安全规程》第 445 条			
182		井下配电系统同时存在 2 种或 2 种以上电压时，配电设备上应明显标出其电压额定值	《煤矿安全规程》第 446 条			

表 F.1 (续)

序号	项目	检查内容	检查依据	现状描述	存在问题	整改措施
183	电气信号	矿井中的电气信号，除信号集中闭塞外能同时发声和发光；重要信号装置附近，标明信号的种类和用途。 升降人员和主要井口绞车的信号装置的直接供电线路上，不分接其他负荷	《煤矿安全规程》第473条			
184		井下照明和信号的配电装置具有短路、过负荷和漏电保护的照明信号综合保护功能	《煤矿安全规程》第474条			
185	设备电缆	井下电气设备的选型符合《煤矿安全规程》规定。严禁使用国家明令禁止使用或淘汰的危及生产安全的电气产品	《煤矿安全规程》第441条，《煤矿重大生产安全事故隐患判定标准》第13条			
186		井下防爆电气设备的运行、维护和修理，符合防爆性能的各项技术要求	《煤矿安全规程》第482条			
187		电气设备、电缆的检查和调整符合《煤矿安全规程》有关要求	《煤矿安全规程》第483条			
188		井下电缆的选用符合《煤矿安全规程》有关要求	《煤矿安全规程》第463条			
189	井下供电保护	井下电气设备过流、漏电、接地三大保护符合《煤矿安全规程》有关规定	《煤矿安全规程》第451、475、476、477条			
190	防雷	井上、下装设防雷电装置；经由地面架空线路引入井下的供电线路和电机车架线，在入井处装设防雷电装置。由地面直接入井的轨道、金属架构及露天架空引入（出）井的管路，在井口附近对金属体设不少于2处的良好的集中接地	《煤矿安全规程》第455条			

表 F.1（续）

序号	项目	检查内容	检查依据	现状描述	存在问题	整改措施
十三、安全监控、人员位置监测与通信单元						
191	监控系统	装备安全监控系统、人员位置监测系统、有线调度通信系统，如实记录监测监控数据，填写报表	《煤矿安全规程》第 487 条			
192		矿井安全监控系统主干线缆分设两条，系统具有防雷电保护；安全监控和人员位置监测系统主机及联网主机双机热备份，连续运行	《煤矿安全规程》第 489 条			
193		系统具有甲烷浓度、风速、风压、一氧化碳浓度、温度等模拟量采集、显示及报警功能，具有馈电状态、风机开停、风筒状态、风门开关、风向、烟雾等开关量采集、显示及报警功能	AQ 6201—2019 中 5.5			
194	图档管理	编制采区设计、采掘作业规程时，对安全监控、人员位置监测、有线调度通信设备的种类、数量和位置，信号、通信、电源线缆的敷设，安全监控系统的断电区域等做出明确规定，绘制安全监控布置图和断电控制图、人员位置监测系统图、井下通信系统图，并及时更新。 每 3 个月对安全监控、人员位置监测等数据进行备份，备份的数据介质保存时间不少于 2 年。图纸、技术资料的保存时间不少于 2 年。录音保存 3 个月以上	《煤矿安全规程》第 488 条			

表 F.1 (续)

序号	项目	检查内容	检查依据	现状描述	存在问题	整改措施
195	监控闭锁	安全监控设备有故障闭锁功能，安全监控系统有甲烷电闭锁和风电闭锁功能，供电电源取自被控开关的电源侧或者专用电源；安全监控设备定期调校、测试	《煤矿安全规程》第490、491、492 条			
196		采煤机、掘进机、掘锚一体机、连续采煤机，梭车、锚杆钻车，采用防爆蓄电池或防爆柴油机为动力装置的运输设备，以及其他需要安装的移动设备，设甲烷断电仪或便携式甲烷检测报警仪	《煤矿安全规程》第 501 条			
197	传感器设置	井下相关地点设置甲烷传感器。突出矿井采煤工作面进、回风巷，掘进工作面回风流、采区回风巷、总回风巷设置的甲烷传感器为全量程或高低浓度甲烷传感器	《煤矿安全规程》第499、500 条，AQ 1029—2019 中 6			
198		突出煤层采煤工作面进风巷、掘进工作面进风的分风口设置风向传感器；突出煤层采煤工作面回风巷和掘进巷道回风流中设置风速传感器	《煤矿安全规程》第 502 条			
199		每一个采区、一翼回风巷及总回风巷的测风站设置风速传感器，主要通风机的风硐设置压力传感器。 主要通风机、局部通风机设置设备开停传感器。主要风门设置风门开关传感器。甲烷电闭锁和风电闭锁的被控开关的负荷侧设置馈电状态传感器	《煤矿安全规程》第503 条，AQ 1029—2019 中 7			

表 F.1 (续)

序号	项目	检查内容	检查依据	现状描述	存在问题	整改措施
200	人员位置监测	下井人员必须携带标识卡。各个人员出入井口、重点区域出入口、限制区域等地点设置读卡分站	《煤矿安全规程》第504条			
201		人员位置监测系统具备检测标示卡是否正常和唯一性的功能	《煤矿安全规程》第505条			
202		人员位置监测系统基本功能符合有关规定要求	AQ 6210—2007 中 5.5			
203	调度通信	工作不正常的识别卡严禁使用。性能完好的识别卡总数，至少比经常下井人员的总数多10%。不固定专门使用的识别卡，性能完好的识别卡总数至少比每班最多下井人数多10%	AQ 1048—2007 中 5.1.5			
204		矿井地面和井下相关地点设有直通矿调度室的有线调度电话。 有线调度通信系统具有选呼、急呼、全呼、墙插、强拆、监听、录音等功能。有线调度通信系统的调度电话至调度交换机（含安全栅）采用矿用通信电缆直接连接	《煤矿安全规程》第507条			
十四、总平面布置单元（含地面生产系统）						
205	储煤系统	原煤储煤场采取防煤尘措施；容易自燃的煤种采取预防和消除煤自燃措施	GB 50215—2015 中 9.6.2			
206		原煤及末煤仓（包括半地下仓）根据煤质情况采取防瓦斯、防堵塞、破拱措施	GB 50215—2015 中 9.6.5			
207	地面爆炸材料库	矿井地面爆炸材料库场址符合国家有关规定要求	GB 50215—2015 中 10.1.7			

表F.1(续)

序号	项目	检查内容	检查依据	现状描述	存在问题	整改措施
208	矸石山	矸石周转场与进风井口的距离不小于80 m；未设置在表土10 m以内的有煤层的地面上；未设置在有漏风的采空区上方的沉陷范围内；位于山坡沟谷的矸石周转场地，采取防止滑坡或矸石被雨水、洪水冲刷流失措施；矸石周转场与居民区的距离不小于500 m，与标准轨距铁路、公路的距离不小于40 m的要求	GB 50215—2015中10.1.8			
209	风井场地	回风斜井井口符合设计要求，未正对重要的建筑物和设施	GB 50215—2015中10.2.7			
210	风井场地	通风机房周围20 m以内无有烟火作业的建筑和设施；低瓦斯矿井通风机房与进风井、压缩空气站的距离不小于30 m；高瓦斯矿井通风机房与进风井、压缩空气站的距离不小于50 m；通风机房与提升机房、变电所、矿办公楼的距离不小于30 m	GB 50215—2015中10.2.8			
211	瓦斯抽采泵站	地面瓦斯抽采站泵房距进风井口和主要建筑物不小于50 m，并用栅栏或围墙保护；地面泵房和泵房周围20 m范围内，无易燃物和明火；瓦斯储罐的防火间距符合有关规定	GB 50215—2015中10.2.9			
212	压缩空气站	布置在室外的压缩空气站储气罐，吸气口与翻车机房、装车仓、受煤坑、储煤场等粉尘源的距离不小于30 m；在不利风向位置时，不小于50 m	GB 50215—2015中10.2.10			

表 F.1(续)

序号	项目	检查内容	检查依据	现状描述	存在问题	整改措施
213	加油站	无轨胶轮车加油站与矿井变电所的距离不小于 50 m，站内停车场和道路路面不采用沥青路面	GB 50215—2015 中 10. 2. 19			
214		汽油库至进风井口和通风机房的安全距离符合设计要求：储存量 10 t 及以下不小于 30 m；储存量 11~45 t 不小于 50 m；储存量 45 t 以上不小于 80 m	GB 50215—2015 中 10. 2. 20			
215	支护材料场	坑木堆场边缘与进风井口的距离不小于 80 m	GB 50215—2015 中 10. 2. 23			
216	特种设备	压力容器、锅炉等特种设备的检修、检测检验和更换符合国家有关要求	《特种设备安全法》第 15 条			
217	建筑防火	建筑物、构筑物之间及其与铁路、道路之间的防火间距，以及消防通道的设置，符合国家有关规定	GB 50187—2012 中 5. 1. 10			
十五、安全避险与应急救援单元						
218	制度规章	建立应急救援组织，健全规章制度，包括：事故预警、应急值守、信息报告、现场处置、应急投入、救援装备和物资储备、安全避险设施管理和使用、应急演练等规章制度。对井下人员进行安全避险和应急救援培训	《煤矿安全规程》第 17、672、675 条			
219	应急预案	编制应急救援预案并组织评审，由本单位主要负责人批准后实施；应急救援预案应当与所在地县级以上地方人民政府组织制定的生产安全事故应急救援预案相衔接。 应急救援预案的主要内容发生变化，或者在事故处置和应急演练中发现存在重大问题时，及时修订完善	《煤矿安全规程》第 674 条			

表 F.1(续)

序号	项目	检查内容	检查依据	现状描述	存在问题	整改措施
220	应急演练	制定应急预案演练计划，根据本单位的事故风险特点，至少每半年组织一次应急预案演练，并将演练情况报送所在地县级以上地方人民政府负有安全生产监督管理职责的部门	《生产安全事故应急预案管理办法》第33条			
221		应急演练计划、方案、记录和总结评估报告等资料保存期限不少于2年	《煤矿安全规程》第675条			
222	矿山救护	井工煤矿企业应设立矿山救护队，不具备设立矿山救护队条件的煤矿企业，所属煤矿应当设立兼职救护队，并与就近的救护队签订救护协议；否则，不得生产。矿山救护队到达服务煤矿的时间不超过30 min	《煤矿安全规程》第676条			
223		矿山救护队配备救援车辆及通信、灭火、侦察、气体分析、个体防护等救援装备，建有演习训练等设施	《煤矿安全规程》第699条			
224	应急物资	根据矿井灾害特点，结合所在区域实际情况，储备必要的应急救援装备及物资，由主要负责人审批，建立应急救援装备和物资台账	《煤矿安全规程》第701条			
225		救援装备、器材、物资、防护用品和安全检测仪器、仪表等符合国家标准或者行业标准	《煤矿安全规程》第702条			
226	应急广播	矿井设置井下应急广播系统，保证井下人员能够清晰听见应急指令	《煤矿安全规程》第685条			
227	安全避险	入井人员随身携带额定防护时间不低于30 min的隔绝式自救器。根据需要在避灾路线上设置自救器补给站。补给站有清晰、醒目的标识	《煤矿安全规程》第686条			

表 F.1（续）

序号	项目	检查内容	检查依据	现状描述	存在问题	整改措施
228	安全避险	建立井下紧急撤离和避险设施，并与监测监控、人员位置监测、通信联络等系统结合，构成井下安全避险系统。 安全避险系统应当随采掘工作面的变化及时调整和完善，每年由矿总工程师组织开展有效性评估	《煤矿安全规程》第 673 条			
229		井下所有工作地点设置灾害事故避灾路线，避灾路线指示和避灾路线标识符合《煤矿安全规程》有关要求	《煤矿安全规程》第 684 条			
230		采区避灾路线上设压风管路和供水管路。水文地质条件复杂和极复杂的矿井，在各水平、采区和上山巷道最高处敷设压风管路，并设供气阀门	《煤矿安全规程》第 687 条			
231		突出矿井，以及发生险情或者事故时井下人员依靠自救器或者 1 次自救器接力不能安全撤至地面的矿井，应建设井下紧急避险设施，经矿总工程师审批。紧急避险设施设在避灾路线上，并有醒目标识	《煤矿安全规程》第 688 条			
232		突出矿井建设采区避难硐室，接入矿井压风管路和供水管路，满足避险人员的避险需要，额定防护时间不低于 96 h。突出煤层的掘进巷道长度及采煤工作面推进长度超过 500 m 时，应当在距离工作面 500 m 范围内建设临时避难硐室或者其他临时避险设施，并符合《煤矿安全规程》有关要求	《煤矿安全规程》第 689 条			

表 F.1（续）

序号	项目	检查内容	检查依据	现状描述	存在问题	整改措施
233	安全避险	其他矿井应当建设采区避难硐室，或者在距离采掘工作面 1000 m 范围内建设临时避难硐室或者其他临时避险设施	《煤矿安全规程》第 690 条			
234	安全避险	突出与冲击地压煤层，在距采掘工作面 25~40 m 的巷道内、爆破地点、撤离人员与警戒人员所在位置、回风巷有人作业处等地点，至少设 1 组压风自救装置；长距离掘进巷道中，应根据实际情况增加压风自救装置的设置组数。每组压风自救装置可供 5~8 人使用，平均每人空气供给量不少于 0.1 m^3/min。其他矿井掘进工作面敷设压风管路，并设供气阀门	《煤矿安全规程》第 691 条			
十六、职业病危害防治单元						
235	机构人员	建立职业病危害防治领导机构，制定职业病危害防治规划，明确职责分工，落实工作经费	《煤矿作业场所职业病危害防治规定》第 6 条			
236	机构人员	设置或者指定职业病危害防治的管理机构，配备专职职业卫生管理人员，负责职业病危害防治日常管理工作	《煤矿作业场所职业病危害防治规定》第 7 条			
237	制度措施	严禁使用未取得煤矿矿用产品安全标志的产品，及国家明令禁止使用或者淘汰的危及生产安全和可能产生职业病危害的技术、工艺、材料和设备	《煤矿安全规程》第 10 条，《煤矿重大生产安全事故隐患判定标准》第 13 条			
238	制度措施	制定职业病危害防治年度计划和实施方案，建立健全有关制度，并落实	《煤矿作业场所职业病危害防治规定》第 8 条			
239	制度措施	制定职业危害防治措施	《煤矿企业安全生产许可证实施办法》第 7 条			

表 F.1（续）

序号	项目	检查内容	检查依据	现状描述	存在问题	整改措施
240	职业危害因素检测	开展职业病危害因素日常监测，配备监测人员及设备；每年进行一次作业场所职业病危害因素检测，每三年进行一次职业病危害现状评价；检测、评价结果存入煤矿企业职业卫生档案，定期向从业人员公布	《煤矿安全规程》第 638 条			
241	健康监护	按照国家有关规定，对从业人员上岗前、在岗期间和离岗时进行职业健康检查，建立职业健康档案，并将检查结果书面告知从业人员	《煤矿安全规程》第 663 条			
242	劳动防护	为接触职业病危害因素的从业人员提供符合要求的个体防护用品	《煤矿安全规程》第 639 条			
243	粉尘监测	对生产性粉尘进行监测，总粉尘浓度，每月测定 2 次；粉尘分散度每 6 个月测定 1 次；呼吸性粉尘浓度每月测定 1 次；粉尘中游离 SiO_2 含量每 6 个月测定 1 次，变更工作面时也须测定 1 次	《煤矿安全规程》第 642 条			
244	噪声防治	每半年至少监测 1 次噪声，监测点布置在主要通风机、空气压缩机、局部通风机、采煤机、掘进机、风动凿岩机、破碎机、主水泵等设备使用地点	《煤矿安全规程》第 658 条			
245	热害措施	采掘工作面空气温度超过 26 ℃、机电设备硐室超过 30 ℃时，缩短超温地点工作人员的工作时间，并给予高温保健待遇；采掘工作面的空气温度超过 30 ℃、机电设备硐室超过 34 ℃时，停止作业	《煤矿安全规程》第 655 条			

表F.1(续)

序号	项目	检查内容	检查依据	现状描述	存在问题	整改措施
246	热害措施	有热害的井工煤矿，采取通风等非机械制冷降温措施；无法达到环境温度要求时，采用机械制冷降温措施	《煤矿安全规程》第656条			
247	有害气体	监测有害气体时，选择有代表性的作业地点；氧化氮、一氧化碳、氨、二氧化硫至少每3个月监测1次，硫化氢至少每月监测1次	《煤矿安全规程》第660、661条			
248	治疗安置	对检查出职业禁忌证和职业相关健康损害的从业人员，调离接害岗位，妥善安置；对已确诊的职业病人，及时给予治理、康复和定期检查	《煤矿安全规程》第665条			

附 录 G
(规范性)
露天煤矿安全现状评价检查表

露天煤矿安全现状评价检查见表 G.1。

表 G.1 露天煤矿安全现状评价检查表

序号	项目	检查内容	检查依据	现状描述	存在问题	整改措施
一、安全管理单元						
1	证照	采矿许可证、安全生产许可证、营业执照齐全、有效	《煤矿安全规程》第 3 条，《煤矿企业安全生产许可证实施办法》第 2、7 条			
2	机构人员	设置安全生产管理机构，配齐专职安全生产管理人员。 建立总工程师为首的技术管理体系，落实技术管理职责，配齐专业技术人员	《安全生产法》第 24 条			
3		煤矿企业设立地质测量部门，配备所需的相关专业技术人员和仪器设备，及时编绘反映煤矿实际的地质资料和图件，建立健全煤矿地质测量工作规章制度	《煤矿安全规程》第 22 条			
4	责任制	建立健全各级负责人、各部门、各岗位安全生产与职业病危害防治责任制，并落实	《煤矿安全规程》第 4 条			

表G.1（续）

序号	项目	检查内容	检查依据	现状描述	存在问题	整改措施
5	管理制度	建立健全安全生产与职业病危害防治目标管理、投入、奖惩、技术措施审批、培训、办公会议制度，安全检查制度，安全风险分级管控工作制度，事故隐患排查、治理、报告制度，事故报告与责任追究制度；制定重要设备材料的查验制度，做好检查验收和记录。建立各种设备、设施检查维修制度，定期检查维修，并做好记录	《煤矿安全规程》第4条			
6	托管煤矿管理	托管煤矿要严格安全管理，落实安全责任	《国家安全监管总局　国家煤矿安全监察局关于加强托管煤矿安全监管监察工作的通知》（安监总煤监〔2015〕15号）			
7	规程	制定作业规程和操作规程	《煤矿安全规程》第4条			
8	灾害处理计划	编制年度灾害预防和处理计划，并根据具体情况及时修改；灾害预防和处理计划由矿长负责组织实施	《煤矿安全规程》第12条			
9	安全培训	对从业人员进行安全教育和培训，合格后上岗作业。 主要负责人和安全生产管理人员具备煤矿安全生产知识和管理能力，并经考核合格；特种作业人员按国家有关规定培训合格，取得资格证书，方可上岗作业	《煤矿安全规程》第9条			
10	安全投入	按照国家规定足额提取或者按照国家规定范围使用安全生产费用	《煤矿重大生产安全事故隐患判定标准》第18条			

表 G.1（续）

序号	项目	检查内容	检查依据	现状描述	存在问题	整改措施
11	工伤保险	为从业人员缴纳工伤保险费	《安全生产法》第51条			
12	生产组织	年度、月度生产计划及实际产量符合要求，严禁超能力、超强度或超定员组织生产	《煤矿重大生产安全事故隐患判定标准》第4条			
13	事故防范整改	事故发生单位应认真吸取事故教训，落实防范和整改措施，防止事故再次发生；防范和整改措施的落实情况应接受工会和职工监督	《生产安全事故报告和调查处理条例》第33条			
二、地质勘探与地质灾害防治单元						
14	补充地质勘探	当露天煤矿地质资料不能满足生产需要时，针对所存在的地质问题开展补充地质勘探工作	《煤矿安全规程》第24条			
15		沿走向推进的露天煤矿应平行于煤层走向布设勘探线；勘探线之间尽量保持平行等距，并和地质剖面线一致	《煤矿地质工作规定》第25条			
16	地质观测预报	煤矿建设、生产阶段，对揭露煤层、断层、褶皱、岩浆岩体、陷落柱、含水岩层，涌水量及主要出水点等进行观测及描述，综合分析，实施地质预测、预报	《煤矿安全规程》第28条，《煤矿地质工作规定》第39、53、58条			
17		露天煤矿采煤工作面观测间隔根据工作面推进速度和煤层稳定性来决定；煤层测绘点间距应以能连出圆滑的分界线为准；煤层顶底板（包括夹矸）测绘点间距不大于20 m，特殊情况应加密	《煤矿地质工作规定》第40条			
18		露天煤矿边坡观测符合有关规定要求	《煤矿地质工作规定》第47条			

表 G.1(续)

序号	项目	检查内容	检查依据	现状描述	存在问题	整改措施
19	工程地质	根据采场、排土场的边坡稳定和采剥、运输等工程地质的需要，对各种岩石进行力学、其他物理和水理性质试验	《煤矿地质工作规定》第90条			
20		及时开展边坡稳定性研究工作，对滑坡、泥石流进行预测预报并提出防范措施	《煤矿地质工作规定》第91条			
21	隐蔽致灾因素普查	结合实际情况开展隐蔽致灾地质因素普查或探测，并提出报告，由矿总工程师组织审定	《煤矿安全规程》第32条，《煤矿地质工作规定》第29条			
22		井工开采形成的老空区威胁露天煤矿安全时，煤矿应制定安全措施	《煤矿安全规程》第32条			
三、采剥单元						
23	开采范围	采剥工作面布置在采矿许可证规定的范围之内，严禁超层越界开采	《煤矿重大生产安全事故隐患判定标准》第10条			
24	台阶坡面角	露天采场局部及最终边坡的台阶坡面角和边坡角符合最终边坡设计要求	《煤矿安全规程》第539条			
25	平盘宽度	最小工作平盘宽度，须保证采掘、运输设备的安全运行和供电通信线路、供排水系统、安全挡墙等的正常布置	《煤矿安全规程》第540条			
26	台阶高度	挖掘机采装台阶高度应当符合下列要求：不需爆破的岩土台阶高度不大于最大挖掘高度；需爆破的煤、岩台阶，爆破后爆堆高度不大于最大挖掘高度1.1~1.2倍，台阶顶部无悬浮大块；上装车台阶高度不大于最大卸载高度与运输容器高度及卸载安全高度之和的差	《煤矿安全规程》第543条			

表 G.1(续)

序号	项目	检查内容	检查依据	现状描述	存在问题	整改措施
27	台阶高度	轮斗挖掘机采掘、拉斗铲倒堆的台阶高度应符合设计要求	GB 50197—2015 中 3.3.8、3.5.3			
28	采掘带宽度	连续开采工艺、拉斗铲倒堆的采掘带宽度应符合设计要求	GB 50197—2015 中 3.3.9、3.5.4			
29	工作线长度	单斗挖掘机、拉斗铲工作线长度应符合设计要求	GB 50197—2015 中 3.2.5、3.5.5			
30	单斗挖掘机采装	单斗挖掘机走行、升降段、挖掘、装载等符合《煤矿安全规程》有关要求	《煤矿安全规程》第 541、545、546、547、548、549、550 条			
31		单斗挖掘机尾部与台阶坡面、运输设备间的距离不小于 1m	《煤矿安全规程》第 544 条			
32	轮斗挖掘机采装	轮斗挖掘机作业符合《煤矿安全规程》有关要求	《煤矿安全规程》第 542、555、556 条			
33	拉斗铲作业	拉斗铲行走和调整作业位置时，路面平整，无凸起的岩石；变坡点设缓坡段。当行走路面处于路堤时，距路边缘安全距离应符合设计；地面设专人指挥、监护，做好呼唤应答；行走靴不同步时，要重新确定行进路线或处理路面；严禁使用行走靴移动电缆	《煤矿安全规程》第 557 条			
34		拉斗铲作业时，机组人员和配合作业的辅助设备进出拉斗铲作业范围必须做好呼唤应答。铲斗不得拖地回转、在空中急停和在其他设备上方通过	《煤矿安全规程》第 558 条			

表G.1(续)

序号	项目	检查内容	检查依据	现状描述	存在问题	整改措施
35	安全标志	采场内危险的火区、老空区、滑坡区，应充填或者设置栅栏，并设警示标志	《煤矿安全规程》第514条			
36	图纸	填绘反映实际情况的地形地质图，工程地质平面图、断面图，综合水文地质图，采剥、排土工程平面图和运输系统图，井工采空区与露天矿平面对照图	《煤矿安全规程》第15条			
四、运输单元						
37	道路	道路宽度符合通行、会车等安全要求；道路设置安全挡墙，高度为矿用卡车轮胎直径的2/5~3/5；长距离坡道运输系统，应在适当位置设缓坡道	《煤矿安全规程》第565条			
38	道路	矿山道路设限速、道口等路标，特殊路段设警示标志；汽车运输为左侧通行的，在过渡区段内设置醒目的换向标志	《煤矿安全规程》第514条			
39	道路	设备走行道路和作业场地坡度不大于设备允许的最大坡度，转弯半径不小于设备允许的最小转弯半径	《煤矿安全规程》第518条			
40	行人及外来车辆管理	露天煤矿内行走的人员必须走人行通路或梯子；行人跨越带式输送机时，必须沿着装有栏杆的栈桥通过；非作业人员和车辆未经批准严禁进入作业区	《煤矿安全规程》第512、513条			
41	公路运输	矿用卡车作业时，其制动、转向系统和安全装置完好；定期检验其可靠性，大型自卸车设示宽灯或者标志	《煤矿安全规程》第564条			

表 G.1（续）

序号	项目	检查内容	检查依据	现状描述	存在问题	整改措施
42	公路运输	矿用卡车在工作面装车时，待进入装车位置的卡车必须停在挖掘机最大回转半径范围之外；正在装车的卡车必须停在挖掘机尾部回转半径之外，且卡车必须制动	《煤矿安全规程》第569条			
43		矿山内部运输范围内的上部建筑界限符合设计要求，且不小于自卸卡车厢斗最大举升高度加0.5~0.8 m的安全间距	GB 50197—2015 中4.2.11			
44	铁路运输	桥梁、隧道应按规定设人行道、避车台、避车洞、电缆沟及必要的检查和防火设施，立体交叉处的桥梁两侧设防护设施	《煤矿安全规程》第559条			
45		运输线路上各种机车运行的限制坡度和曲线半径符合要求；采用电力机车牵引时，铁道线路的限制坡度不超过30‰	《煤矿安全规程》第559条			
46		铁路与公路交叉时，平交道口有良好的瞭望条件，按规定设置道口警标和司机鸣笛标、护栏和限界标志；道口按级别设置安全标志和设施；车站、曲线半径在200 m以下的线路段和通视条件不良的路堑不设道口；道岔部位严禁设道口	《煤矿安全规程》第563条			
47	带式输送机运输	带式输送机运输物料的最大倾角，上行不大于16°，严寒地区不大于14°；下行不大于12°	《煤矿安全规程》第570条			

表 G.1（续）

序号	项目	检查内容	检查依据	现状描述	存在问题	整改措施
48	带式输送机运输	带式输送机设置应避开采空区和工程地质不良地段，特殊情况下采取安全措施；带式输送机栈桥设人行通道，坡度大于5°的人行通道有防滑措施；跨越设备或者人行道时，设置防物料撒落的安全保护设施；除移置式带式输送机外，露天设置的带式输送机设防护设施；在转载点和机头处设消防设施；带式输送机沿线设检修通道和防排水设施	《煤矿安全规程》第572条			
49		带式输送机上运时设制动器和逆止器，下运时设软制动和防超速保护装置；机头、机尾、驱动滚筒和改向滚筒处设防护栏	《煤矿安全规程》第571条			
50		带式输送机设拉绳开关和防跑偏、打滑、堵塞等安全保护，启动时有声光报警装置，检修时应停机闭锁	《煤矿安全规程》第571、573条			
51	破碎	破碎站卸车平台设矿用卡车卸料的安全限位车挡及防止物料滚落的安全防护挡墙	《煤矿安全规程》第552条			
52		破碎站作业时的安全措施符合《煤矿安全规程》要求	《煤矿安全规程》第553条			
53		破碎站卸车平台有良好的照明系统，并有卸料指示信号安全装置	《煤矿安全规程》第552条			
54		移动式破碎站履带外缘距工作平盘坡底线和下台阶坡顶线距离符合设计	《煤矿安全规程》第552条			
55		自移式破碎机设置卸料臂防撞检测、过负荷保护和各旋转部件防护装置	《煤矿安全规程》第554条			

表 G.1（续）

序号	项目	检查内容	检查依据	现状描述	存在问题	整改措施
五、排土单元						
56	排土场位置	排土场位置的选择，应保证排弃土岩时，不致因大块滚落、滑坡、塌方等威胁采场、工业场地、居民区、铁路、公路、农田和水域的安全	《煤矿安全规程》第574条			
57		排土场位置选定后，应进行地质测绘和工程、水文地质勘探，以确定排土参数	《煤矿安全规程》第574条			
58		当出现滑坡征兆或者其他危险时，必须停止排土作业，采取安全措施	《煤矿安全规程》第575条			
59		内排土场建设前，查明基底形态、岩层赋存状态及岩石物理力学性质，测定排弃物料的力学参数，进行排土场设计和边坡稳定计算，清除基底上不利于边坡稳定的松软土岩	《煤矿安全规程》第588条			
60	铁路运输排土	铁路运输排土时，路基面向场地内侧按段高形成反坡；排土线设置移动停车位置标志和停车标志	《煤矿安全规程》第576条			
61	单斗挖掘机排土	单斗挖掘机排土，受土坑的坡面角不大于70°，严禁超挖	《煤矿安全规程》第578条			
62		单斗挖掘机排土，挖掘机至站立台阶坡顶线的安全距离符合《煤矿安全规程》要求；台阶高度超过20 m时，必须制定安全措施	《煤矿安全规程》第578条			
63	推土机排土	排土场卸载区有连续的安全挡墙；安全挡墙高度符合《煤矿安全规程》要求	《煤矿安全规程》第579条			
64		排土工作面向坡顶线方向保持3%～5%的反坡	《煤矿安全规程》第579条			
65		推土机、装载机不平行于坡顶线作业，与矿用卡车之间保持足够的安全距离	《煤矿安全规程》第580条			

表 G.1（续）

序号	项目	检查内容	检查依据	现状描述	存在问题	整改措施
66	排土机排土	排土机在稳定的平盘上作业，外侧履带与台阶坡顶线之间保持一定安全距离	《煤矿安全规程》第581条			
67		工作场地和行走道路的坡度符合排土机的技术要求	《煤矿安全规程》第581条			
68	通信照明	排土场卸载区应有通信设施或联络信号，夜间应有照明	《煤矿安全规程》第582条			
六、边坡稳定单元						
69	边坡稳定性分析评价	露天煤矿应进行专门的边坡工程、地质勘探工程和稳定性分析评价	《煤矿安全规程》第583条			
70		非工作帮形成一定范围的到界台阶后，应定期进行边坡稳定分析和评价	《煤矿安全规程》第584条			
71		工作帮边坡在临近最终设计的边坡之前，对其进行稳定性分析和评价	《煤矿安全规程》第585条			
72		露天煤矿的长远和年度采矿工程设计中，必须进行边坡稳定性验算	《煤矿安全规程》第586条			
73		定期对排土场边坡进行稳定性分析，必要时采取防治措施	《煤矿安全规程》第588条			
74	边坡监测	制定边坡监测措施	《煤矿企业安全生产许可证实施办法》第9条			
75	边坡治理	定期巡视采场及排土场边坡，对设有运输道路、采运机械和重要设施边坡，及时采取安全措施。 发生滑坡后，立即对滑坡区采取安全措施，进行专门的勘查、评价与治理工程设计；对影响生产安全的不稳定边坡采取安全措施	《煤矿安全规程》第583、584条			

表 G.1 (续)

序号	项目	检查内容	检查依据	现状描述	存在问题	整改措施
76	采场最终边坡管理	采掘作业按设计进行，不超挖坡底线；临近到界台阶时，采用控制爆破；最终煤台阶采取防止煤风化、自然发火及沿煤层底板滑坡的措施	《煤矿安全规程》第 587 条			
77	排土场边坡管理	内排土场最下部台阶的坡底与采掘台阶坡底之间留有足够的安全距离。 排土场保持平整，无积水，周围应修筑可靠的截泥、防洪和排水设施，防止或者减少水流入排土场	《煤矿安全规程》第 588、591 条			
78	图纸	填绘反映实际情况的边坡监测系统平面图	《煤矿安全规程》第 15 条			
七、防治水单元						
79	防治水计划	露天煤矿应制定防治水中长期规划，对地下水、地表水和降水可能对排土场、工业广场、采场等区域造成的危害进行风险评估；应在每年年初制定防排水计划和措施，由煤炭企业负责人审批；雨季前对防排水设施做全面检查，并完成防排水设施检修；新建的重要防排水工程必须在雨季前完工	《煤矿防治水细则》第 114 条			
80	地表水防治	露天煤矿各种设施要充分考虑当地历史最高洪水位的影响，对低于当地历史最高洪水位的设施，必须按规定采取修筑堤坝沟渠、疏通水沟等防洪措施，矿坑内必须形成可靠排水系统	《煤矿防治水细则》第 115 条			
81		露天煤矿地表及边坡上的防排水设施，应避开有滑坡危险的地段；排水沟应经常检查、清淤，不应渗漏、倒灌或者漫流；当水沟经过有变形、裂缝的边坡地段时，应采取防渗措施	《煤矿防治水细则》第 116 条			
82		采掘场、排土场范围内自然纵坡较大的冲沟，应修筑临时拦水坝	GB 50197—2015 中 8.2.10			

表G.1(续)

序号	项目	检查内容	检查依据	现状描述	存在问题	整改措施
83	采掘场排水	用露天采场深部做储水池排水时，必须采取安全措施，备用水泵的能力不小于工作水泵能力的50%	《煤矿安全规程》第592条			
84		当采场内有滑坡区时，应在滑坡区周围采取截水措施	《煤矿安全规程》第591条			
85	地下水控制	地层含水影响采矿工程正常进行时，应进行疏干；当疏干不可行，可以采取帷幕注浆截流等措施，疏干、帷幕注浆截流等工程应超前于采矿工程。在矿床疏干漏斗范围内，如果地面出现裂缝、塌陷时，应圈定范围加以防护、设置警示标志，并采取安全措施；（半）地下疏干泵房设通风装置	《煤矿防治水细则》第118条			
86		受地下水影响较大和已进行疏干排水工程的边坡，应施工水文观测孔，进行地下水位、水压及矿坑涌水量的观测，分析地下水对边坡稳定的影响程度及疏干的效果，并制定地下水治理措施	《煤矿防治水细则》第119条			
87		对含有泉眼、冲沟等水文地质条件复杂的排土场，应当采用引水隧道、暗涵、盲沟等工程措施，确保排土场排水畅通；因地下水水位升高，可能造成排土场或者采场滑坡时，必须进行地下水疏干	《煤矿防治水细则》第120条			
88		露天煤矿采排场周围存在地表河流、水库或者地下水体，且水体难以疏干，应进行专门的水文地质勘探，确定含水区域准确边界，进行专门设计，确定防隔水煤（岩）柱尺寸，并定期对水位水情进行观测，分析防隔水煤（岩）柱稳定情况	《煤矿防治水细则》第121条			

表 G.1（续）

序号	项目	检查内容	检查依据	现状描述	存在问题	整改措施
89	图纸	填绘反映实际情况的防排水系统平面图	《煤矿安全规程》第 15 条			
八、防灭火单元						
90	防灭火措施	制定地面和采场内防灭火措施，所有建筑物、煤堆、排土场、仓库、油库、爆炸物品库、木料厂等处的防火措施和制度符合国家有关法律法规和标准规定	《煤矿安全规程》第 595 条			
91		露天煤矿应当对开采煤层自燃倾向性进行鉴定。开采容易自燃和自燃煤层或者开采范围内存在火区时，必须制定防灭火措施。排土作业时，应当对高温剥离物料进行降温处理	《煤矿防灭火细则》第 110、113 条			
92		采场及排土场发生自燃火灾后，采取挖除火源、覆土、水消、注（喷）浆等措施进行处理	《煤矿防灭火细则》第 114 条			
93	储煤场防灭火	储煤场根据储存的煤种采取相应的防灭火措施，封闭的储煤场通风防尘设施措施符合有关要求	GB 50197—2015 中 9.3.5			
94	设备防灭火	露天煤矿内的采掘、运输、排土等主要设备，必须配备灭火器材，并定期检查和更换	《煤矿安全规程》第 595 条			
95	井工煤矿采空区管理	露天煤矿建设及生产过程中，应评估所属范围内的井工煤矿采空区的危险性。对存在自然发火危险的采空区必须进行探查并制定安全措施，探明预留煤（岩）柱厚度、气体、温度、塌陷等情况，根据探查结果采取措施进行处理	《煤矿防灭火细则》第 111 条			

表 G.1 (续)

序号	项目	检查内容	检查依据	现状描述	存在问题	整改措施
九、粉尘防治单元						
96	粉尘监测	作业场所空气中粉尘（总粉尘、呼吸性粉尘）浓度符合《煤矿安全规程》要求	《煤矿安全规程》第640条			
97		粉尘监测采用定点监测、个体监测方法	《煤矿安全规程》第641条			
98		总粉尘浓度，露天矿每月测定1次，粉尘分散度每6个月测定1次；呼吸性粉尘浓度每月测定1次。粉尘中游离SiO_2含量每6个月测定1次。开采深度大于200 m的露天煤矿，在气压较低的季节应适当增加测定次数	《煤矿安全规程》第642条			
99	防尘措施	露天煤矿应设置加水站（池），穿孔作业采取捕尘或者除尘器除尘等措施，运输道路采取洒水等降尘措施，破碎站、转载点等采用喷雾降尘或者除尘器除尘，露天储煤场采取防尘和抑尘措施	《煤矿安全规程》第654条，GB 50197—2015中9.3.4			
十、爆炸物品贮存运输与使用单元						
100	设计图纸	钻孔、爆破作业编制钻孔、爆破设计及安全技术措施，并经矿总工程师批准；爆破前应绘制爆破警戒范围图	《煤矿安全规程》第521条			
101	钻孔作业	钻孔设备进行钻孔作业和走行时，履带边缘与坡顶线的距离应符合《煤矿安全规程》要求	《煤矿安全规程》第523条			
102	钻孔作业	钻凿坡顶线第一排孔时，钻孔设备应垂直于台阶坡顶线或者调角布置（夹角应不小于45°）；有顺层滑坡危险区的，压碴钻孔；钻凿坡底线第一排孔时，应有专人监护	《煤矿安全规程》第523条			
103		钻孔设备在有采空区的工作面作业时，必须制定安全技术措施，并有专业人员指挥	《煤矿安全规程》第524条			

表 G.1（续）

序号	项目	检查内容	检查依据	现状描述	存在问题	整改措施
104	爆炸物品管理	爆炸物品的领用、保管和使用严格执行账、卡、物一致的管理制度；严禁发放和使用变质失效以及过期的爆炸物品。爆破后剩余的爆炸物品，必须当天退回爆炸物品库	《煤矿安全规程》第 525 条			
105		在爆破区域内存放和使用爆炸物品的地点，20 m 以内严禁烟火，10 m 以内严禁非工作人员进入	《煤矿安全规程》第 526 条			
106		加工起爆药卷必须距放置炸药的地点 5 m 以外，加工好的起爆药卷必须放在距炮孔炸药 2 m 以外	《煤矿安全规程》第 526 条			
107	装药作业	爆破前，应实地标出警戒点位置；在爆破区边界设置明显标志，严禁无关人员、车辆进入爆破区域	《煤矿安全规程》第 521、527 条			
108		装药时，每个炮孔同时操作的人员不超过 3 人	《煤矿安全规程》第 527 条			
109		炮孔卡堵或者雷管脚线、导爆管及导爆索损坏时应及时处理；无法处理时插上标志，按拒爆处理	《煤矿安全规程》第 527 条			
110		装药完成撤出人员后方可连接起爆网络	《煤矿安全规程》第 527 条			
111		爆破作业必须在白天进行，严禁在雷雨时进行，严禁裸露爆破	《煤矿安全规程》第 535 条			
112		采用电雷管引爆时，配备雷电预警装置	GB 50197—2015 中 3.7.6			

表 G.1 (续)

序号	项目	检查内容	检查依据	现状描述	存在问题	整改措施
113	爆破安全警戒	必须有安全警戒负责人，并向爆破区周围派出警戒人员。爆破区域负责人与警戒人员之间实行“三联系制”。因爆破中断生产时，立即报告矿调度室，采取措施后方可解除警戒	《煤矿安全规程》第 528 条			
114		抛掷爆破、深孔松动爆破、浅孔爆破、二次爆破的安全警戒距离应符合《煤矿安全规程》要求	《煤矿安全规程》第 529 条			
115	高温区爆破作业	在高温区、自然发火区爆破作业时，应测试孔内温度，有明火的炮孔或孔内温度在 80 ℃以上的高温炮孔应采取灭火、降温措施。高温孔经降温处理合格后方可装药起爆。高温孔应采用热感度低的炸药，或者将炸药、雷管作隔热包装	《煤矿防灭火细则》第 116 条			
116	安全检查	爆破后 5 min 内，严禁检查	《煤矿安全规程》第 537 条			
117		发现拒爆，向爆破区负责人报告；发现残余爆炸物品必须收集上缴，集中销毁	《煤矿安全规程》第 537 条			
118	盲炮处理	由爆破工程技术人员制定盲炮处理方案并经技术负责人批准，由有经验的爆破员处理盲炮	GB 6722—2014 中 6.9			
119	安全标志	炸药厂、爆炸物品库等易燃易爆场所，设防爆、防火和危险警示标志	《煤矿安全规程》第 514 条			
十一、电气单元						
120	供电设备设施	露天煤矿各种电气设备、电力和通信系统的设计、安装、验收、运行、检修、试验等工作，必须符合国家有关规定	《煤矿安全规程》第 597 条			

表 G.1（续）

序号	项目	检查内容	检查依据	现状描述	存在问题	整改措施
121	供电设备设施	采场内的主排水泵站设置备用电源，当供电线路发生故障时，备用电源能担负最大排水负荷	《煤矿安全规程》第 598 条			
122		变电站（移动站）、开关箱、分支箱统一编号，门加锁，并设安全警示标志。移动变电站箱体有保护接地	《煤矿安全规程》第 601 条			
123		变（配）电设施、油库、爆炸物品库、高大或者易受雷击的建筑，装设防雷电装置，每年雨季前检验 1 次	《煤矿安全规程》第 611 条			
124		地面、采场及排土场内临时设变压器时应设围栏，配电柜、箱、盘加锁，并设明显的防触电标志	《煤矿安全规程》第 514 条			
125		向采场内的移动式高压电动设备供电的变压器严禁中性点直接接地	《煤矿安全规程》第 599 条			
126	停送电制度	高压变配电设备和线路的检修及停送电，严格执行停电申请和工作票制度	《煤矿安全规程》第 621 条			
127		采场内（变电站、所及以下）配电线路的计划停送电执行工作票、操作票制度；非计划停送电，应经调度同意后执行，并双方做好停送电记录	《煤矿安全规程》第 620 条			
128	通信	配置能覆盖整个开采范围的无线对讲系统。有基站的配备不间断电源，同时配置其他的有线或者无线应急通信系统；调度室与附近急救中心、消防机构、上级生产指挥中心的通信联系装设有线电话	《煤矿安全规程》第 628 条			

表G.1(续)

序号	项目	检查内容	检查依据	现状描述	存在问题	整改措施
129	电气检修	执行电气检修作业，必须停电、验电、放电，挂接三相短路接地线，装设遮拦并悬挂标示牌	《煤矿安全规程》第600条			
130	电气检修	严禁带电检修、移动电气设备。对设备进行带电调试、测试、试验时，采取安全措施	《煤矿安全规程》第617条			
131	电气检修	检修用电设备的高压进线和总隔离开关柜时，执行停送电制度。 检修设备高压线路时，切断相应的断路器和拉开隔离开关，并进行验电、放电、挂接短路接地线	《煤矿安全规程》第631条			
132	图纸	填绘反映实际情况的供配电系统图、通信系统图	《煤矿安全规程》第15条			
十二、设备检修单元						
133	检修作业	检修前，应选择坚实平坦的地面停放，因故障不能移动的设备应采取防止溜车措施，轮式设备安放止轮器	《煤矿安全规程》第629条			
134	检修作业	设备检修时执行挂牌制度，在控制位置悬挂警示牌，设专人协调指挥	《煤矿安全规程》第630条			
135	检修作业	在设备的隐蔽处及通风不畅的空间内检修，制定安全措施，设专人监护	《煤矿安全规程》第630条			
136	检修作业	检查和诊断运动、铰接、高温、有压、带电、弹性储能等危险部位时，采取安全措施，检修前切断相应的动力源、释放压力	《煤矿安全规程》第630条			
137	检修作业	检修矿用卡车应编制作业规程，制定专门的检修轮胎安全技术措施	《煤矿安全规程》第636条			

表 G.1（续）

序号	项目	检查内容	检查依据	现状描述	存在问题	整改措施
138	高处作业	作业人员在 2 m 以上的高处作业时，必须系安全带或设置安全网	《煤矿安全规程》第 520 条			
139		高处作业必须采取可靠的防止人员坠落措施，有条件时应当设置防护网或者防护围栏	《煤矿安全规程》第 635 条			
140	焊接作业	在重点防火、防爆区焊割作业时，应办理用火审批单，并制定防火、防爆措施。焊割作业场所应当确保通风良好，无易燃、易爆物品。使用气焊割动火作业时，氧气瓶与乙炔气瓶间距不小于 5 m，气瓶与动火作业地点均不小于 10 m	《煤矿防灭火细则》第 118 条			
141	吊装	吊装作业区四周设置明显标志，夜间作业有足够的照明	《煤矿安全规程》第 634 条			
142	安全标志	设备停放场、物资仓库等易燃易爆场所，设防爆、防火和危险警示标志	《煤矿安全规程》第 514 条			
143	特种设备	压力容器、锅炉等特种设备的检修、检测检验和更换符合国家有关要求	《特种设备安全法》第 15 条			
十三、总平面布置单元						
144	建筑物位置	采场最终境界的安全距离以内无永久性建（构）筑物。爆炸物品库爆炸危险区内、不稳定的排土场内以及爆破、岩体变形、塌陷、滑坡危险区域内无永久性建（构）筑物	《煤矿安全规程》第 515 条			
145		选煤厂、变电所（站）、机电维修设施及其他重要建（构）筑物的位置符合设计要求；至采掘场地表境界的安全距离，当开采深度小于 200 m 时，不小于最大开采深度；当开采深度大于 200 时，不小于 200 m；至排土场的安全距离，大于排土场总高度 1.5 倍	GB 50197—2015 中 10.2.3			

表G.1(续)

序号	项目	检查内容	检查依据	现状描述	存在问题	整改措施
146	建筑物位置	爆破器材库与外部道路及爆破现场联系方便，炸药运输避免穿越居住区和经过其他重要设施，安全距离符合设计要求	GB 50197—2015 中 10.1.6			
147		变配电所（站）便于输电线路布置和靠近用电负荷中心，布置在受粉尘污染较小的地点且远离生活设施	GB 50197—2015 中 10.2.5			
148	储煤场	储煤场与室外变配电装置、机电设备维修车间、矿本部、化验室等建筑物距离不小于 30 m；在不利风向位置时，不小于 50 m	GB 50197—2015 中 10.2.5			
149		圆筒仓、槽型仓等仓式储煤或自溜式卸煤时，有防止物料堵仓、起拱措施；严寒地区有预防煤的冻结、堵仓措施	GB 50197—2015 中 9.3.3			
150		储存褐煤等易自燃煤种，有预防及消除煤自燃的措施；煤堆四周设置移动设备和消防通道	GB 50197—2015 中 9.3.5			
151		多暴雨地区露天储煤场排水设施符合设计要求	GB 50197—2015 中 9.3.4			
152		储煤场设储煤设备检修场地和检修车辆的通道。室内储煤场设有大型设备时，室内场地布置应便于起重检修车辆的通行，并有足够的检修作业空间和场地	GB 50197—2015 中 9.3.6			
153	建筑防火	建筑物、构筑物之间及其与铁路、道路之间的防火间距，以及消防通道的设置，符合有关规定	GB 50187—2012 中 5.1.10			

表 G.1 (续)

序号	项目	检查内容	检查依据	现状描述	存在问题	整改措施
154	安全措施	工业场地可能引起的滑坡、塌方、地下水位上升等采取的防治措施符合设计要求	GB50197—2015 中 10.3.2			
155		工业场地台阶划分符合设计要求；当安全需要时，应有防坠措施	GB 50197—2015 中 10.3.3			
156	安全标志	油库、加油站设置防爆、防火和危险警示标志	《煤矿安全规程》第 514 条			
十五、应急救援单元						
157	制度规章	建立应急救援组织，健全规章制度，包括：事故预警、应急值守、信息报告、现场处置、应急投入、救援装备和物资储备、安全避险设施管理和使用、应急演练等规章制度	《煤矿安全规程》第 17、672、675 条			
158	应急预案	编制应急救援预案并组织评审，由本单位主要负责人批准后实施；应急救援预案应当与所在地县级以上地方人民政府组织制定的生产安全事故应急救援预案相衔接。应急救援预案的主要内容发生变化，或者在事故处置和应急演练中发现存在重大问题时，及时修订完善	《煤矿安全规程》第 674 条			
159	应急演练	制定应急预案演练计划，根据本单位的事故风险特点，至少每半年组织 1 次应急预案演练，并将演练情况报送所在地县级以上地方人民政府负有安全生产监督管理职责的部门	《生产安全事故应急预案管理办法》第 33 条			
160		应急演练计划、方案、记录和总结评估报告等资料保存期限不少于 2 年	《煤矿安全规程》第 675 条			

表 G.1（续）

序号	项目	检查内容	检查依据	现状描述	存在问题	整改措施
161	矿山救护	所有煤矿必须有矿山救护队为其服务。矿山救护队到达服务煤矿的时间不超过 30 min	《煤矿安全规程》第 676 条			
162		矿山救护队配备救援车辆及通信、灭火、侦察、气体分析、个体防护等救援装备，建有演习训练等设施	《煤矿安全规程》第 699 条			
163	应急物资	根据灾害特点，结合所在区域实际情况，储备必要的应急救援装备及物资，由主要负责人审批；建立应急救援装备和物资台账	《煤矿安全规程》第 701 条			
164		救援装备、器材、物资、防护用品和安全检测仪器、仪表等符合国家标准或者行业标准	《煤矿安全规程》第 702 条			
十六、职业病危害防治单元						
165	机构人员	建立职业病危害防治领导机构，制定职业病危害防治规划，明确职责分工，落实工作经费	《煤矿作业场所职业病危害防治规定》第 6 条			
166		设置或者指定职业病危害防治的管理机构，配备专职职业卫生管理人员，负责职业病危害防治日常管理工作	《煤矿作业场所职业病危害防治规定》第 7 条			
167	制度措施	制定职业危害防治措施	《煤矿企业安全生产许可证实施办法》第 7 条			
168		制定职业病危害防治年度计划和实施方案，建立健全有关制度，并落实	《煤矿作业场所职业病危害防治规定》第 8 条			
169		严禁使用未取得煤矿矿用产品安全标志的产品，及国家明令禁止使用或者淘汰的危及生产安全和可能产生职业病危害的技术、工艺、材料和设备	《煤矿安全规程》第 10 条，《煤矿重大生产安全事故隐患判定标准》第 13 条			

表 G.1（续）

序号	项目	检查内容	检查依据	现状描述	存在问题	整改措施
170	噪声	每半年至少监测 1 次噪声，监测点布置在钻机、挖掘机、破碎机等设备使用地点	《煤矿安全规程》第 658 条			
171		优先选低噪声设备，采取隔声、消声、吸声、减振、减少接触时间等降低噪声危害	《煤矿安全规程》第 659 条			
172	防护用品	为接触职业病危害因素的从业人员提供符合要求的个体防护用品，并指导和督促其正确使用	《煤矿安全规程》第 639 条			
173	职业危害检测评价	开展职业病危害因素日常监测，配备监测人员及设备；每年进行 1 次作业场所职业病危害因素检测，每 3 年进行 1 次职业病危害现状评价。检测、评价结果存入煤矿企业职业卫生档案，定期向从业人员公布	《煤矿安全规程》第 638 条			
174	健康监护	按照国家有关规定，对从业人员上岗前、在岗期间和离岗时进行职业健康检查，建立职业健康档案，并将检查结果书面告知从业人员	《煤矿安全规程》第 663 条			
175	治疗安置	对检查出职业禁忌症和职业相关健康损害的从业人员，调离接害岗位，妥善安置；对已确诊的职业病人，及时给予治理、康复和定期检查，做好职业病报告工作	《煤矿安全规程》第 665 条			

附　录　H

（规范性）

煤矿安全现状评价报告的编制提纲

H.1　前言

简述煤矿基本情况，评价工作过程及评价完成的主要工作内容等。

H.2　安全评价概述

H.2.1　评价对象及范围

描述煤矿名称及评价范围，评价范围应保证完整性，避免无原则地扩大或缩小评价范围。

H.2.2　评价目的

结合煤矿特点阐述安全现状评价目的。

H.2.3　评价依据

列出煤矿安全现状评价应遵循的安全生产法律法规、标准规范和有关技术资料文件等依据。

H.2.4　评价程序

H.3　煤矿概况

H.3.1　煤矿基本情况

H.3.1.1　概况。

煤矿历史沿革、经济类型、隶属关系、行政区划等。

H.3.1.2　自然条件。

地理位置及交通条件、地形地貌、水系、气象及地震烈度等。

H.3.1.3 证照情况。

采矿许可证、安全生产许可证、营业执照及主要负责人和安全生产管理人员的安全生产知识和管理能力考核合格证等取得情况。

H.3.2 煤矿生产条件

H.3.2.1 井（矿）田境界。

H.3.2.2 井（矿）田地质。

煤矿的地质勘探与地质灾害防治情况，井田范围内地层、地质构造、煤层、煤质、水文地质、工程地质、环境地质及其他开采技术条件等。

H.3.2.3 井（矿）田资源/储量及服务年限。

H.3.2.4 相邻煤矿情况。

H.3.3 煤矿生产现状

H.3.3.1 安全管理。

简要介绍煤矿安全管理现状。

H.3.3.2 井工煤矿生产概况。

井田开拓开采布置情况，包括井田开拓方式及工业场地位置、井筒布置、水平划分、大巷布置、井底车场及主要硐室、采（盘）区划分及开采顺序、采（盘）区巷道布置、采煤方法与采煤工艺、巷道掘进和支护、顶板管理（防冲击地压）等。

通风系统情况，包括全矿井、各采掘工作面、独立通风硐室和所有通风设备设施情况。

主要设备情况，包括矿井的主提升、副提升、井下运输、通风、排水、空气压缩、瓦斯抽采及其他主要设备情况。

瓦斯防治（煤与瓦斯突出防治），防治水，防灭火，粉尘防治，运输、提升，压风及其输送，爆炸物品贮存运输与使用，电气，安全监控、人员位置监测与通信，总平面布置（含地面生产系统），安全避险与应急救援，职业病危害防治等基本情况。

H.3.3.3 露天煤矿生产概况。

露天煤矿采剥（开采工艺、开采参数、开采程序、采剥现状、采剥设备等)，运输（运输系统、道路参数、运输设备等)，排土（排土场位置、排弃方式、排土参数、排土现状、排土设备等)，边坡稳定（边坡高度、角度、稳定性、监测等)，防治水，防灭火，粉尘防治，爆炸物品贮存运输与使用，电气（含通信)，设备检修，总平面布置（含生产系统)，应急救援，职业病危害防治等基本情况。

H.4　危险、有害因素识别与分析

H.3.4.1　危险、有害因素识别的方法和过程。

H.3.4.2　危险、有害因素的辨识。

H.3.4.3　危险、有害因素的危险程度分析。

H.3.4.4　危险、有害因素可能导致灾害事故类型、可能的激发条件和主要存在场所分析。

H.3.4.5　危险有害因素的危险度排序。

H.3.4.6　重大生产安全事故隐患判定。

H.5　评价单元定性、定量分析评价

H.3.5.1　评价单元的划分。

应阐述划分评价单元的原则、分析过程等。

H.3.5.2　评价方法的选择。

选择适当的评价方法并做简单介绍（包括介绍评价方法的局限性和可能出现的偏差)，说明选择的理由。

H.3.5.3　对评价单元A的定性、定量评价过程及结果。

H.3.5.4　对评价单元B的定性、定量评价过程及结果。

H.3.5.5　对其他评价单元的定性、定量评价过程及结果。

H.6　事故统计分析

H.3.6.1　评价对象（或类似煤矿）生产事故统计分析。

H.3.6.2　评价对象（或类似煤矿）生产事故的经过、致因因素、影响因素、防范措施。

H.7 安全措施及建议

H.3.7.1 安全管理措施及建议。
H.3.7.2 安全技术措施及建议。
H.3.7.3 其他相关措施及建议。

H.8 安全评价结论

H.8.1 评价结果

概括各单元评价结果，提出煤矿在评价条件下与国家有关法律法规、标准规范符合与否的结论。

H.8.2 危险有害因素排序

从风险管理角度，对危险有害因素进行排序，明确煤矿应重点防范的风险。

H.8.3 煤矿是否具备安全生产条件的综合评价结论

提出煤矿是否具备安全生产条件的明确意见。对暂达不到安全生产要求的煤矿，提出整改意见。

H.9 附录（视具体情况可独立成册）

H.3.9.1 委托书。
H.3.9.2 采矿许可证、安全生产许可证和营业执照，主要负责人和安全生产管理人员的安全生产知识与管理能力考核合格证。
H.3.9.3 为从业人员缴纳工伤保险费的有关证明材料，安全技术措施专项费用使用情况的有关材料。
H.3.9.4 主要设备、设施检测检验报告，矿井通风阻力测定报告，反风演习报告，粉尘监测报告等的批复文件或结论。
H.3.9.5 开采煤层自燃倾向性和煤尘爆炸危险性鉴定报告，矿井瓦斯等级鉴定文件，高瓦斯、煤与瓦斯突出矿井瓦斯参数测定报告，煤层（或其顶底板岩层）冲击倾向性鉴定报告等批复文件或结论。

H. 3. 9. 6　矿山救护协议、供电合同或协议。

H. 3. 9. 7　安全管理制度和各工种操作规程封面及目录。

H. 3. 9. 8　设置安全生产管理机构和配备专职安全生产管理人员的文件。

H. 3. 9. 9　安全管理人员及特种作业人员名单。

H. 3. 9. 10　在用的列入执行安全标志管理的煤矿矿用产品目录内的矿用产品汇总表。

H. 3. 9. 11　反映实际情况的图纸。井工煤矿图纸包括采掘工程平面图，通风系统图，井下通信系统图，井上、下配电系统图和井下电气设备布置图等。露天煤矿图纸包括采剥、排土工程平面图和运输系统图，防排水系统图，边坡监测系统平面图等。

附　录　I
(规范性)
煤矿安全现状评价报告书封面格式

I.1　封面布局上部

第一行：煤矿所属企业名称（二号宋体加粗，可换行）；第二行：煤矿名称（二号宋体加粗）；第三行：安全现状评价报告（一号黑体字加粗）。

I.2　封面布局下部

第一行：评价报告编制单位名称（二号宋体字加粗）；第二行：评价报告完成日期（三号宋体加粗）。

附 录 J
（规范性）
著 录 项 格 式

著录项一般分两张布置。第一张分上下两部分，上部分为煤矿名称、生产规模，下部分署名安全评价报告编制单位的法定代表人（以营业执照为准）、技术负责人、项目负责人、报告编制完成的日期及公章用印区。第二张为评价人员名单，并手写签名。

参 考 文 献

[1]《中华人民共和国特种设备安全法》

[2]《中华人民共和国安全生产法》

[3]《生产安全事故报告和调查处理条例》

[4]《煤矿作业场所职业病危害防治规定》(国家安全生产监督管理总局令第 73 号)

[5]《煤矿企业安全生产许可证实施办法》(国家安全生产监督管理总局令第 86 号)

[6]《生产安全事故应急预案管理办法》(应急管理部令第 2 号)

[7]《煤矿重大生产安全事故隐患判定标准》(应急管理部令第 4 号)

[8]《煤矿安全规程》(应急管理部令第 8 号)

[9]《煤矿瓦斯抽采达标暂行规定》(安监总煤装〔2011〕163 号)

[10]《煤矿地质工作规定》(安监总煤调〔2013〕135 号)

[11]《防治煤矿冲击地压细则》(煤安监技装〔2018〕8 号)

[12]《煤矿防治水细则》(煤安监调查〔2018〕14 号)

[13]《防治煤与瓦斯突出细则》(煤安监技装〔2019〕28 号)

[14]《煤矿防灭火细则》(矿安〔2021〕156 号)

附录2　矿山安全评价检测检验监督管理办法（试行）

《矿山安全评价检测检验监督管理办法（试行）》（矿安〔2022〕81号）经国家矿山安全监察局2022年第10次局务会议审议通过。

第一章　总　　则

第一条　为加强和规范对矿山安全领域安全评价、安全生产检测检验（以下统称矿山安全评价检测检验）服务活动的监督管理工作，推动矿山安全高质量发展，依据《中华人民共和国安全生产法》《安全评价检测检验机构管理办法》等有关规定，制定本办法。

第二条　矿山安全评价检测检验服务活动及其监督管理工作，适用本办法。

第三条　国家矿山安全监察局负责指导全国矿山安全评价检测检验监督管理工作，组织制修订矿山安全评价检测检验相关国家标准及行业标准。

县级以上地方人民政府矿山安全监管部门按照各自的职责，分别负责本行政区域内煤矿和非煤矿山（含金属非金属矿山、尾矿库，以及矿泉水等其他矿山）安全评价检测检验服务活动的监督管理工作，并对发现的违法违规行为依法实施行政处罚。

省级矿山安全监察机构负责对辖区内矿山安全评价检测检验服务活动实施抽查检查，并对发现的违法违规行为依法进行处理处罚。

第四条　矿山安全评价检测检验机构及其从业人员应当依照法律、法规、规章、标准，遵循科学公正、独立客观、安全准确、诚实守信的原则和执业准则，独立开展安全评价检测检验服务活动，并对作出的安全评价和检测检验结果负责，依法承担民事、行政和刑事法律责任。

委托方应当对其提供的原始资料、第三方证明资料及检测检验对象的真实性、可靠性、完整性、代表性和合法性负责，承担有关法律责任。

第五条 矿山企业委托矿山安全评价检测检验机构提供安全评价检测检验服务的，保证安全生产的责任仍由本企业负责。

第二章 服 务 活 动

第六条 矿山安全评价检测检验机构应当至少具备煤炭开采业安全评价、金属非金属矿及其他矿采选业安全评价、煤矿安全生产检测检验、金属非金属矿山安全生产检测检验资质之一，方可在其资质范围内开展安全评价检测检验服务活动。

矿山安全评价检测检验机构应当将分公司、分支机构或者分场所纳入本机构安全评价检测检验管理体系，实行一体化管理，严禁分公司、分支机构或者分场所在管理体系外运行。

第七条 矿山安全评价检测检验机构应当在开展现场服务前 7 个工作日内，通过安全评价检测检验机构信息查询系统或者书面方式告知项目所在地省级矿山安全监管部门。

矿山安全评价检测检验机构应当建立并实施服务公开制度，建立正常运行、可以供公众查询机构信息的网站，按规定公开服务项目、内容和收费标准，对其执行本办法第四条第一款规定以及恪守职业道德、履行社会责任等情况进行自我声明，并对声明内容的真实性、全面性、准确性负责。

第八条 矿山安全评价检测检验机构应当建立并实施报告公开制度，按照有关规定在网上公开安全评价报告、检测检验报告相关信息及现场勘验、现场检测检验的相关图像影像资料。

第九条 矿山安全评价检测检验机构不得出具失实报告，不得租借资质、挂靠、出具虚假报告。

第十条 矿山安全评价检测检验机构应当依法与委托方签订服务合同，明确安全评价检测检验对象、范围、权利、义务和责任。在开展安全评价检测检验服务时，应当独立于所涉及的利益相关方，不受来自行政、商业、财务等可能干扰其技术判断的因素影响，保证其出具的安全评价报告、检测检验报告真实、客观、准确、完整。

第十一条　矿山安全评价检测检验机构不得违反有关法规标准规定，擅自更改或者简化安全评价检测检验服务活动的程序和相关内容。

第十二条　矿山安全评价检测检验机构在安全评价检测检验服务活动中发现重大事故隐患或者普遍存在的安全问题的，应当及时向委托方和所在地矿山安全监管监察部门报告。

第十三条　矿山安全评价机构应当满足《安全评价通则》《安全预评价导则》《安全验收评价导则》等相关安全标准的要求。

第十四条　矿山安全评价机构的专职安全评价师不得同时在 2 个及以上安全评价机构从业。

矿山安全评价机构开展服务时，安全评价项目组组成人员应当符合《安全评价检测检验机构管理办法》中煤炭开采业或者金属非金属矿及其他矿采选业专职安全评价师专业能力配备标准要求，其中项目组组长还应当具有二级以上安全评价师资格及矿山安全领域相关专业背景，并在矿山安全领域工作 3 年以上。

第十五条　矿山安全评价机构开展服务时，应当如实记录过程控制、现场勘验情况，并与现场图像影像等证明资料一并及时归档，形成完整可追溯的评价过程档案；查看委托方提供的相关资料原件，并将原件形成图像影像资料及时归档。

安全评价项目组组长应当到现场勘验，全过程组织并参与安全评价报告编制。专职技术负责人和过程控制负责人应当按照法规、标准的规定，加强对安全评价服务活动的技术管理和过程管理。

第十六条　煤矿建设项目安全预评价报告、煤矿建设项目安全验收评价报告和煤矿安全现状评价报告的格式及内容应当分别符合《煤矿建设项目安全预评价实施细则》《煤矿建设项目安全验收评价实施细则》《煤矿安全评价导则》要求。

金属非金属矿山建设项目安全预评价报告、安全设施验收评价报告的格式及内容应当符合《金属非金属矿山建设项目安全评价报告编写提纲》要求。

第十七条　矿山安全评价机构出具的安全评价报告存在下列情形之一的，属于失实报告：

（一）评价期间，未辨识出国家明令限制类、淘汰类工艺及设备或者辨识有误，且影响评价结论的；

（二）评价期间，矿山存在不符合国家和行业规定的安全生产条件项，评价报告未做评价的；

（三）评价期间，矿山存在法规、规章中列举的重大事故隐患，评价报告未做评价的；

（四）矿山主要生产系统缺项、漏项，且影响评价结论的；

（五）主要危险有害因素辨识与分析漏项的；

（六）《金属非金属矿山建设项目安全评价报告编写提纲》要求的重要定量计算分析缺失的；

（七）井工煤矿采掘工艺、露天煤矿采剥工艺未了解清楚，评价报告未做评价的；

（八）存在主要法规、标准引用错误，且影响评价结论的；

（九）对策措施建议与被评价项目存在问题不符的；

（十）法规、规章、标准或者行政规范性文件列举的其他失实情况。

第十八条 矿山安全评价机构出具的安全评价报告存在下列情形之一的，属于虚假报告：

（一）未经安全评价，或者安全评价项目组组长及负责勘验人员不到现场实际地点开展勘验等有关工作的；

（二）对企业提供的资料及第三方出具的技术服务报告或者结论进行伪造、篡改的；

（三）企业未建立安全生产责任制及安全管理制度，隐患排查记录严重缺失，企业主要负责人及专职安全生产管理人员专业或者职称不符合要求的，故意隐瞒且影响评价结论的；

（四）存在不符合《煤矿企业安全生产许可证实施办法》和《非煤矿矿山企业安全生产许可证实施办法》规定的安全生产条件项，故意隐瞒且影响评价结论的；

（五）存在法规、规章中列举的重大事故隐患，未消除或者未采取有效的管控措施，故意隐瞒且影响评价结论的；

（六）故意隐瞒煤矿瓦斯、冲击地压、水害、火灾等主要灾害等级、超层越界等重大事故隐患或者情况，影响评价结论的；

（七）矿山主要生产系统、尾矿库坝体和排洪系统等内容与评价期间实际情况严重不符，且实际情况不符合安全生产有关标准、规范规定或者安全设施设计，或者未按照安全设施设计完成工程建设，故意隐瞒且影响评价结论的；

（八）未辨识出选址位于《工业企业总平面设计规范》中规定的11类区域，或者周边环境中的村庄、铁路、公路等重要设施内容与评价期间实际情况不符，且实际情况不符合安全生产有关标准、规范规定或者安全设施设计，故意隐瞒且影响评价结论的；

（九）总平面布置内容与评价期间实际情况严重不符，且实际情况不符合安全生产有关标准、规范规定或者安全设施设计，故意隐瞒且影响评价结论的；

（十）建设项目安全设施设计及其重大变更未经有关部门批准，或者安全设施验收评价报告中存在不符合验收要求的否决项，仍出具“合格”或者“符合安全生产条件”结论报告的；

（十一）伪造矿山安全评价机构公章，冒用他人名义或者允许他人冒用本人名义在安全评价报告或者原始记录中签名的；

（十二）法规、规章、标准或者行政规范性文件列举的其他虚假情况。

第十九条 矿山安全检测检验机构的能力、专业技术人员和诚信建设等应当满足相关安全标准的要求。

第二十条 矿山安全检测检验机构对委托方提供的检测检验对象进行检测检验的，检测检验报告对检测检验对象所检项目的符合性情况负责，检测检验对象的代表性和真实性由委托方负责。

第二十一条 矿山安全检测检验机构应当按照国家规定的检测检验对象管理、仪器设备管理与使用、检测检验规范或者方法、数据传输与保存等要求进行检测检验。

矿山安全检测检验机构与委托方可以对不涉及国家规定的检测检验规范或者方法等作出约定。

第二十二条 矿山安全检测检验机构出具的检测检验报告存在下列情形之一，且数据、结果存在错误或者无法复核的，属于失实报告：

（一）检测检验对象的抽样、采集、标识、分发、流转、制备、保存、处置不符合标准等规定，存在检测检验对象代表性不够、污染、混淆、损毁、性状异常改变等情形的；

（二）使用未经检定或者标校的仪器、设备、设施的；

（三）违反国家规定的检测检验规范或者方法的；

（四）未按照标准等规定传输、保存原始数据和检测检验报告的；

（五）法规、规章、标准或者行政规范性文件列举的其他失实情况。

第二十三条 矿山安全检测检验机构出具的检测检验报告存在下列情形之一的，属于虚假报告：

（一）未经检测检验，或者承担现场检测检验的人员未按规定到现场实际地点开展检测检验等有关工作的；

（二）伪造、变造原始数据、记录，或者未按照标准等规定采用原始数据、记录的；

（三）减少、遗漏或者变更国家规定中应当检测检验的项目，或者改变关键检测检验条件的；

（四）调换检测检验对象或者改变其原有状态进行检测检验的；

（五）伪造矿山安全检测检验机构公章、检测检验专用章或者资质标志，冒用他人名义或者允许他人冒用本人名义在检测检验报告或者原始记录中签名，伪造授权签字人签名或者签发时间的；

（六）法规、规章、标准或者行政规范性文件列举的其他虚假情况。

第三章 矿山企业主体责任

第二十四条 新建、改建、扩建矿山工程项目应当按照国家有关规定进行安全评价，矿山企业应当委托具有安全评价资质的机构进行安全评价。

煤矿建设项目的安全预评价报告可由项目建设单位按要求自行编制，也可委托具有安全评价资质的矿山安全评价机构编制。

第二十五条 矿山企业必须按照相关规定委托具有检测检验资质的机构对安全设备进行定期检验。

第二十六条 矿山企业委托矿山安全评价检测检验机构开展服务，不得要求特定的安全评价检测检验结果。对于国家规定的检测检验对象，矿山企业不得要求矿山安全检测检验机构减少检测检验项目。

第二十七条 矿山企业应当对本企业安全评价检测检验过程进行监督，核验现场勘验人员或者检测检验人员信息的真实性、符合性和一致性，并提供相关资料和必要的安全评价检测检验条件。

第二十八条 矿山企业应当建立安全评价检测检验档案，妥善保存安全评价检测检验过程中的原始资料。

第二十九条 矿山企业应当及时整改安全评价报告提出的风险防范措施、事故预防措施、隐患整改意见，以及检测检验报告提出的不符合项等，确保整改落实到位。

第三十条 矿山企业不得利用甲方地位或者采取利诱、拒付服务费用、合同约定等手段，要求或者默认矿山安全评价检测检验机构出具失实或者虚假报告。

矿山企业不得购买、伪造虚假报告，不得利用失实或者虚假报告获得相关许可、验收或者备案。

第四章 监 督 检 查

第三十一条 省级矿山安全监管部门应当制定对本行政区域内矿山安全评价检测检验机构及其服务活动的年度监督检查计划。各级矿山安全监管部门应当对在本行政区域内跨区域开展矿山安全评价检测检验服务活动的机构相关信息进行核查，并对其服务活动实施抽查。

省级矿山安全监察机构应当将对矿山安全评价检测检验服务活动的监督检查纳入安全监察内容。

第三十二条 矿山安全监管监察部门在日常监管监察工作过程中，可以对矿山企业落实安全评价检测检验主体责任情况和矿山安全评价检测检验机构为矿山企业提供的服务情况实施延伸检查。

第三十三条 矿山安全监管监察部门在矿山安全生产行政许可、矿山建设项目安全设施“三同时”审查、监管监察、事故调查工作中，发现矿山企业和矿山安全评价检测检验机构在安全评价检测检验服务活动中存在违法违规行为的，应当依法实施处理处罚；对利用失实或者虚假报告获得相关许可、验收或者备案的相关单位和人员，应当依法进行处理。

第三十四条 矿山安全监管监察部门应当对举报投诉和交办移送的矿山安全评价检测检验违法行为及时进行核查。

第三十五条 省级矿山安全监管部门可以结合企业风险程度、社会关注度、信用水平状况、大数据监测情况、举报投诉情况、生产安全事故责任认定情况、监管监察部门明查暗访发现问题情况、监督检查及检测检验能力考核结果等，对本行政区域内矿山安全评价检测检验机构和矿山企业进行分类监管。

第三十六条 矿山安全监管监察部门对矿山安全评价检测检验服务活动的监督检查可以根据实际需要，通过以下方式实施：

（一）进入矿山安全评价检测检验机构、矿山企业进行现场检查；

（二）询问矿山安全评价检测检验机构、矿山企业的相关人员，调查有关情况；

（三）查阅、复制矿山安全评价检测检验服务活动的过程控制记录、原始记录、报告、发票、账簿及其他相关资料；

（四）法律、法规、规章等规定的其他方式。

第三十七条 矿山安全监管部门应当按照有关规定逐级上报并依法公开年度矿山安全评价检测检验服务活动监督检查结果等信息，并将矿山安全评价检测检验机构受到的行政处罚等信息录入安全评价检测检验机构信息查询系统。

矿山安全监管监察部门应当将违法行为情节严重的矿山安全评价检测检验机构及矿山企业的相关信息录入国家企业信用信息公示系统。

第三十八条 除政府采购的服务外，矿山安全监管监察部门不得强制或者变相强制要求矿山企业接受指定的矿山安全评价检测检验机构开展服务，不得滥用行政权力排除、限制竞争。

矿山安全监管监察部门不得干涉安全评价检测检验服务活动，不得要求矿山企业提交有特定结论的安全评价和检测检验报告。

第五章 附 则

第三十九条 本办法由国家矿山安全监察局负责解释，自印发之日起施行。

参 考 文 献

[1] 全国人民代表大会常务委员会. 中华人民共和国特种设备安全法 [EB/OL]. (2013-06-29) [2023-04-10]. http://www.npc.gov.cn/npc/c12488/201306/27f90eb695784986be68532371faf143.shtml.

[2] 全国人民代表大会常务委员会. 中华人民共和国职业病防治法 [EB/OL]. (2018-12-29) [2023-04-10]. https://flk.npc.gov.cn/detail2.html?ZmY4MDgwODE2ZjEzNWY0NjAxNmYyMTJlYTIwYTE3Zjg%3D.

[3] 全国人民代表大会常务委员会. 中华人民共和国安全生产法 [EB/OL]. (2021-06-10) [2023-04-10]. https://flk.npc.gov.cn/detail2.html?ZmY4MDgxODE3YTY2YjgxNjAxN2E3OTU2YjdkYjBhZDQ%3D.

[4] 中华人民共和国国务院. 生产安全事故报告和调查处理条例（国务院令第493号）[EB/OL]. (2007-04-09) [2023-04-10]. https://flk.npc.gov.cn/detail2.html?ZmY4MDgw ODE2ZjNlOThiZDAxNmY0MWY1YjI2ODAyM2Y.

[5] 中华人民共和国国务院. 关于修改《特种设备安全监察条例》的决定（国务院令第549号）[EB/OL]. (2009-01-24) [2023-04-10]. http://www.gov.cn/zwgk/2009-02/06/content_1223647.htm.

[6] 中华人民共和国国务院. 关于修改《工伤保险条例》的决定（国务院令第586号）[EB/OL]. (2010-12-20) [2023-04-10]. http://www.gov.cn/zwgk/2010-12/24/content_1772115.htm.

[7] 中华人民共和国国务院. 预防煤矿生产安全事故的特别规定（国务院令第446号）[EB/OL]. (2013-07-18) [2023-04-10]. https://flk.npc.gov.cn/detail2.html?ZmY4MDgwODE2ZjNjYmIzYzAxNmY0MTI5ZGJlNjFhOWI%3D.

[8] 中华人民共和国国务院. 民用爆炸物品安全管理条例 [EB/OL]. (2014-07-29) [2023-04-11]. https://flk.npc.gov.cn/detail2.html?ZmY4MDgwODE2ZjNjYmIzYzAxNmY0MTM2ZjdlZDFkNGY%3D.

[9] 中华人民共和国国务院. 生产安全事故应急条例（国务院令第708号）[EB/OL]. (2019-02-17) [2023-04-10]. https://www.mem.gov.cn/fw/flfgbz/201903/t20190302_231790.shtml.

[10] 中华人民共和国国务院安全生产委员会. 关于全面加强企业全员安全生产责任制工作的通知（安委办〔2017〕29号）[EB/OL]. (2017-11-03) [2023-04-10]. http://www.gov.cn/xinwen/2017-11/03/content_5236973.htm.

[11] 中华人民共和国国务院安全生产委员会．安全生产宣传教育“七进”活动基本规范（安委办〔2017〕35 号）[EB/OL].（2017-12-13）[2023-04-10]. https：//www. mem. gov. cn/awhsy_3512/awhbgswj/201712/t20171213_247860. shtml.

[12] 国家煤矿安全监察局．关于印发《煤矿安全评价导则》的通知（煤安监技监字〔2003〕114 号）[EB/OL].（2003-11-19）[2023-04-11]. http：//www. nea. gov. cn/2011-08/17/c_131054903. htm.

[13] 国家煤矿安监局．禁止井工煤矿使用的设备及工艺目录（第一批）（安监总规划〔2006〕146 号）[EB/OL].（2006-07-20）[2023-04-11]. http：//www. gov. cn/zwgk/2006-07/21/content_342306. htm.

[14] 国家安全生产监督管理总局．煤矿井下紧急避险系统建设管理暂行规定（安监总煤装〔2011〕15 号）[EB/OL].（2011-01-25）[2023-04-11]. https：//www. mem. gov. cn/gk/gwgg/agwzlfl/gfxwj/2011/201101/t20110127_243025. shtml.

[15] 国家安全监管总局，国家煤矿安全监察局．禁止井工煤矿使用的设备及工艺目录（第三批）（安监总煤装〔2011〕17 号）[EB/OL].（2011-01-27）[2023-04-11]. https://www. mem. gov. cn/gk/gwgg/agwzlfl/gfxwj/2011/201101/t20110130_243026. shtml.

[16] 国家安全监管总局，国家煤矿安全监察局．关于进一步加强煤矿企业安全技术管理工作的指导意见（安监总煤装〔2011〕51 号）[EB/OL].（2011-04-19）[2023-04-11]. https：//www. mem. gov. cn/gk/gwgg/agwzlfl/gfxwj/2011/201104/t20110419_243029. shtml.

[17] 国家安全生产监督管理总局．煤矿瓦斯抽采达标暂行规定（安监总煤装〔2011〕163 号）[EB/OL].（2011-10-16）[2023-04-11]. https：//www. mem. gov. cn/gk/gwgg/agwzlfl/gfxwj/2011/201110/t20111021_243060. shtml.

[18] 国家安全生产监督管理总局．用人单位职业健康监护监督管理办法（国家安全生产监督管理总局令第 49 号）[EB/OL].（2012-04-27）[2023-04-11]. https：//www. mem. gov. cn/gk/gwgg/agwzlfl/zjl_01/201204/t20120427_233754. shtml.

[19] 国家安全监管总局，国家煤矿安全监察局．煤矿地质工作规定（安监总煤调〔2013〕135 号）[EB/OL].（2013-12-31）[2023-04-11]. https：//www. mem. gov. cn/gk/gwgg/xgxywj/mk_225/201401/t20140117_233856. shtml.

[20] 国家安全生产监督管理总局．煤矿作业场所职业病危害防治规定（国家安全生产监督管理总局令第 73 号）[EB/OL].（2015-02-28）[2023-04-11]. http：//www. gov. cn/gongbao/content/2015/content_2864064. htm.

[21] 国家安全生产监督管理总局．特种作业人员安全技术培训考核管理规定（国家安全生

产监督管理总局令第 80 号）[EB/OL].（2015-05-29）[2023-04-11]. https：//www. mem. gov. cn/gk/zfxxgkpt/fdzdgknr/gz11/201005/t20100524_405579. shtml.

[22] 国家安全监管总局．淘汰落后安全技术装备目录（2015 年第一批）（安监总科技〔2015〕75 号）[EB/OL].（2015-07-10）[2023-04-11]. https：//www. mem. gov. cn/gk/gwgg/agwzlfl/gfxwj/2015/201507/t20150717_242901. shtml.

[23] 国家安全生产监督管理总局．淘汰落后安全技术工艺、设备目录（2016 年）（安监总科技〔2016〕137 号）[EB/OL].（2016-12-16）[2023-04-11]. https：//www. mem. gov. cn/gk/gwgg/agwzlfl/tz_01/201612/t20161220_235126. shtml.

[24] 国家煤矿安全监察局．煤矿安全监控系统升级改造技术方案（煤安监函〔2016〕5 号）[EB/OL].（2016-12-29）[2023-04-11]. https：//www. chinamine-safety. gov. cn/zfxxgk/fdzdgknr/tzgg/201701/t20170103_349017. shtml.

[25] 国家矿山安全监察局．煤矿企业安全生产许可证实施办法（国家安全生产监督管理总局令第 86 号）[EB/OL].（2017-03-06）[2023-04-11]. https：//www. chinamine-safety. gov. cn/zfxxgk/fdzdgknr/zcfg/bmgz_01/mkanj/201703/t20170306_405961. shtml.

[26] 国家安全生产监督管理总局．建筑物、水体、铁路及主要井巷煤柱留设与压煤开采规范》（安监总煤装〔2017〕66 号）[EB/OL].（2017-05-17）[2023-04-11]. https：//www. chinamine-safety. gov. cn/zfxxgk/fdzdgknr/tzgg/201707/t20170703_349044. shtml.

[27] 国家煤矿安全监察局．禁止井工煤矿使用的设备及工艺目录（第四批）（煤安监技装〔2018〕39 号）[EB/OL].（2018-12-28）[2023-04-11]. https：//www. chinamine-safety. gov. cn/zfxxgk/fdzdgknr/tzgg/201901/t20190107_349152. shtml.

[28] 国家安全生产监督管理总局．煤矿安全培训规定（国家安全生产监督管理总局令第 92 号）[EB/OL].（2018-01-11）[2023-04-11]. https：//www. mem. gov. cn/gk/zfxxgkpt/fdzdgknr/gz11/201801/t20180111_405786. shtml.

[29] 国家煤矿安全监察局．防治煤矿冲击地压细则（煤安监技装〔2018〕8 号）[EB/OL].（2018-05-02）[2023-04-11]. https：//www. chinamine-safety. gov. cn/zfxxgk/fdzdgknr/tzgg/201805/t20180508_349095. shtml.

[30] 国家煤矿安全监察局．国家煤矿安全监察局关于印发《煤矿防治水细则》的通知（煤安监调查〔2018〕14 号）[EB/OL].（2018-06-04）[2023-04-11]. https：//www. chinamine-safety. gov. cn/zfxxgk/fdzdgknr/tzgg/201807/t20180702_349115. shtml.

[31] 中华人民共和国应急管理部．安全评价检测检验机构管理办法（应急管理部令第 1 号）[EB/OL].（2019-03-20）[2023-04-11]. https：//www. mem. gov. cn/gk/zfxxgkpt/fdzdgknr/gz11/201903/t20190320_405559. shtml.

[32] 中华人民共和国应急管理部．生产安全事故应急预案管理办法（应急管理部令第 2 号修正）[EB/OL].（2019 - 07 - 11）[2023 - 04 - 11]. https：//www. mem. gov. cn/gk/zfxxgkpt/fdzdgknr/gz11/201606/t20160603_405633. shtml.

[33] 国家煤矿安全监察局．国家煤矿安监局关于印发《防治煤与瓦斯突出细则》[EB/OL].（2019 - 07 - 16）[2023 - 04 - 11]. https：//www. chinamine - safety. gov. cn/xw/zt/mjjzt2020/mkzhdjjd/mctcwxx/jdfgybz/202007/P020200713308187618321. pdf.

[34] 国家矿山安全监察局．煤矿瓦斯等级鉴定信息公示制度（煤安监技装〔2020〕23 号）[EB/OL].（2020-06-22）[2023-04-11]. https：//www. chinamine-safety. gov. cn/xw/zt/mjjzt2020/mkzhdjjd/mctcwxx/jdfgybz/202007/P020200713308816597172. pdf.

[35] 中华人民共和国应急管理部．煤矿重大安全生产事故隐患判定标准（应急管理部令第 4 号）[EB/OL].（2020 - 11 - 02）[2023 - 04 - 11]. https：//www. mem. gov. cn/gk/zfxxgkpt/fdzdgknr/gz11/202011/t20201102_405767. shtml.

[36] 中华人民共和国国家卫生健康委员会．工作场所职业卫生管理规定（国家卫生健康委令第 5 号）[EB/OL].（2020-12-31）[2023-04-11]. http：//www. moj. gov. cn/pub/sfbgw/flfggz/flfggzbmgz/202104/t20210416_356334. html.

[37] 中华人民共和国应急管理部．煤矿生产能力管理办法和核定标准（应急〔2021〕30 号）[EB/OL].（2021-04-27）[2023-04-11]. https：//www. chinamine-safety. gov. cn/zfxxgk/fdzdgknr/tzgg/202105/t20210517_385335. shtml.

[38] 中华人民共和国应急管理部．煤矿安全规程（2022）（应急管理部令第 8 号）[EB/OL].（2022 - 01 - 06）[2023 - 04 - 11]. https：//www. chinamine - safety. gov. cn/zfxxgk/fdzdgknr/zcfg/bmgz_01/mkanj/202112/P020220310574134861569. pdf.

[39] 国家矿山安全监察局．矿山安全评价检测检验监督管理办法（试行）（矿安〔2022〕81 号）[EB/OL].（2022 - 05 - 23）[2023 - 04 - 11]. https：//www. chinamine - safety. gov. cn/zfxxgk/fdzdgknr/tzgg/202206/t20220606_415022. shtml.

[40] 国家矿山安全监察局．煤矿水害防治监管监察执法要点（2022 年版）（矿安〔2022〕86 号）[EB/OL].（2022 - 06 - 28）[2023 - 04 - 11]. https：//www. chinamine - safety. gov. cn/xw/zt/2019zt/mkfzszt/gcsy/202206/t20220628_417191. shtml.

[41] 应急管理部，国家矿山安全监察局．“十四五”矿山安全生产规划（应急〔2022〕64 号）[EB/OL].（2022-07-19）[2023-04-11]. https：//www. chinamine-safety. gov. cn/zfxxgk/fdzdgknr/tzgg/202208/t20220810_419904. shtml.

[42] 国家矿山安全监察局．关于印发执行安全标志管理的矿用产品目录的通知（矿安〔2022〕123 号）[EB/OL].（2022-09-15）[2023-04-11]. https：//www. chinamine-

safety. gov. cn/zfxxgk/fdzdgknr/tzgg/202209/t20220920_422844. shtml.

[43] 中华人民共和国财政部，中华人民共和国应急管理部．企业安全生产费用提取和使用管理办法（财资〔2022〕136 号）[EB/OL].（2022-11-21）[2023-04-11]. http://www. mof. gov. cn/gkml/caizhengwengao/wg2022/wg202212/202304/t20230407_3877736. htm.

[44] 国家矿山安全监察局．加强煤矿隐蔽致灾因素普查治理工作（矿安〔2022〕132 号）[EB/OL].（2022-11-25）[2023-04-11]. https：//www. chinamine-safety. gov. cn/zfxxgk/fdzdgknr/tzgg/202211/t20221128_427686. shtml.

[45] 中华人民共和国国家卫生健康委员会．关于进一步加强用人单位职业健康培训工作的通知（国卫办职健函〔2022〕441 号）[EB/OL].（2022-12-13）[2023-04-11]. http：//www. gov. cn/zhengce/zhengceku/2022-12/30/content_5734220. htm.

[46] 国家矿山安全监察局．防范遏制煤矿水害事故若干措施（矿安〔2023〕22 号）[EB/OL].（2023-03-21）[2023-04-11]. https：//www. chinamine-safety. gov. cn/zfxxgk/fdzdgknr/tzgg/202303/t20230322_445451. shtml.

[47] 国家矿山安全监察局．关于做好煤矿灾害情况发生重大变化及时报告和出现事故征兆等紧急情况及时撤人工作的通知（矿安〔2023〕26 号）[EB/OL].（2023-04-03）[2023-04-11]. https：//www. chinamine-safety. gov. cn/zfxxgk/fdzdgknr/tzgg/202304/t20230406_446885. shtml.

[48] 国家安全生产监督管理总局．安全评价（下册）（第 3 版）[M]. 北京：煤炭工业出版社，2005.

[49] 尚勇，张勇．中华人民共和国安全生产法释义 [M]. 北京：中国法制出版社，2021.

[50] 龙凤乐，周思柱．油田生产设施安全影响评价 [J]. 石油天然气学报（江汉石油学院学报），2005（1）：114-115+147.

[51] 任建国．安全评价操作实务讲座（一）安全评价的起源及发展 [J]. 劳动保护，2005（4）：38-39.

[52] 任建国．安全评价在我国的发展历程 [J]. 劳动保护，2005（4）：8-10.

[53] 王雷．安全评价操作实务讲座（二）如何选择适合自己的安全评价 [J]. 劳动保护，2005（5）：98-99.

[54] 李成武．安全评价操作实务讲座（四）煤炭行业的安全评价 [J]. 劳动保护，2005（8）：89-91.

[55] 冯振民．安全评价操作实务讲座（十）安全评价中引用法律法规的问题 [J]. 劳动保护，2006（2）：94-95.

[56] 杨大明．解析《煤矿建设项目安全验收评价实施细则》［J］. 现代职业安全，2014（09）：55-57.

[57] 国家矿山安全监察局．推进《煤矿安全规程》各项规定落地见效［N］. 中国煤炭报，2022-01-22（2）.